REOLOGIA DE SISTEMAS COLOIDAIS

Blucher

Edvaldo Sabadini

REOLOGIA DE SISTEMAS COLOIDAIS

Publisher Edgard Blücher
Editor Eduardo Blücher
Coordenador editorial Rafael Fulanetti
Coordenação de produção Andressa Lira
Produção editorial Lidiane Pedroso Gonçalves
Preparação de texto Ana Lúcia dos Santos
Diagramação Plínio Ricca
Revisão de texto Helena Miranda
Capa Leandro Cunha
Imagem da capa iStockphoto

Blucher

Rua Pedroso Alvarenga, 1245, 4º andar
04531-934 – São Paulo – SP – Brasil
Tel.: 55 11 3078-5366
contato@blucher.com.br
www.blucher.com.br

Segundo o Novo Acordo Ortográfico, conforme 6. ed. do *Vocabulário Ortográfico da Língua Portuguesa*, Academia Brasileira de Letras, julho de 2021.

Dados Internacionais de Catalogação na Publicação (CIP)
Angélica Ilacqua CRB-8/7057

Sabadini, Edvaldo
Reologia de sistemas coloidais - Edvaldo Sabadini. - São Paulo: Blucher, 2024.
262 p.

Bibliografia
ISBN 978-85-212-2083-1

1. Reologia 2. Mecânica dos fluidos I. Título

23-6034 CDD 532.05

Índices para catálogo sistemático:
1. Reologia

The simplicity of nature is not to be measured by that of our conceptions. Infinitely in its effects, nature is simple only in its causes, and its economy consists in producing a great number of phenomena, often very complicated, by means of a small number of general laws.

Pierre-Simon Laplace

Para Patrícia, Júlia e Marina.

AGRADECIMENTOS

Gostaria de agradecer imensamente a todos os alunos que cursaram a disciplina Reologia de sistemas coloidais, ministrada na pós-graduação no Instituto de Química da Unicamp ao longo de vários anos, e que contribuíram para detectar erros e sugerir mudanças nos textos que originaram este livro. Em especial, agradeço ao Dr. Manazael Jora pela colaboração na editoração do texto e ao Iveraldo, pelos desenhos e esquemas. Agradeço em especial aos meus colegas do dia a dia, Profs. Watson, Bertran e Marcelo, pelas formidáveis conversas sobre química. Por fim, agradeço ao Instituto de Química da Unicamp, que sempre propiciou um ambiente fértil e produtivo para o desenvolvimento da ciência.

CONTEÚDO

PREFÁCIO

Aprendemos desde cedo que a matéria se apresenta fundamentalmente nos seus três estados. No estado gasoso, as moléculas possuem grande mobilidade e praticamente não se atraem. Dizemos que no estado gasoso, as moléculas ocupam todo o volume que as contém. No outro extremo, no estado sólido, há grande restrição de movimentos, impostos pela forte interação entre as moléculas. Portanto, nesse estado, a matéria apresenta forma e volume próprios, independentemente do local em que se encontra. No estado intermediário, interações e relativa mobilidade das moléculas fazem com que a matéria líquida se adeque à forma do recipiente que a contém.

Movimento e interações moleculares são os pontos centrais da reologia. Essa ciência, criada por volta de 1920, dedica-se ao estudo da deformação da matéria, resultante da aplicação de forças.

Naturalmente, as moléculas nos estados gasoso e líquido se movem de forma aleatória (movimento browniano). Na reologia, a aplicação de forças muito controladas faz com que as moléculas se movam pelo campo de cisalhamento aplicado. Ao moverem-se nesse campo, ligações intermoleculares são rompidas e formadas seguidamente. Assim, a medida da resistência global do movimento das moléculas, que podemos aqui chamar de viscosidade, relaciona-se de maneira direta com o potencial interativo molecular.

O estado líquido é um estado muito interessante para investigações reológicas, pois nele, interação e movimento estão presentes. Líquidos formados por moléculas que apresentam grande área de contato e/ou fortes ligações intermoleculares tendem a ser viscosos. Se moléculas grandes, como os polímeros, ou partículas dispersas no líquido ficam sob ação de forças de cisalhamento, elas sofrerão efeitos de orientações, estiramentos da cadeia etc. Esses efeitos são facilmente detectáveis e trazem ricas informações sobre o sistema. Tais aspectos fundamentais estão presentes nas formulações de produtos do nosso dia a dia. De forma quase onipresente, estamos ligados aos coloides. Cremes dentais, cremes de barbear, maioneses, sorvetes, tintas, xampus, condicionadores, ketchup, molhos etc., são sistemas coloidais. De fato, nosso sangue e nossos fluidos pulmonares são coloides. Muitos desses sistemas estiveram, estão ou estarão sob fluxo. O entendimento deles passa pela compreensão de fundamentos de dois grandes campos: a reologia e a ciência de coloides.

Existem excelentes livros sobre esses dois tópicos, entre os quais: *The Structure and Rheology of Complex Fluids* (Larson, 1999); *Rheology*: Principles, Measurements, and Applications (Macosko, 1994); e *Rheology for Chemists*: An Introduction (Goodwin; Hughes, 2000), que serviram como base para esta obra. Há cerca de 15 anos, ministrei pela primeira vez, no Instituto de Química da Unicamp, a disciplina Reologia de sistemas coloidais. Foi razoavelmente difícil conectar esses "dois mundos". Ao longo dos primeiros anos de oferecimento da disciplina, um material de aula começou a tomar a forma primitiva deste livro, que adquiriu este formato final após ter sido usado por várias turmas que passaram pela disciplina. Inúmeras foram as contribuições dos estudantes, que resultaram no aprimoramento desta obra.

Este livro foi estruturado de forma que as propriedades fundamentais dos principais "atores" que formam os coloides são apresentadas em capítulos separados. Um capítulo é dedicado a apresentar técnicas de espalhamento de radiação e de nêutrons, que trazem informações microscópicas sobre os coloides, subsidiando, assim, interpretações reológicas. Os capítulos seguintes são dedicados aos fundamentos da reologia nos regimes linear e não linear. Depois de desenvolvidos esses conteúdos, os capítulos seguintes são dedicados à reologia de cada um dos principais sistemas: polímeros, surfactantes, partículas e outros.

No último capítulo do livro, um bom conjunto de resultados reológicos de tintas, chocolates, ketchup, maionese, cremes, asfalto etc., são apresentados e analisados, buscando-se, com isso, conectar fundamentos a aplicações.

CAPÍTULO 1
Sistemas coloidais

1.1. SOBRE A REOLOGIA

Em poucas palavras, a reologia é o estudo da deformação da matéria resultante da aplicação de forças. Essa deformação dependerá do estado em que a matéria se encontra (gasoso, líquido ou sólido). Assim, de certa forma, a reologia está relacionada com o "manuseio" da matéria. Pode-se pensar, por exemplo, na textura de determinado material, que, quando manuseamos, podemos sentir a relação entre a força aplicada e a eventual deformação gerada. Sem dúvida, sabe-se muito bem que o estado da matéria depende das interações entre as moléculas que a compõem e, portanto, a textura está diretamente relacionada com elas.

Uma determinada substância contida em um frasco pode escorrer ou não, dependendo se estiver no estado líquido ou sólido. Essa observação permite, em princípio, inferir se um determinado líquido é mais viscoso que outro pela comparação de como eles escoam.

Se comparássemos diferentes moléculas, poderíamos classificar a ordem de viscosidade (propriedade que será rigorosamente definida no Capítulo 8) das substâncias formadas por elas.

Se as moléculas são maiores e se as forças de interação são mais intensas (por exemplo, ligações de hidrogênio), então, a princípio, as substâncias formadas por elas devem ser mais viscosas. Como exemplo, considere as moléculas decano ($C_{10}H_{22}$) e octadecano ($C_{18}H_{38}$), que são alcanos que se diferenciam apenas pelo tamanho da cadeia alquílica. A área de contato entre as moléculas de octadecano é maior que em decano; então, a magnitude das interações intermoleculares é maior para o alcano mais longo. Esse aspecto é ilustrado na diferença de viscosidade, como mostrado na Figura 1.1. Enquanto o decano escoou no tubo ao ser inclinado, o octadecano se apresentou como uma pasta, sem escoar.

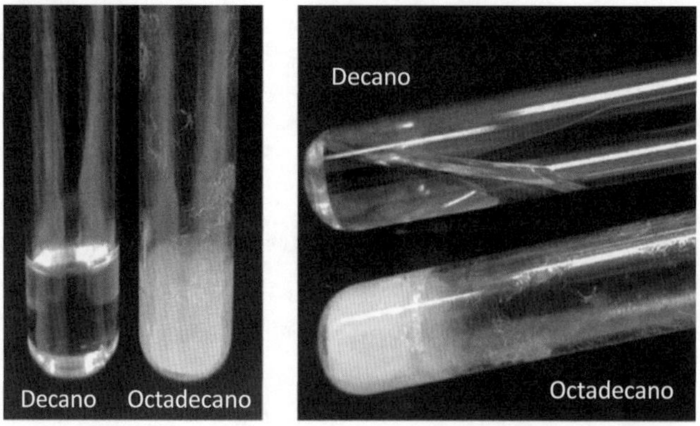

Figura 1.1 – Fotos com tubos contendo decano e octadecano antes e depois de serem inclinados.

O exercício de previsão comparada de qual substância é mais ou menos viscosa, com base nas estruturas moleculares, não é tão fácil. Consideremos, por exemplo, as seguintes substâncias: água, benzeno, etanol, éter etílico, mercúrio, tetraclorometano e octano. Podemos fazer a tentativa de colocá-las em ordem crescente de viscosidade. A resposta está na Figura 1.2.

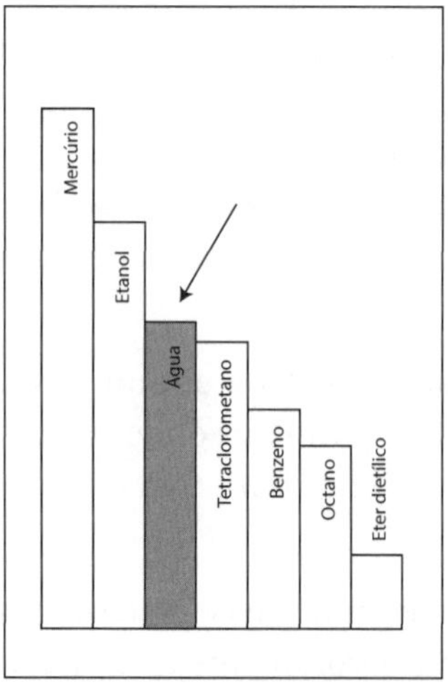

Figura 1.2 – Esquema indicando as viscosidades comparadas em ordem decrescente de vários líquidos (todos na mesma temperatura). A água está destacada.

Se você tentou classificá-las, deve ter encontrado facilidade no caso do mercúrio, um líquido metálico quando se encontra na temperatura ambiente. No entanto, é possível que a sua intuição tenha falhado na comparação entre a água e o etanol. Seria ainda mais complicado estimar quantas vezes um líquido é mais viscoso que outro. Por exemplo, podemos tentar inferir quantas vezes o benzeno, o ácido sulfúrico, o óleo de oliva e a glicerina são mais (ou menos viscosos) que a água. Então, se considerarmos a água como uma referência, tendo viscosidade igual a $VISC_{água}$, se compararmos com os outros fluidos, todos na mesma temperatura, as viscosidades relativas seriam as que estão apresentadas na Tabela 1.1.

Tabela 1.1 – Viscosidade relativa de algumas substâncias em relação à água na mesma temperatura

Substância	Benzeno	Ácido sulfúrico	Óleo de oliva	Glicerina
Viscosidade em relação à água ($Visc_{água}$)	0,7	21	90	1070

Até o momento, consideramos apenas sistemas que apresentam um comportamento relativamente simples sob fluxo.

Em meados do século XX, foi observado que determinados sistemas não apresentavam nem comportamento de líquidos nem de sólidos, mas, sim, intermediários entre os dois estados. Foram designados como fluidos complexos.

Baseado nesse comportamento mecânico, chamado de não linear, surgiu uma nova ciência, a *reologia*, que foi primordialmente desenvolvida por Eugene Bingham (Figura 1.3). É interessante notar que, não por acaso, a reologia nasceu praticamente junto com o desenvolvimento dos polímeros sintéticos.

Figura 1.3 – Eugene Bingham.
Fonte: <https://siarchives.si.edu/collections/siris_arc_290286>.

Talvez, do ponto de vista mecânico, a mais óbvia distinção entre sólidos e líquidos é a de que, enquanto os líquidos tomam rapidamente o formato dos recipientes que os contêm, os sólidos mantêm os formatos originais. Até certo limite, se um sólido é deformado, sua forma é posteriormente restaurada quando a força aplicada sobre ele é removida. Diz-se, portanto, que ele apresenta comportamento elástico. No outro extremo, um líquido se deforma de maneira irreversível após sofrer a aplicação de forças. Desse ponto de vista, muitos fluidos complexos são intermediários entre líquidos e sólidos, isto é, por algum tempo, eles podem manter o formato em que foram deixados, para, posteriormente, fluírem. Nesse sentido, eles se comportam como sólidos, em curtos intervalos de tempo, e como líquidos, em longos. Eles são chamados de *viscoelásticos*. Veja na Figura 1.4 um exemplo em que uma massa esférica de polidimetilsiloxano (PDMS) é fotografada em diferentes instantes. A força gravitacional faz a massa de PDMS escoar, de maneira tal que, após 30 minutos, a forma esférica da amostra começa a ser perdida. Depois de um dia, apenas uma "poça" de PDMS está sobre a mesa.

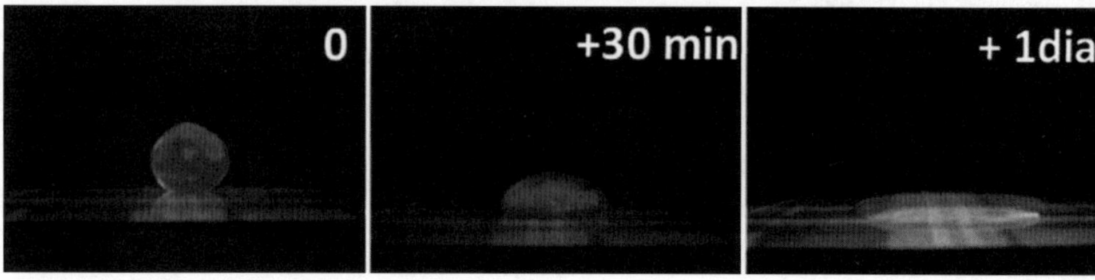

Figura 1.4 – Foto de uma massa esférica de PDMS recém-colocada sobre uma mesa; e foto da mesma massa obtida depois de 30 minutos e depois de um dia.

Se a bolinha de PDMS é arremessada sobre uma superfície sólida, a energia do impacto é transferida rapidamente para ela, fazendo-a saltar. Ao receber energia mecânica, o material que compõe o corpo relaxará.

No primeiro experimento com a bolinha, a força gravitacional foi aplicada continuamente, porém, no segundo, a energia foi aplicada em um curto intervalo de tempo. As moléculas de PDMS tiveram tempo de relaxar, escoando, quando submetidas à força gravitacional, mas não durante o impacto contra a mesa. Nesse caso, o material responde de maneira elástica. A escala de tempo para a relaxação do material pode variar de segundos, dias, e até mesmo anos, dependendo das características do material.

Certamente, uma distinção muito objetiva entre sólidos e líquidos clássicos é a de que os primeiros podem ser anisotrópicos, isto é, as suas propriedades podem depender da direção em que são medidas. Para os líquidos clássicos, elas independem da direção em que alguma propriedade é medida. São, portanto, isotrópicos.

Os cristais líquidos são exemplos de fluidos complexos, que fluem como líquidos, mas apresentam anisotropia.

Serão apresentados a seguir mais alguns exemplos comuns de fluidos complexos bem conhecidos.

Alimentos

A maionese é um bom exemplo de fluido complexo. Ela contém basicamente óleo vegetal, vinagre (ou suco de limão) e ovo. A lecitina presente no ovo é um surfactante natural que estabiliza as pequenas gotículas de óleo dispersas na fase aquosa (Figura 1.5).

Figura 1.5 – Microscopia ótica da maionese.

A maionese mantém sua forma original (dentro do frasco), mesmo que o vertamos de cabeça para baixo. No entanto, ela desliza com grande facilidade ao ser aplicada com uma faca sobre um pedaço de pão. É interessante mencionar que a viscosidade da maionese é claramente mais elevada que as fases oleosa e aquosa que as formou.

Um segundo exemplo de alimento que tem comportamento de líquido complexo é o sorvete (cremoso). Ele é formado por uma emulsão gelada de creme, leite e açúcar, contendo cerca de 40 a 50% de gás em células de espuma. Esses dois sistemas são exemplos de emulsões do tipo líquido-líquido, no caso da maionese, e líquido-gás, no caso do sorvete.

A mostarda é outro caso interessante de fluido complexo que envolve uma dispersão. Ela é formada por partículas de semente de mostarda moída de cerca de 30 µm, vinagre, sal, pimenta e água. As pequenas partículas de semente se atraem mutuamente, formando uma espécie de rede frágil, que resulta na conhecida textura da mostarda.

Os queijos são formados a partir de leite, que contém glóbulos de caseína (0,04 a 0,3 µm). Se o leite é acidificado e são adicionadas enzimas apropriadas, esses glóbulos são destruídos, e as proteínas formam uma espécie de malha, que, posteriormente, pode ser separada. No caso do queijo muçarela, as fibras da malha são orientadas devido ao processamento mecânico aplicado ao queijo.

O chocolate é um exemplo memorável de um fluido complexo. No estado sólido, ele pode ser extrudado, sendo forçado a passar por tubos capilares. Esse processamento o torna plástico, podendo ser facilmente moldável. Tal estado plástico dura alguns minutos, e, depois, o chocolate volta a ficar duro devido à cristalização do açúcar, que sofreu fusão durante a extrusão.

Biofluidos

Os organismos são cheios de fluidos complexos. O sangue, por exemplo, contém células vermelhas - as hemácias, que são como discos de cerca de 10 μm, que ficam suspensos no plasma. Em taxas moderadas de cisalhamento, as hemácias (Figura 1.6) fazem um movimento oscilatório característico, designado como *tumbling*. Em baixas taxas de cisalhamento, os discos podem ficar "empilhados" uns sobre os outros, aumentando a viscosidade do sangueT

Figura 1.6 – Hemácias, quando em fluxo, sofrem movimentos oscilatórios característicos (*tumbling*).

Um dos fluidos biológicos mais interessantes é o que envolve a produção da seda pelas aranhas. Elas possuem organelas que são capazes de sintetizar um líquido cristalino, que é precursor da seda. A fibra produzida apresenta enorme resistência à tensão.

Produtos de higiene pessoal

Os produtos de higiene pessoal, como xampus, desodorantes, cremes dentais etc., devem apresentar características reológicas bem determinadas, de forma a atender elementos como textura e fluxo. Nos cremes dentais, são geralmente utilizados polímeros como a carboximetilcelulose, que é capaz de ajustar a reologia do creme. O ajuste reológico permite que o creme saia do tubo com a aplicação de um pequeno esforço e faz com que não continue a escorrer, ou que não afunde entre as cerdas da escova.

A textura dos cremes, máscaras, hidratantes etc., é conseguida pela combinação de surfactantes e polímeros associativos, como a hidroxietilcelulose hidrofobicamente modificada (obtida pela inserção de grupos contendo várias unidades $-CH_2-$ na cadeia polimérica).

Grande parte dos produtos de higiene pessoal possui tempo de relaxação (tempo decorrido após algum estímulo mecânico, como a aplicação sobre a pele) da ordem de

1,0 s. Essa faixa de relaxação temporal é deliberadamente escolhida durante a formulação do produto. Isso porque ela está na faixa temporal da percepção humana. Nosso sistema nervoso responde na faixa entre 1ms a 1ks. Assim, se determinado material relaxa nessa faixa, teremos condição de apreciar sua textura.

Tintas mobiliárias

As tintas mobiliárias são provavelmente os exemplos mais emblemáticos de sistemas nos quais o comportamento reológico é de suma importância. A combinação de moléculas usadas na formulação das tintas é desenhada para produzir o comportamento reológico desejado. Na Figura 1.7, estão apresentadas fotos relacionadas com a tinta em diversas situações de cisaGhamento.

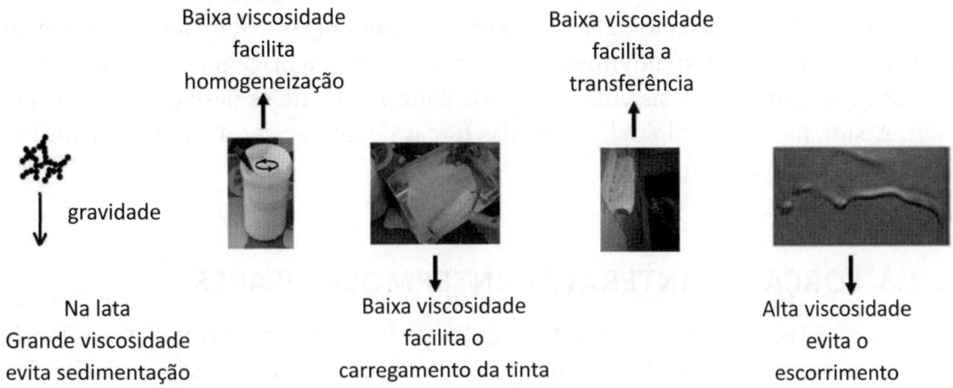

Figura 1.7 – Tinta imobiliária em diversas condições de cisalhamento.

A tinta sofre alterações em suas características reológicas em momentos diferentes (como indicado na Figura 1.7). Ela deve ser viscosa durante o tempo em que permanece armazenada na lata, pois a alta viscosidade atrasa a coalescência das partículas dispersas. No entanto, nas etapas de homogeneização, carregamento e aplicação, deseja-se que a tinta flua com facilidade e, portanto, tenha baixa viscosidade. Um instante após a aplicação (fração de segundos), a tinta precisa recuperar sua alta viscosidade, de forma a não escorrer pela parede.

1.2. COLOIDES

Os exemplos de fluidos complexos que foram apresentados possuem em comum o fato de que são coloides.

De acordo com a definição da International Union of Pure and Applied Chemistry (IUPAC), o termo coloide se refere ao estado de subdivisão do sistema. Moléculas ou partículas dispersas no meio devem ter pelo menos uma de suas dimensões entre 1 nm e 1 μm, que podem estar relacionadas com alguma descontinuidade do sistema.

Uma classificação importante dos sistemas coloidais está ligada à interação entre seus componentes. Eles podem ser liofílicos (*lio* significa "solvente") ou liofóbicos.

Os coloides liofílicos (possuem afinidade com solvente) se formam de maneira espontânea quando seus componentes (solvente e soluto) são colocados juntos e são, portanto, termodinamicamente estáveis. Uma solução aquosa de proteína é um exemplo desse tipo de sistema, sendo que a dimensão coloidal está no tamanho das biomoléculas.

Os coloides liofóbicos não se formam espontaneamente. São, assim, instáveis do ponto de vista termodinâmico. No entanto, como será apresentado nos Capítulos 3 e 12, é possível mantê-los na metaestabilidade por longos períodos.

A matéria no estado condensado forma estruturas muito ricas, agrupadas por forças eletromagnéticas, que operam por curtíssimas distâncias, da ordem do comprimento da ligação química, no caso das interações intermoleculares. No entanto, partículas na dimensão coloidal podem interagir por longas distâncias. O movimento estocástico, denominado movimento browniano, tem sua origem na energia térmica, e pode fazer com que os sistemas coloidais continuamente se desfaçam e se reagrupem. Assim, na escala coloidal, o jogo das forças de interação e a energia térmica definem as estruturas formadas.

1.3. FORÇAS DE INTERAÇÃO INTERMOLECULARES

As forças (F) atuantes entre as moléculas podem ser descritas por meio de uma função de energia potencial, $W(r)$, que varia com a distância r que as separa. Ela é representada pela Equação (1.1).

$$F \propto \frac{dW}{dr} \tag{1.1}$$

A energia potencial pode ser agrupada em:

I - volume excluído;

II - forças de Van der Waals;

III - eletrostática;

IV - hidrofóbica.

Cada categoria será discutida e exemplificada.

1.3.1 Volume excluído

De certa forma, descobrimos muito cedo que dois corpos não podem ocupar ao mesmo tempo o mesmo lugar no espaço. De certa forma, esse é o princípio fundamental do volume excluído. Quando moléculas ou átomos estão muito próximos, suas nuvens eletrônicas impõem forte repulsão. Como a força repulsiva atua em curtas distâncias, ela acaba definindo a geometria dos arranjos moleculares. Obviamente, os arranjos dependerão da flexibilidade molecular. Por exemplo, no caso da geometria de uma cadeia polimérica, o volume excluído é muito importante, uma vez que muitos segmentos do polímero (os *meros*) estão próximos. Assim, se um determinado sítio (espaço) está ocupado por certo segmento do polímero, ele impede que outra parte da cadeia ocupe esse mesmo sítio. Por essa razão, a cadeia polimérica tende a ficar mais expandida.

1.3.2 Interações de Van der Waals

As forças de Van der Waals surgem das interações dipolares. Se uma molécula tem cargas $-q$ e $+q$, separadas pela distância r, ela possui um momento de dipolo, μ, cuja magnitude é dada pela Equação (1.2).

$$\mu = |q|r \tag{1.2}$$

O campo elétrico de uma molécula que tenha dipolo pode atrair ou repelir outro dipolo (molécula) que esteja em sua proximidade, dependendo das orientações relativas. No estado líquido, as moléculas podem rodar livremente, buscando as orientações que minimizam as repulsões e maximizam as atrações. Obviamente, as posições de cada molécula são transientes ao redor das configurações mais prováveis.

As moléculas de alcanos possuem dipolos permanentes praticamente nulos. No entanto, as moléculas se atraem devido a flutuações de dipolos, causadas pela grande mobilidade dos elétrons que compõem os átomos que as formam. Essas forças são conhecidas por *forças de London*. O campo elétrico, E, gerado pelos dipolos transientes, induz um dipolo temporário, cuja magnitude é dada pela Equação (1.3).

$$\mu_i = \alpha_0 E \tag{1.3}$$

Sendo que α_0 é a polarizabilidade molecular.

Moléculas que apresentam dipolos permanentes possuem adicionalmente as interações entre os dipolos e as flutuações de dipolos.

Os três tipos de interações (dipolo-dipolo, dipolo-dipolo induzido e dipolo induzido-dipolo induzido) estão inclusos no potencial de Van der Waals.

Se considerarmos duas moléculas esféricas (1 e 2), separadas pela distância *r*, a seguinte Equação (1.4) é válida:

$$w(r) = -\frac{C}{r^6} \tag{1.4}$$

Em que:

$$C = \frac{1}{(4\pi\varepsilon_0)^2}\left[\frac{\mu_1^2\mu_2^2}{3kT} + \left(\mu_1^2\alpha_{0,2} + \mu_2^2\alpha_{0,1}\right) + \frac{3\alpha_{0,1}\alpha_{0,2}hv_1v_2}{2(v_1 + v_2)}\right] \tag{1.5}$$

É possível identificar as interações dipolo-dipolo, dipolo-dipolo induzido e dipolo induzido-dipolo induzido, respectivamente, no primeiro, no segundo e no terceiro termos da Equação (1.5). Ainda sobre essa Equação, *h* é a constante de Planck; ε_0 a permissividade do vácuo; v_s, a frequência da luz que produz a ionização da molécula em questão.

Três aspectos devem ser destacados em relação às forças de interação de Van der Waals:

I- O potencial atrativo varia com $1/r^6$. Assim, se as duas moléculas se afastam mais do que poucas vezes à distância de uma ligação química (na ordem de 0,1 e 0,2 nm), o potencial torna-se praticamente nulo. Isso explica o fato de que colas são geralmente líquidas (ou pastosas). Para o adesivo (polimérico) funcionar, muitos grupos funcionais da cadeia polimérica precisam se aproximar da superfície que se deseja colar em distâncias da ordem da ligação química. Se o adesivo fosse sólido, esse requisito espacial não seria possível.

II- Em moléculas que apresentam interações dipolares, costumamos desprezar as forças de London. No entanto, conforme apresentado na Tabela 1.2, a contribuição é significativa para todas as moléculas, mesmo no caso da água. Nessa Tabela, são indicadas as contribuições de cada uma das interações para o valor de *C* (Equação 1.4).

III- Todas as moléculas (mesmo substâncias atômicas, como no caso do argônio, Ar) apresentam interações de London.

Tabela 1.2 – Contribuições para a energia potencial intermolecular ($-10^{79}vr^6$/ (J m^6) de moléculas semelhantes na temperatura de 25°C. Sendo: v a energia potencial de interação entre duas moléculas, e *r*, a distância entre elas

Substância	Dipolo-dipolo	Dipolo-dipolo induzido	Dipolo induzido--dipolo induzido
Ar (argônio)	0	0	50
N_2	0	0	58
C_6H_6 (benzeno)	0	0	1086
HCl	22	6	106
CH_2Cl_2	106	33	570
H_2O	190	11	38

1.3.3 Interações eletrostáticas

As interações eletrostáticas estão presentes em sistemas aquosos contendo ácidos, bases, sais e polieletrólitos, bem como em dispersões coloidais.

Essas interações são mais intensas que as de Van der Waals, e, ainda, o potencial elétrico atua por distâncias muito mais longas, uma vez que a dependência com a distância varia com *1/r* (potencial coulombiano). Isso significa que um íon é capaz de interagir com o campo elétrico gerado por outro íon, mesmo que eles estejam separados por mais de 100 vezes da distância de uma ligação química típica.

Vale a pena mencionar que, em uma solução eletrolítica, os íons positivos tendem a localizar-se ao redor dos íons negativos, apesar de o potencial elétrico global da solução ser neutro.

1.3.4 A ligação de hidrogênio e as interações hidrofóbicas

A ligação de hidrogênio é um caso especial de interação por polarização. Para se ter uma ideia de sua magnitude, enquanto as ligações de Van de Waals estão na faixa de energia de 1 kJ mol^{-1}, as ligações de hidrogênio apresentam, tipicamente, energia na faixa de 40 kJ mol^{-1}. O caso da água é bastante especial. As interações entre as moléculas de água em fase líquida são altamente orientadas. Se moléculas apolares são dissolvidas em água, as moléculas de água em contato com a superfície da molécula apolar alteram suas orientações. O preço entrópico é enorme para formar tal estrutura. Grande parte da baixa solubilidade de óleos em água está relacionada com essa penalidade entrópica. Tal efeito é chamado de *efeito hidrofóbico*, que também é o responsável pela autoestruturação em meios aquosos de algumas moléculas anfifílicas (que possuem afinidade pela fase água e pela fase óleo).

CAPÍTULO 2
Polímeros

Um dos sistemas importantes em reologia de coloides é o polimérico. Uma solução formada por um soluto polimérico *(P)* se distingue de outra formada por um não polimérico *(nP)* por uma série de fatores, alguns dos quais estão apresentados na Tabela 2.1.

Tabela 2.1 – Algumas características de um soluto não polimérico *(nP)* e de um polimérico *(P)*

Parâmetro	nP	P
Massa molar	Definida e pequena	Distribuída e grande
Geometria	Definida	Múltipla
Distribuição da massa do soluto na solução	Homogênea	Localizada ao redor do raio de giro*

*A definição será feita adiante, na Seção 2.2.

2.1. MASSA MOLAR

Os polímeros sintéticos não apresentam uma massa molar única, mas uma distribuição delas. A representação das massas molares pode ser feita com o uso de algumas definições que se enquadram na Equação geral (2.1).

$$M = \frac{\sum_i \quad N_i M_i^{n+1}}{\sum_i \quad N_i M_i^{n}} \tag{2.1}$$

Dependendo do valor de n, a massa molar recebe diferentes designações:

Se $n = 0$, é designada por massa molar ponderada por número (M_n); $n = 1$, massa molar ponderada por massa (M_w); e se $n = 2$, a designação é M_z, que está relacionada com a massa molar determinada por espalhamento de luz (assunto discutido no Capítulo 7). A polidispersidade é caracterizada pela razão Mw/Mn.

A síntese de determinado polímero resulta em uma distribuição de massas molares, conforme está genericamente representado na Figura 2.1.

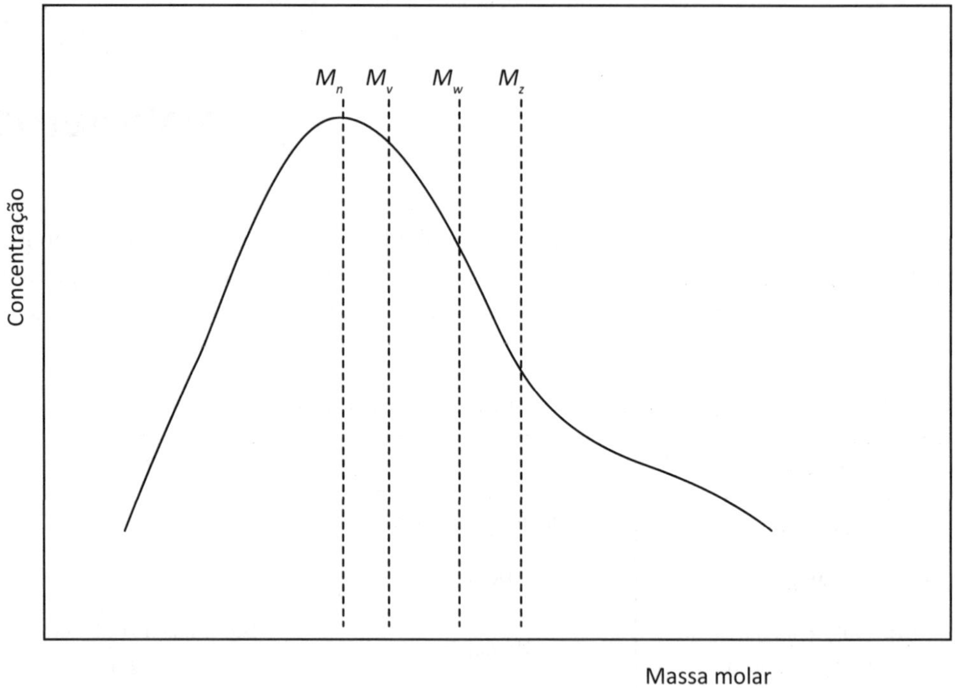

Figura 2.1 – Distribuição de massa molecular de um polímero e as indicações, nos pontos sobre a curva, das definições dos termos relacionados, inclusive com a massa molar relacionada com a viscosidade Mv (que será discutida no Capítulo 9). Veja que $M_n < M_v < M_w < M_z$.

Para entender a Equação (2.1), veja o exemplo de um sistema polimérico (Tabela 2.2), em que se considera um polímero hipotético com determinadas frações de massas molares (Mi), que, de acordo com as definições, resultam em $M_w = 1098$ e $M_n = 1000$ g mol^{-1}. Portanto, para esse exemplo, a polidispersidade $M_w/M_n = 1{,}1$.

Tabela 2.2 – Determinação de M_n *(n = 0)* e M_w (*n* = 1) de um polímero hipotético

N_1	M_1 *(g mol⁻¹)*	$\sum_i N_i M_i^{n+1}$	$\sum_i N_i M_i^n$
5	400	Para $n = 1$ $5 \times 400^2 + 10 \times 700^2$ $+ 25 \times 1000^2 + 10 \times 1300^2 +$ $5 \times 1600^2 =$ **60.400.000**	Para $n = 1$ $5 \times 400^2 + 10 \times 700^2$ $+ 25 \times 1000 + 10 \times 1300 +$ $5 \times 1600^2 =$ **55.000**
10	700		
25	1000		
10	1300	Para $n = 0$ $5 \times 400^2 + 10 \times 700^2$ $+ 25 \times 1000 + 10 \times 1300 +$ $5 \times 1600^2 =$ **55.000**	Para $n = 0$ $5 + 10 + 25 + 10 + 5 =$ **55**
5	1600		
Mw (n=1) = 1098 g mol⁻¹ e Mn (n = 0) = 1000 g mol⁻¹			

2.2. GEOMETRIA MOLECULAR

Ao contrário das moléculas *nP*, que possuem geometria bem definida (pense na molécula de benzeno, por exemplo), as moléculas poliméricas são bastante flexíveis, devido à rotação livre ao redor das ligações simples. Desse modo, um número muito grande de configurações estruturais é possível. A geometria de equilíbrio é necessariamente uma média, que dependerá de fatores como a interação dos segmentos do polímero com o solvente e com ele mesmo, e da energia térmica do meio (movimento browniano).

O modelo para tratar a geometria molecular baseia-se no modelo do caminho aleatório, no qual uma partícula segue um movimento livre, como está esquematicamente apresentado na Figura 2.2 (para o movimento em uma única dimensão). Cada deslocamento individual que a partícula apresenta tem o valor *b*, e ela executará, após certo tempo, um total de *N* passos.

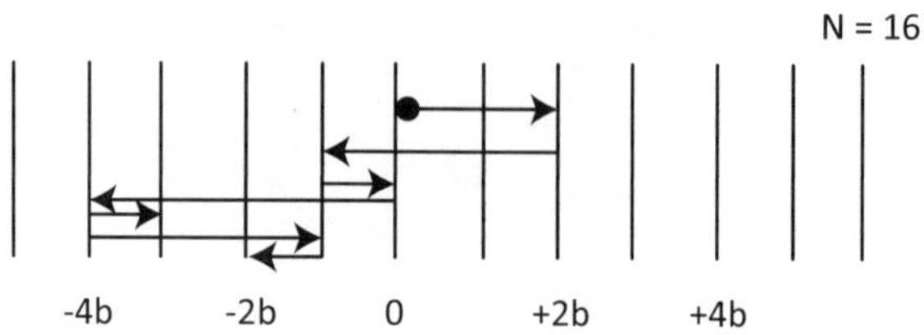

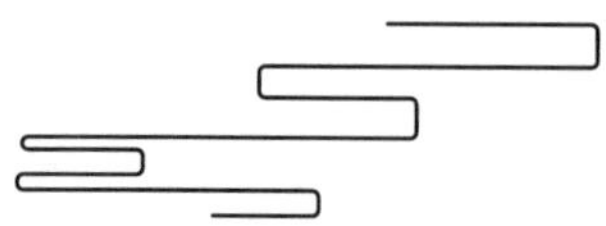

Figura 2.2 – Movimento unidimensional aleatório de uma partícula com passos iguais a *b*. Na parte abaixo da figura, está indicado o trajeto (obtido após 16 passos) que seria observado pela partícula. Note que o "rastro" do trajeto se "assemelha" à representação de uma cadeia polimérica (em uma dimensão).

No caso de uma cadeia polimérica (linear), a distância entre as duas extremidades ($R = r_N - r_0$) poderia ser usada como um parâmetro geométrico, como mostrado no esquema da Figura 2.3.

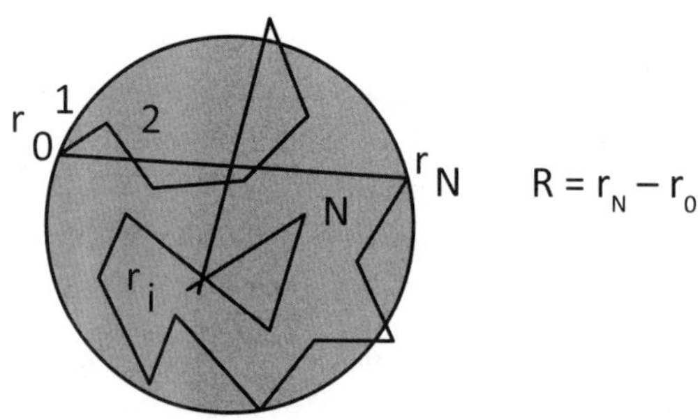

Figura 2.3 – Esquema mostrando uma cadeia polimérica com N segmentos e a distância *R*, entre o segmento de número 1 (coordenada r_0) e o segmento de número *N* (coordenada r_N).

De acordo com a definição, quanto maior for a massa molar do polímero, maior será a distância entre as suas extremidades. Devido ao movimento browniano, os segmentos e as pontas do polímero estão mudando de posição o tempo todo. Assim, para usar a distância entre elas como um parâmetro geométrico, é necessário usar valores médios. As coordenadas das duas extremidades podem assumir valores positivos e negativos no espaço cartesiano. Dessa forma, para se obter valores positivos de distância, define-se a distância quadrática média, $\langle R^2 \rangle_0$, que separa as duas extremidades da cadeia polimérica. A fim de entender esse conceito para cada configuração considerada, faz-se a diferença (subtração) entre os pontos coordenados de cada extremidade e eleva-se o resultado ao quadrado. Após a obtenção de certo conjunto de distâncias (elevadas ao quadrado), determina-se o valor médio. $<R^2>_0$ obedece à Equação (2.2), que é derivada do modelo do caminho aleatório.

$$\langle R^2 \rangle_0 = n b_n^2 \tag{2.2}$$

Em que n é, neste caso, o número de ligações da cadeia do polímero e b_n é o comprimento efetivo de uma etapa do caminho aleatório (que pode ser o comprimento de uma ligação química).

Do ponto de vista real, as ligações não podem girar livremente, devido às restrições impostas pelos ângulos diedrais. Assim, o modelo precisa ser corrigido, e isso é feito pela Equação (2.3).

$$\langle R^2 \rangle_0 = C_\infty n l^2 \tag{2.3}$$

Em que l é o comprimento a ligação, e $C\infty$ é um coeficiente que faz a relação entre o modelo da cadeia real com o do caminho aleatório (Equação 2.4).

$$C_\infty \equiv \frac{b_n^2}{l^2} \tag{2.4}$$

C_∞ assume o valor 1 se as ligações rodam livremente (nesse caso, a cadeia real seria descrita pelo modelo do caminho aleatório). No entanto, para polímeros reais, C_∞ está na faixa entre 5 e 10. Para o poliestireno, por exemplo, $C_\infty = 9{,}6$, e o alto valor para esse coeficiente está relacionado com a restrição à rotação, imposta pelo (volumoso) anel aromático ligado nas unidades da cadeia do polímero.

Outra forma de representar a geometria molecular para polímeros é usando a definição de raio de giro, *Rg*, como indicado na Figura 2.4. Nessa definição, a molécula polimérica é representada como se sua cadeia ocupasse um espaço de uma esfera de raio R_g.

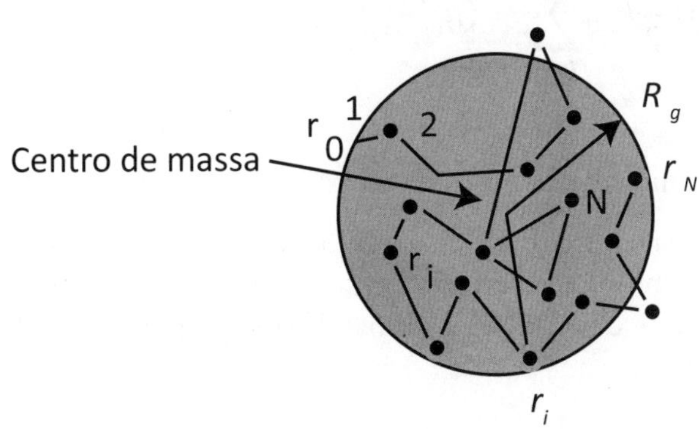

Figura 2.4 – Representação do conceito de raio de giro de um polímero com N segmentos.

O raio de giro se relaciona com a distância quadrática média ($<R^2>_0$), por meio da Equação (2.5).

$$R_g = \frac{\langle R^2 \rangle_0^{1/2}}{\sqrt{6}} \tag{2.5}$$

2.3. ELASTICIDADE ENTRÓPICA

No sentido de representar os movimentos do polímero, a cadeia polimérica contendo N segmentos pode ser considerada como formada por um conjunto de bolas e molas (Figura 2.5), cujas constantes de força das molas são independentes. As molas representam os processos mecânicos que conservam a energia mecânica aplicada no sistema e as bolas, os processos dissipativos.

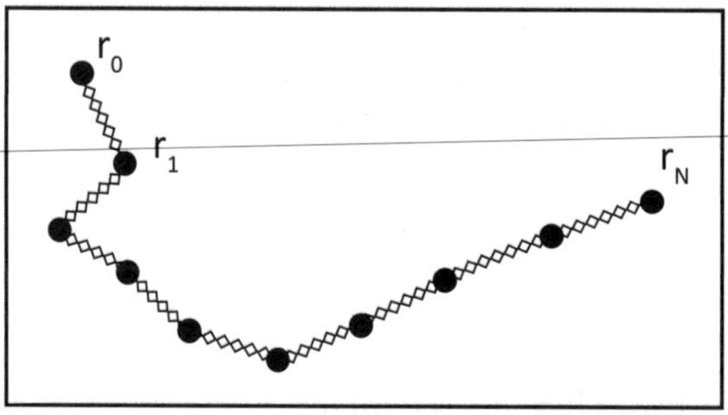

Figura 2.5 – Representação de uma cadeia polimérica por meio de bolas e molas.

Nessa representação, a energia potencial da cadeia (veja Equação 2.6) que contém N-átomos é definida como a soma da energia potencial de cada mola (o número de molas é igual à N-1).

$$U(r_0, \ldots, r_N) = \frac{1}{2} k_{sp} \sum_{n=1}^{N} (r_n - r_{n-1})^2 \tag{2.6}$$

Em que k_{sp} é a constante da mola, de acordo com o modelo de Hooke.

Pode-se pensar na configuração de equilíbrio da cadeia (uma vez que o movimento browniano faz com que as configurações se alterem o tempo todo). A distribuição de Boltzmann permite determinar a probabilidade para que seja obtido um arranjo específico dos segmentos que vão de r_0 a r_N, de acordo com a Equação (2.7).

$$exp\left[U(r_0,\ldots,r_N)/k_BT\right] = \prod_{n=1}^{N} exp\left[-k_{sp}/2k_BT(r_n - r_{n-1})^2\right] \quad (2.7)$$

A Equação (2.7) permite verificar que a distribuição de equilíbrio dependerá da energia térmica da solução (k_BT) e da posição relativa das bolas (átomos) que compõem as molas. Uma conformação a ser considerada é a da cadeia totalmente estendida. Se calculada, verificaríamos que essa probabilidade é bastante pequena, uma vez que existem poucos estados que representam a cadeia totalmente estendida. Naturalmente, a cadeia esticada relaxaria para encontrar um estado com maior entropia. Portanto, uma cadeia que se estica retornará para a posição de equilíbrio direcionada pela elasticidade entrópica.

Um experimento fascinante que ilustra a elasticidade entrópica consiste em pendurar um peso em uma borracha elastomérica (veja a Figura 2.6). Obviamente, o elastômero, que, sem o peso, apresentava um comprimento l_1, esticará quando o peso estiver pendurado, atingindo o comprimento l_2. Nesse caso, as cadeias poliméricas da borracha ficam mais esticadas. De acordo com a discussão anterior, ao pendurar o peso, levamos as cadeias para uma situação de menor entropia (obviamente em relação à situação do elastômero relaxado). Ao se aquecer o elastômero, contrariamente ao conceito de que os materiais dilatam sob aquecimento, o que será observado será seu encolhimento (comprimento l_3). Isso ocorre pelo fato de que o aquecimento permite que as cadeias ganhem energia térmica extra e, assim, busquem os estados de maior entropia, que correspondem aos estados em que as cadeias estão menos esticadas.

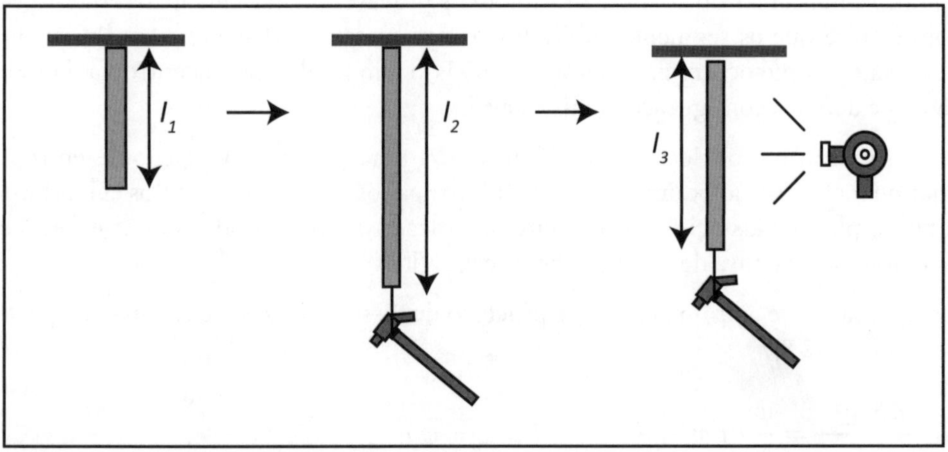

Figura 2.6 – Experimento ilustrativo para demonstrar o efeito associado com a elasticidade entrópica. O peso (martelo) estica o elastômero, que, porém, ao ser aquecido, encolhe ao invés de dilatar.

2.4. TERMODINÂMICA DE SOLUÇÕES DE POLÍMEROS

Soluções poliméricas apresentam um comportamento termodinâmico muito particular. Para tratá-las, considere o modelo reticular de Flory aplicado para uma solução *nP* e *P*, conforme esquema da Figura 2.7.

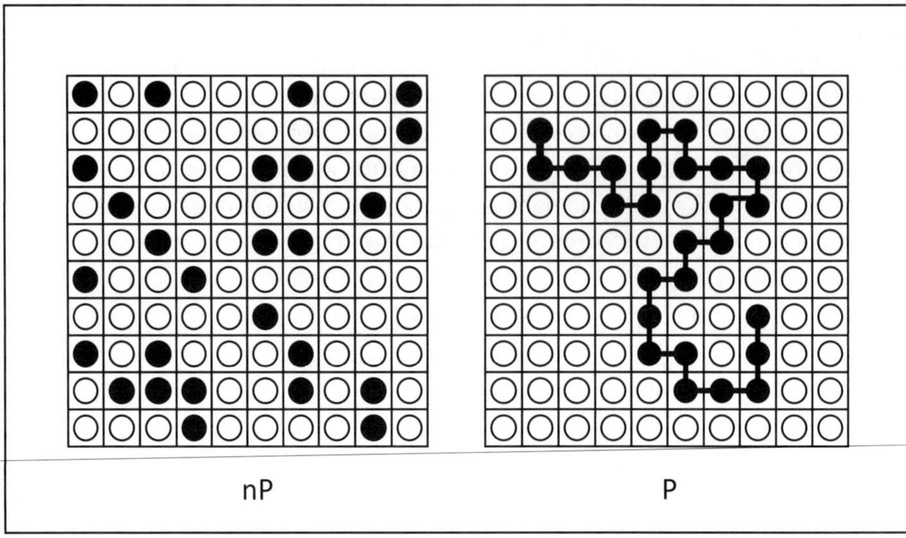

Figura 2.7 – Modelo reticular de Flory para uma solução não polimérica (*nP*) e uma polimérica (*P*).

Na Figura, existem sítios que podem ser ocupados por moléculas do solvente (círculos vazados) ou do soluto (círculos cheios). O movimento browniano tenderá a distribuir as moléculas do soluto da forma mais provável (maior entropia). Pode-se ver com clareza que os segmentos poliméricos não podem se distribuir tão livremente pelos sítios, como ocorre para o sistema *nP*. Isso tem implicação na entropia da solução, que define a configuração mais estável.

Flory usou o modelo reticular (Figura 2.7) para derivar a variação de entropia quando moléculas do polímero puro (sítios ocupados apenas por círculos cheios) e do solvente puro (sítios ocupados por círculos vazados) são colocadas juntas e formam uma solução (mistura de círculos cheios e vazados).

A variação de entropia para esse processo de dissolução, ΔS_{mis} é calculada a partir da Equação (2.8).

$$\frac{\Delta S_{mis}}{k_B n_{sítios}} = \frac{\phi}{N} ln\,\phi + (1-\phi) ln\,(1-\phi) \tag{2.8}$$

Em que $n_{sítios}$ é o número de sítios disponíveis do retículo, e ϕ é a fração em volume de P.

A Equação mostra que, à medida que a cadeia polimérica aumenta (N aumenta), ΔS_{mis} diminui. Portanto, do ponto de vista termodinâmico, para polímeros que possuam cadeias grandes, a entropia de mistura pouco contribui para a sua dissolução. Assim, se queremos solubilizar um polímero em um determinado solvente, precisamos fazer considerações sobre a variação de entalpia da mistura.

Considerando os sítios para os retículos (do polímero e de solvente puros e posteriormente da solução), a variação de entalpia de mistura pode ser representada como na Figura 2.8.

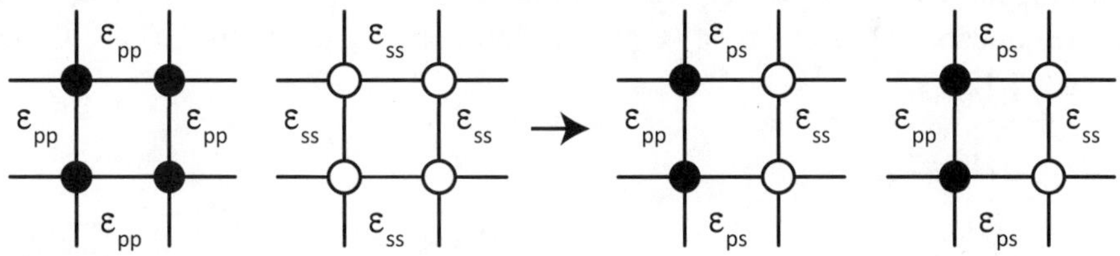

Figura 2.8 – Sítios ocupados por segmentos do polímero e do solvente antes e depois de misturados, em que ε_{pp}, ε_{ss} e εps representam as energias de interação polímero-polímero, solvente-solvente e polímero-solvente, respectivamente.

De forma que, no balanço das interações (Equação 2.9):

$$4\varepsilon_{ps} + 2\varepsilon_{pp} + 2\varepsilon_{ss} - 4\varepsilon_{pp} - 4\varepsilon_{ss} = 4\varepsilon_{ps} - 2\varepsilon_{pp} - 2\varepsilon_{ss} = 0 \tag{2.9}$$

Flory definiu o parâmetro de interação χ, como (Equação 2.10):

$$\chi = \frac{z\left[\varepsilon_{ps} - \frac{(\varepsilon_{pp} + \varepsilon_{ss})}{2}\right]}{k_b T} \tag{2.10}$$

Em que z é o número de coordenação visando a representar as três dimensões da solução.

Quanto menor a energia, ε, mais intensa será a interação entre as espécies. Assim, considerando-se o numerador da Equação (2.10), as seguintes situações são possíveis:

Se: $\varepsilon_{ps} < (\varepsilon_{pp,} + \varepsilon_{ss})$, então $\chi < 0$, e, nesse caso, os contatos *PS* são os preferidos.

Se: $\varepsilon_{ps} > (\varepsilon_{pp,} + \varepsilon_{ss})$, então $\chi > 0$, implicando que os contato *PP* e *SS* são preferidos aos *PS*.

Flory mostrou que a variação de entalpia (ΔH_{mis}) (normalizada pela energia térmica, $k_B T$) quando a solução é formada é dada pela Equação (2.11).

$$\frac{\Delta H_{mis}}{n_{sítios} k_b T} = \chi\phi(1-\phi) \quad (2.11)$$

Assim, considerando-se a equação fundamental que relaciona as variações de entalpia (Equação 2.11) e entropia (Equação 2.8) com a energia livre (ΔG_{mis}), tem-se a Equação (2.12).

$$\Delta G = \Delta H - T\Delta S \quad (2.12)$$

Assim, com as devidas substituições, obtém-se a Equação (2.13).

$$\frac{\Delta G_{mis}}{kT} = \frac{\phi}{N} ln\,\phi + (1-\phi) ln\,(1-\phi) + \chi\phi(1-\phi) \quad (2.13)$$

De acordo com a Equação (2.13), o número de segmentos do polímero, *N*, afeta o termo entrópico (primeiro termo da equação) e, assim, a princípio, a solubilização do polímero ($\Delta G_{mis} < 0$) dependerá muito da variação de entalpia, portanto, que χ seja negativo.

Na Figura 2.9, estão apresentadas situações previstas para o comportamento do sistema, na medida em que o parâmetro de Flory varia.

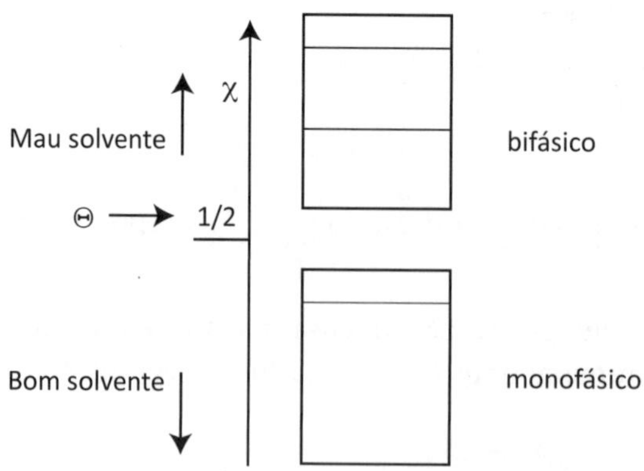

Figura 2.9 – Comportamento da solução polimérica, na medida em que o parâmetro de interação de Flory varia.

De acordo com a Figura 2.9, para valores de χ menores que certo valor crítico, as interações *PS* são favorecidas, e a solução polimérica será homogênea. Se, no entanto, χ aumentar, então a solução pode se tornar instável, e ocorrerá a separação de fases. Na Figura 2.10 está indicada uma situação particularmente importante, em que $\chi = ½$, que é designada por condição theta, Θ. Nessa condição, o novelo polimérico encontra-se não perturbado pelo solvente; isto é, não está nem expandido nem compactado. Um caso bem conhecido para ilustrar o modelo de Flory é o do poliestireno em ciclohexano. Um diagrama de fases desse sistema está apresentado na Figura 2.10. Abaixo da curva (de formato parabólico), o sistema é bifásico e, acima dela, é monofásico. Note que, à medida que a massa molar do polímero aumenta (*N* aumenta), maior temperatura é requerida para que o sistema fique homogêneo (pois, assim, o termo $-T\Delta S_{mis}$ ficará maior).

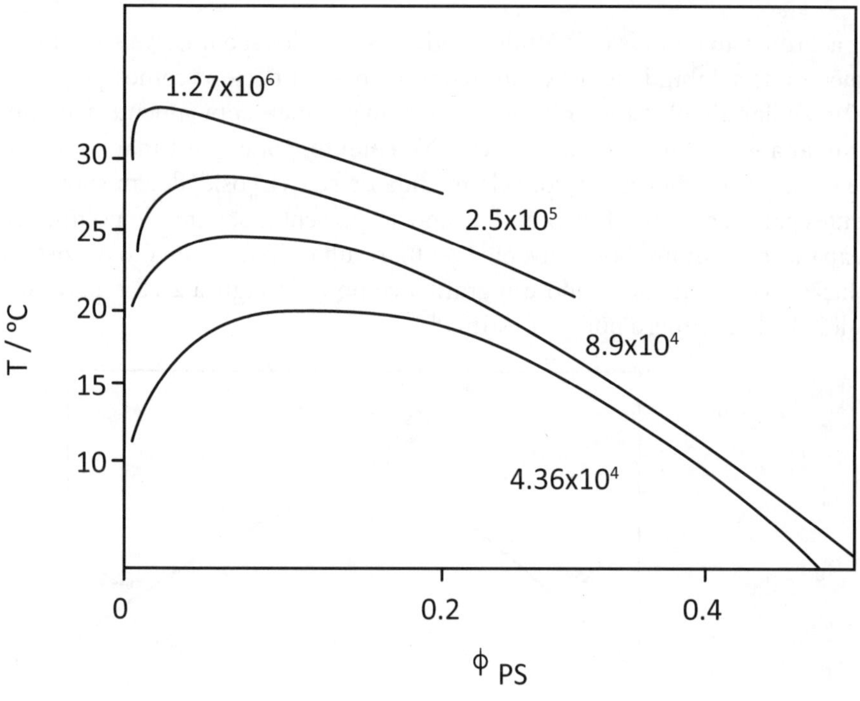

Figura 2.10 – Diagrama de fase para poliestireno e ciclo-hexano. Os números indicados se referem às massas molares do poliestireno para cada curva.
Adaptada com a permissão de Shultz; Flory (1952).

A interação de *P* com S também afeta o raio de giro do polímero. Em um bom solvente, as interações *PS* são favorecidas ($\chi < 0$), e o novelo polimérico fica mais expandido. Se χ aumenta, as interações *PS* pioram em relação a *PP* e *SS*, de forma que o novelo polimérico fica mais contraído. Na condição Θ, o raio de giro do polímero varia com a massa molar com a potência ½ (isto é, $R_g \propto M^{1/2}$), enquanto em um bom solvente $R_g \propto M^{3/2}$.

Outro modelo bastante útil para avaliar as interações é o de Hildebrand, que as representa pelo parâmetro de solubilidade δ, que é definido pela Equação (2.14).

$$\delta_i \equiv \left(\frac{\Delta_{vap}H_i}{V_i}\right)^{\frac{1}{2}} \tag{2.14}$$

Em que V_i é o volume molar da substância i, e $\Delta_{vap}H_i$ é a sua entalpia de vaporização.

Para um solvente, o parâmetro pode ser facilmente determinado pela medida da sua entalpia de vaporização, uma vez que ela se relaciona diretamente com as interações *SS*.

De acordo com o modelo de Hildebrand, dois líquidos são miscíveis se apresentam parâmetros de solubilidade próximos (comumente conhecidos como "polar dissolve polar" e "apolar dissolve apolar"). No caso de um polímero, obviamente não é possível determinar a sua entalpia de vaporização. No entanto, pode-se estimar o seu parâmetro de solubilidade, por exemplo, pela medida de sua viscosidade em solventes com diferentes parâmetros de Hildebrand. Como já apresentado, o novelo polimérico tende a expandir-se em um bom solvente ($\chi < 0$), resultando no aumento da viscosidade da solução. Assim, se for obtido um gráfico como o da Figura 2.11, o parâmetro de solubilidade do polímero pode ser estimado.

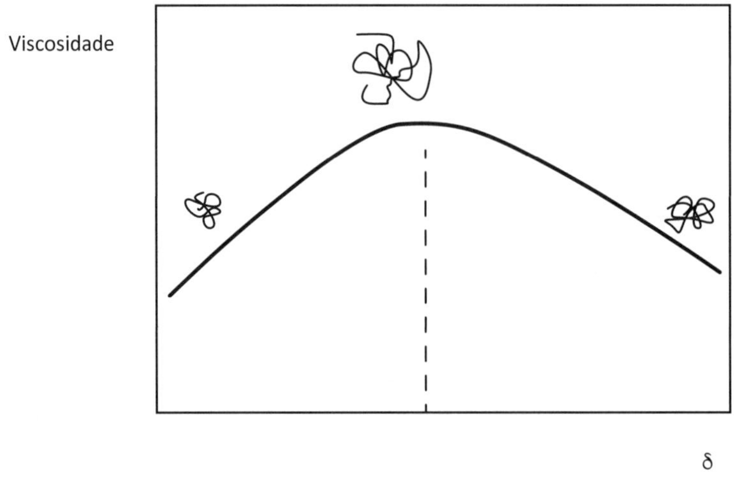

Figura 2.11 – Gráfico genérico representando a variação da viscosidade para a solução de certo polímero em concentração fixa, em vários solventes com diferentes parâmetros de solubilidade, resultando, portanto, em diferentes expansões do novelo polimérico.

Na Tabela 2.3, estão apresentados os parâmetros de solubilidade de Hildebrand para alguns solventes e alguns polímeros.

Tabela 2.3 – Parâmetros de solubilidade de Hildebrand para alguns polímeros: poli(metilmetacrilato), PMMA, poli(etilenoglicol), PEG, poli(cloreto de vinila), PVC, poliestireno, PS e polietileno, PE e solventes

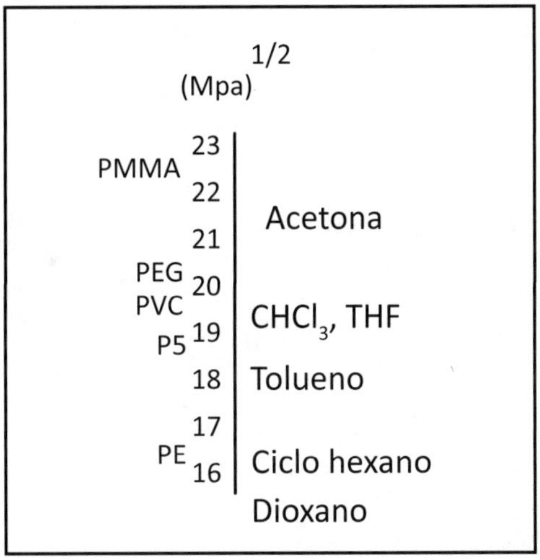

Os valores de δ para o poliestireno e para o tolueno são próximos. Assim, prevê-se que eles formem uma solução homogênea. O modelo falha ao prever o comportamento de sistemas que formam ligações de hidrogênio, pois a forte interação entre os constituintes da solução resulta em grandes desvios. Como exemplo, o polietilenoglicol (PEG), possui δ próximo de 20, e a água tem δ= 23,5 $MPa^{1/2}$. Apesar da diferença nos valores, eles formam soluções homogêneas, e isso se deve à formação de ligações de hidrogênio entre as moléculas de água e os grupos -OCH_2CH_2O- do PEG.

2.5. COPOLÍMEROS EM BLOCO

Como anteriormente apresentado, os sistemas poliméricos possuem a particularidade de alterar a sua geometria dependendo, de maneira fundamental, de sua interação com o solvente. Os copolímeros em bloco podem ter seus blocos com afinidades diferentes com as moléculas do solvente. Para certo solvente, um bloco tem certo valor de χ , e, outro bloco, outro valor. Nesse caso, o resultado do balanço de interações pode produzir soluções com estruturas complexas.

Os copolímeros em bloco podem ter diferentes tipos de estruturas gerais. Os meros podem estar ligados de forma aleatória; formando cadeias poliméricas com dois ou mais blocos; na forma de estrelas; ou com enxertos na cadeia principal, como apresenta-se esquematizado na Figura 2.12.

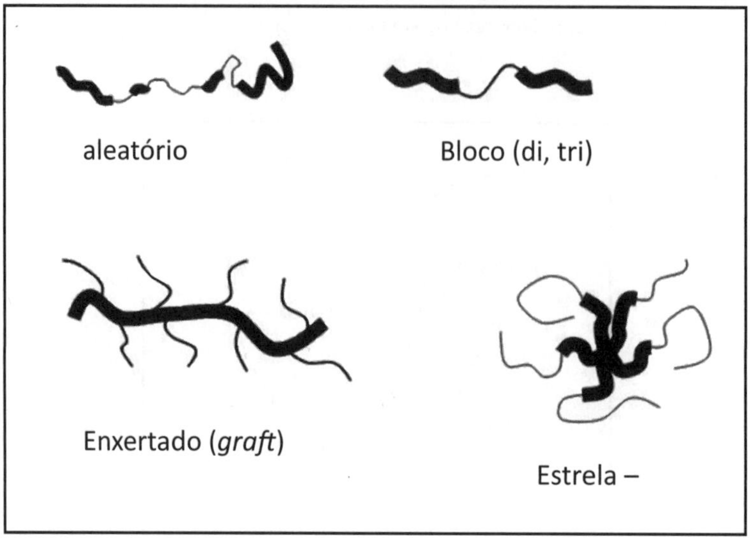

Figura 2.12 – Algumas possíveis arquiteturas para copolímeros.

Dependendo da qualidade da interação dos blocos do copolímero com o solvente (bom ou mau solvente), pode ocorrer associação espontânea, direcionada pelas interações preferenciais. Certamente, os sistemas aquosos são os mais extraordinários. Um bloco especial para os sistemas aquosos é o formado por PEG. Em combinação com blocos que não apresentam boa interação com a água, esses sistemas podem formar estruturas complexas, que são autoarranjadas, como as mostradas na Figura 2.13.

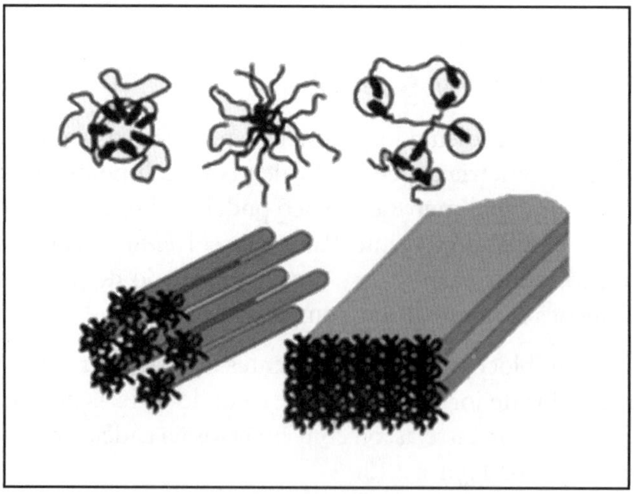

Figura 2.13 – Representação de algumas possibilidades de autoassociação de copolímeros em bloco em sistemas aquosos.

O bloco com menor afinidade com a água pode ser variado, de forma que o grau de hidrofobicidade varie amplamente. Na Tabela 2.4, estão apresentados os graus de hidrofobicidade (normalizados em relação ao poli(óxido de propileno) –PPO –, com índice igual a 1, para diferentes copolímeros em bloco do tipo X-PEG.

Tabela 2.4 – Hidrofobicidade relativa de copolímeros X-PEG

X	Estrutura	Hidrofobicidade relativa
PPO	$(OCH(CH_3)CH_2)$	1
PE	(CH_2)	5
Óxido de butileno	$(OCH_2CH_2\text{-}(C_2H_5))$	6
ε-capralactona	$(COOCH_2)_5$	10
Estireno	$(CH(C_6H_5))$	12

Do ponto de vista reológico, um sistema de copolímero bloco interessante envolve as celuloses hidrofobicamente modificadas. Nesses sistemas, a hidroxietilcelulose é modificada pela inserção de alguns grupos hidrofóbicos (cadeia alquílica, por exemplo, com 16 carbonos) na sua cadeia principal. Veja na representação da Figura 2.14 o que ocorre com a viscosidade de uma solução desse polímero enxertado quando a solução é formulada com certa quantidade de surfactante.

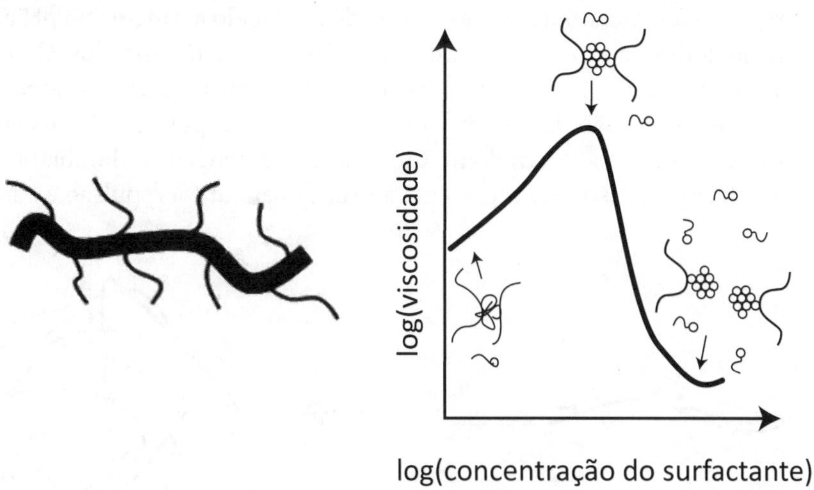

Figura 2.14 – Copolímero hidrofílico com cadeias hidrofóbicas enxertadas (à esquerda). Variação da viscosidade da solução, à medida que a concentração de surfactante é aumentada (à direita).
Fonte: Adaptada com a permissão de Piculell; Egermayer; Sjöström (2003).

Como apresentado na Figura 2.14, a viscosidade do sistema com baixa quantidade de surfactante pode ser aumentada, pois os grupos hidrofóbicos tendem a agrupar-se. As moléculas de surfactante podem ajudar o agrupamento, de forma que grupos enxertados de mais de uma cadeia ficam inseridos dentro das estruturas micelares. O resultado é um aumento significativo da viscosidade devido à formação dos pontos de reticulação transientes. Entretanto, se a concentração do surfactante é aumentada ainda mais, haverá quantidade de surfactante suficiente para que cada grupo hidrofóbico do polímero fique dentro de micelas individuais. As cadeias poliméricas são, assim, separadas, e a viscosidade diminui muito.

Essa estratégia é muito usada em formulações para o controle reológico de tintas mobiliárias, pois o cisalhamento rompe as estruturas supramoleculares (que são estruturas transientes) quando a tinta é cisalhada. No entanto, a tinta recupera rapidamente a viscosidade tão logo o cisalhamento é interrompido. Esse comportamento é altamente desejado na pintura, pois evita o escorrimento da tinta recém-aplicada.

2.6. POLIELETRÓLITOS

Uma classe importante de polímeros, principalmente em reologia, é a dos polieletrólitos, que são macromoléculas que apresentam grupos ionizados. Além de alguns polímeros sintéticos, vários polímeros naturais, como proteínas, DNA e gomas, enquadram-se nessa classe.

Um aspecto interessante dos polieletrólitos é o de que a geometria molecular é fortemente afetada pela força iônica da solução e, em alguns casos, pelo pH.

Considere, por exemplo, uma solução aquosa de poli(ácido acrílico). No pH alcalino, praticamente todos os grupos carboxilas do polímero estão ionizados. Como representado na Figura 2.15, a cadeia fica em um estado bastante expandido, quase como na forma de um bastão. Isso ocorre devido à elevada repulsão entre os grupos carboxílicos vizinhos (como mostrado no Capítulo 1, o potencial coulombiano varia com *1/r*). A conformação esticada representa a situação em que a repulsão é a menor possívelS

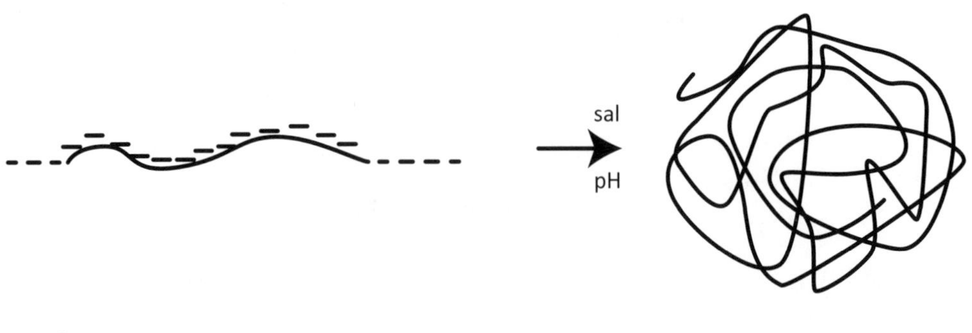

Figura 2.15 – Cadeia de um polieletrólito em solução, antes e após a diminuição do pH ou adição de sal.

Uma solução formada por cadeias esticadas (bastões) deve apresentar maior viscosidade do que se elas estivessem na forma enovelada. No entanto, se na solução aquosa for adicionado sal, o aumento da força iônica faz com que os íons blindem parcialmente as cargas da cadeia polimérica. A menor repulsão faz com que a cadeia enovele (indo na direção das conformações mais prováveis) e a viscosidade diminua drasticamente. Devido a respostas desse tipo, os polieletrólitos são bastante usados como controladores de viscosidade.

2.7. REGIMES DE CONCENTRAÇÃO

As soluções poliméricas apresentam uma característica bastante relevante quando comparadas com as soluções não poliméricas. Nas *nP*, as moléculas do soluto se distribuem regularmente por toda a solução. No caso das soluções poliméricas, haverá uma grande fração do soluto (os meros) concentrada ao redor do raio de giro do polímero. Nesse caso, poderão existir na solução regiões que contenham apenas moléculas do solvente. Naturalmente, a grande diferença de concentração entre essas duas regiões faz com que exista grande pressão osmótica. Em soluções poliméricas diluídas, existe uma grande quantidade de solvente entre os novelos poliméricos. Se a concentração é aumentada, a partir de certo ponto os novelos começarão a tocar-se, e, em concentrações maiores, ocorrerá o entrelaçamento das cadeias. Nessa concentração, denominada de *concentração de sobreposição* (*overlap*), representada por c^*, a solução deixará de estar no regime diluído e entrará no semidiluído. Do ponto de vista reológico, como veremos, essa transição é bastante importante.

Existe uma correlação entre c^* e o raio de giro do polímero (R_g), como indicado na Equação (2.15).

$$c^* = \frac{M}{N_a}\frac{3}{4\pi R_g^3} \qquad (2.15)$$

Em que N_a é o número de Avogadro. Pode-se notar que quanto maior for R_g, menor será a concentração a partir da qual as moléculas poliméricas passam a tocar-se. A questão do entrelaçamento das cadeias poliméricas pode ser claramente observada quando soluções poliméricas são evaporadas e são formados filmes (processo denominado *casting*). Suponha que o processo seja feito a partir de duas soluções contendo um polímero de massa molecular 20.000 g mol^{-1} e 100.000 g mol^{-1}. Então, as duas soluções são colocadas em placas de Petri, e, quando o solvente for evaporado, para o caso do poliestireno de massa molecular 20.000 g mol^{-1}, o filme produzido poderá ser opaco e quebradiço. Por outro lado, o filme produzido com o poliestireno de massa molecular 100.000 g mol^{-1} será mais translúcido e contínuo. Esses comportamentos são explicados pelo entrelaçamento das cadeias poliméricas. No caso do poliestireno de massa molecular 20.000 g mol^{-1}, o raio de giro é pequeno, e as cadeias não se entrelaçam, formando domínios discretos. No entanto, para o polímero de maior massa molecular, as cadeias se encontram entrelaçadas, gerando um filme contínuo.

Até a década de 1970, nenhuma teoria era suficientemente adequada para descrever o regime semidiluído. A pressão osmótica (π), por exemplo, é proporcional à concentração ($\pi \propto c$) se $c < c^*$. No entanto, dentro da região do regime semidiluído, π aumenta por um fator de 100. O panorama mudou completamente com o trabalho do vencedor do Prêmio Nobel de Física Pierre-Gilles de Gennes, que aplicou a teoria do escalonamento para tratar os sistemas poliméricos neste regime.

Uma das características do regime semidiluído é a de que, quando os novelos poliméricos se tocam, ocorrem alguns pontos de entrelaçamento entre as cadeias. No entanto, nesse regime de concentração, os meros ficam praticamente com a mesma configuração de quando estavam no novelo polimérico isolado. De Gennes definiu a existência de um "território" ocupado pelas cadeias poliméricas, como mostrado na Figura 2.16, delineado pelos pontos de entrelaçamentos. Ele designou essa região como *blob* (gota), sendo que, dentro do *blob*, existem apenas os meros de uma única cadeia.B

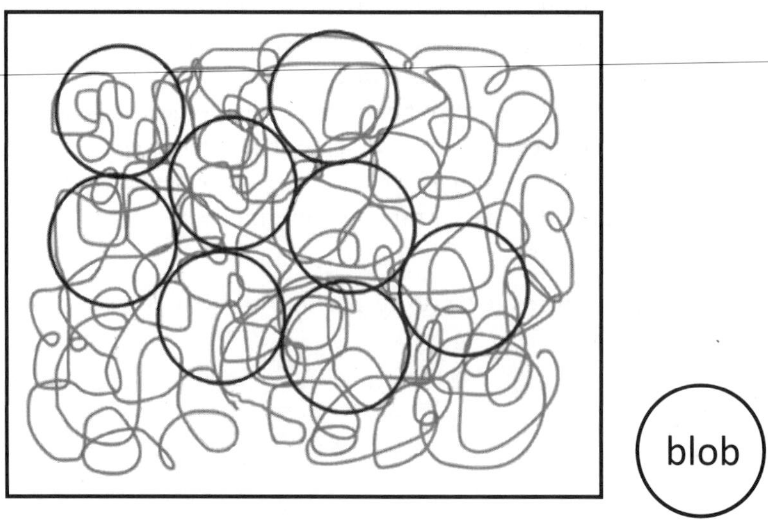

Figura 2.16 – Esquema de uma solução de polímero com as regiões que definem o *blob*.

De Gennes fez várias considerações para tratar a situação polimérica no regime semidiluído:

1) dentro de cada *blob*, a cadeia preserva a conformação da cadeia isolada;

2) os *blobs* ocupam todo o volume da solução.

À medida que a concentração do polímero aumenta, também aumentam os pontos de entrelaçamentos das cadeias, resultando a diminuição do tamanho do *blob*. Com base nessas considerações, de Gennes foi capaz de descrever com bastante precisão o regime semidiluído.

Se a concentração polimérica é aumentada para além do regime semidiluído, haverá certa concentração em que aparece outro regime de concentração, o concentrado (designado por c^{**}), que é observado quando $c >> c^*$. Dentro desse regime, dado o elevado grau de entrelaçamento que apresentam, não é mais possível identificar as cadeias poliméricas individuais.

CAPÍTULO 3

Coloides liofóbicos

Outro sistema coloidal importante são as dispersões (sistemas que envolvem mais de uma fase). Nesse caso, são sistemas coloidais liofóbicos. *Lio* se refere ao solvente; portanto, *liofóbico* se refere ao sistema em que o soluto não interage bem com o solvente. Por esse motivo, o soluto tende a se agregar, e desse modo, no caso desses sistemas, não são consideradas as interações entre moléculas, mas sim entre as superfícies das partículas com o meio.

Os coloides que apresentam separação de fases podem ser classificados de acordo com quem forma a fase dispersa e a dispersante, como indicado na Tabela 3.1.

Tabela 3.1 – Classificação dos coloides que apresentam separação de fases

<table>
<tr><th colspan="2" rowspan="2">Meio/fase</th><th colspan="3">Fase dispersa</th></tr>
<tr><th>Gás</th><th>Líquido</th><th>Sólido</th></tr>
<tr><td rowspan="3">Fase dispersante</td><td>Gás</td><td>Não existe</td><td>Aerossol líquido
Exemplo: nuvens, spray de cabelos</td><td>Aerossol sólido
Exemplo: fumaça</td></tr>
<tr><td>Líquido</td><td>Espuma.
Exemplo: creme de barbear</td><td>Emulsão
Exemplo: leite, maionese</td><td>Sol ou suspensão
Exemplo: tintas com pigmentos</td></tr>
<tr><td>Sólido</td><td>Espuma sólida.
Exemplo: aerogéis</td><td>Gel
Exemplo: gelatina</td><td>Sol sólido
Exemplo: vidros contendo sais de ouro</td></tr>
</table>

Os sistemas liofóbicos são instáveis do ponto de vista termodinâmico. Em outras palavras, somente é possível manter uma dispersão estável por algum tempo. A teoria que trata da estabilidade de dispersões é chamada de DLVO (em homenagem a Derjaguin, Landau, Verwey e Overbeek).

3.1. A TEORIA DLVO

O potencial interativo tem um papel muito relevante na reologia e na estabilidade das dispersões coloidais. Muitas vezes, deseja-se que a dispersão apresente características reológicas em um determinado momento, mas, em outro, uma característica oposta. Esse é o caso dos processos sol-gel. Vários sistemas de interesse prático, como materiais cerâmicos, filmes, suportes de catalisadores etc., são, muitas vezes, manufaturados em um processo sol-gel, isto é, que envolve um processo no qual uma dispersão líquida (sol) sofre uma transformação, formando uma fase gel. Por muitas vezes deseja-se estabilizar a dispersão coloidal na forma de um sol para posteriormente produzir o gel.

A estabilização das partículas pode ser feita mediante a adsorção de espécies eletricamente carregadas nas suas superfícies, ou pela adsorção de uma camada polimérica.

Em princípio, é possível estimar as condições críticas para o início de um processo de agregação das partículas, que é chamado *floculação*. Para isso, é necessário considerar as energias que estão operando no sistema naquela condição específica.

De acordo com a teoria DLVO, a energia potencial de interação envolvida entre duas partículas pode ser assumida como a soma dos potenciais de Van der Waals (W_{VdW}) e eletrostático (W_{el}). Outros dois potenciais, o estérico (W_{est}) e o de depleção (W_{depl}), foram adicionados posteriormente, para compor a energia potencial total, W_{total}, como indicado na Equação (3.1).

$$W_{total} \cong W_{est} + W_{VdW} + W_{el} + W_{depl} \tag{3.1}$$

Antes de considerar cada um dos termos da Equação (3.1), é conveniente analisar o diagrama fundamental da Figura 3.1. O diagrama permite entender a questão da estabilidade das dispersões, representando a variação da energia potencial, à medida que duas partículas que formam a dispersão se aproximam.

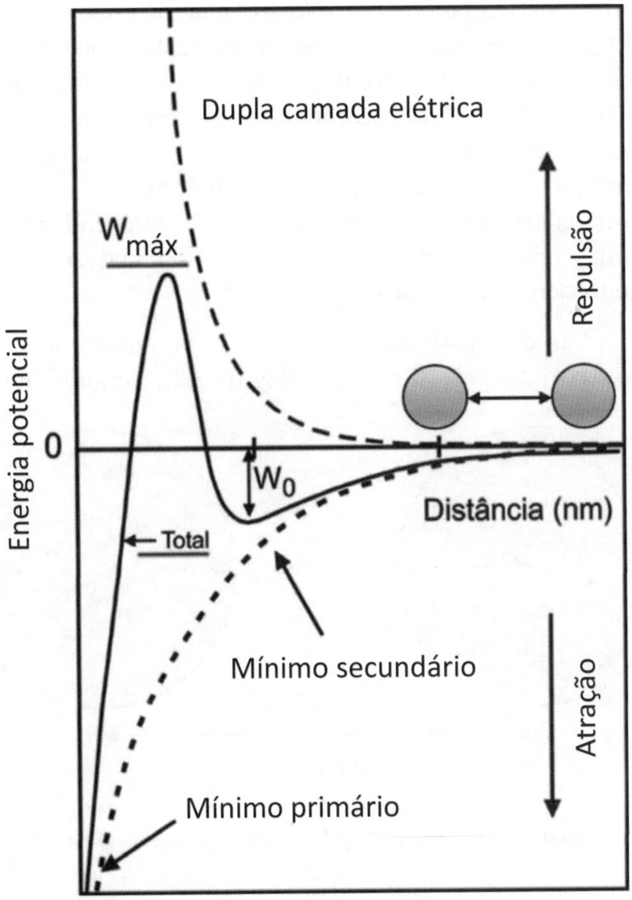

Figura 3.1 – Diagrama que representa a variação da energia (W_{total}) entre duas partículas da dispersão em função da distância entre elas.

À medida que as partículas se aproximam, o potencial de Van der Waals (que é atrativo) tende a diminuir o potencial total do sistema, contribuindo para a agregação. O potencial repulsivo da dupla camada elétrica, W_{el} atua na direção oposta. A ação de cada um dos termos dependerá fundamentalmente da distância de separação entre as duas partículas consideradas. Quando as duas partículas estão separadas por certa distância em que não interagem, $W_{total} = 0$. À medida que se aproximam, W_{vdW} passa a ser o termo preponderante em relação à repulsão eletrostática, e, desse modo, a atração predomina. No entanto, em uma distância um pouco mais curta, W_{el} passa a ser dominante. A combinação dos efeitos opostos resulta em um mínimo de energia potencial, W_0 (formação de uma espécie de poço de energia), que é chamado de *mínimo secundário.*

A atração entre as partículas começa a ocorrer quando estão separadas por distâncias típicas de 10 nm. No entanto, conforme foi apresentado no Capítulo 2 (Subseção 2.1.2), as interações de Van der Waals entre moléculas somente são efetivas em distâncias inferiores a 0,1 e 0,2 nm. A explicação para esse comportamento está no fato de que, no caso das partículas da dispersão, a energia de interação de Van der Waals é obtida pela integração das interações de todas as moléculas sobre todo o volume das duas partículas coloidais. Ao realizar essa integração, a dependência da energia potencial não terá mais uma dependência do tipo $W(r) = -\frac{C}{r^6}$, mas, sim, uma dependência inversa de menor ordem que 6 (veja a Equação 3.3).

O potencial de Van der Waals pode ser derivado para duas partículas esféricas de raio *a*, que estão separadas pela distância *D* (Figura 3.2), conforme Equação (3.2).

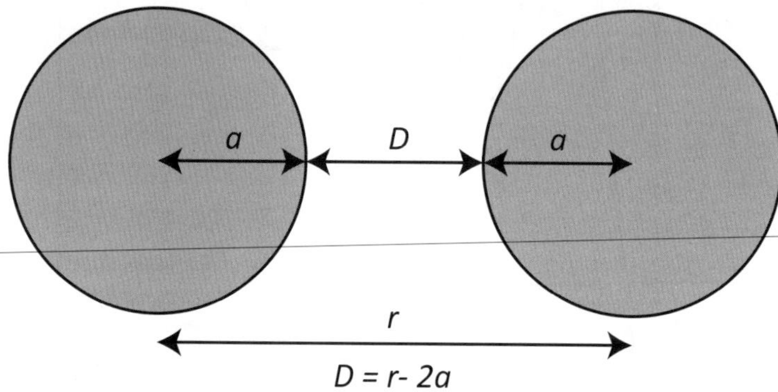

Figura 3.2 – Representação de duas partículas esféricas de raio *a*, separadas (entre suas superfícies) pela distância *D*.

$$W_{VdW} = -\frac{A_H}{12}\left\{\frac{4a^3}{4aD + D^2} + \left(\frac{2a}{2a + D}\right)^2 + 2ln\left[1 - \left(\frac{2a}{2a + D}\right)^2\right]\right\} \quad (3.2)$$

Em que A_H é conhecida por *constante de Hamaker*. Para os casos em que $D << a$ (Figura 3.2), o potencial pode ser representado de maneira simplificada pela Equação (3.3).

$$W_{VdW} \cong -\frac{aA_H}{12D} \quad (3.3)$$

W_{VdW} depende do formato das partículas que constituem a dispersão. No caso, por exemplo, de partículas na forma de disco, o potencial de W_{VdW} correspondente seria descrito pela Equação (3.4):

$$W_{VdW} \cong -\frac{aA_H}{12D} \tag{3.4}$$

Muitas dispersões são estabilizadas pela repulsão de cargas, localizadas nas superfícies das partículas. As interações eletrostáticas estão presentes em sistemas aquosos contendo ácidos, bases, polieletrólitos, dispersões de partículas e emulsões (dispersão de um líquido em outro). Elas são as mais fortes interações entre as espécies químicas, e, adicionalmente, o potencial de interação depende da distância entre as partículas com *1/r* (potencial Coulombiano).

Numa dispersão de partículas contendo cargas superficiais, o campo elétrico superficial afeta os íons em solução, formando duas camadas elétricas, como mostrado na Figura 3.3.

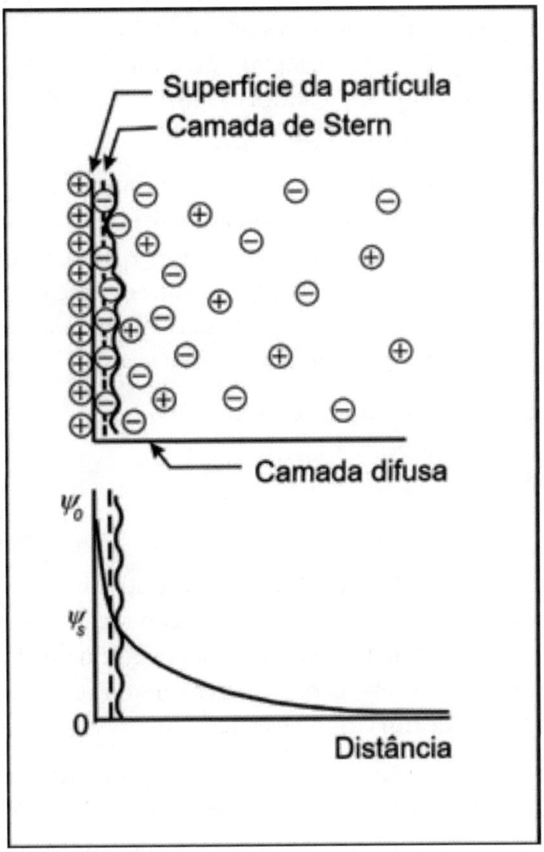

Figura 3.3 – Esquema representando o modelo da dupla camada elétrica.

Os íons de carga oposta adsorvem na superfície carregada (neutralizando parcialmente a superfície), formando uma camada no plano de Stern (que é uma das duas camadas). O potencial elétrico da superfície (ψ_0), apesar de atenuado pela camada de Stern, influencia os íons positivos e negativos próximos da superfície, formando outra camada, denominada de *camada difusa*.

O potencial elétrico decai a partir do plano de Stern até se tornar nulo (no interior da solução). O decaimento do potencial é descrito pela distribuição de Boltzmann (portanto, o decaimento é exponencial). A espessura da dupla camada elétrica (denominada de *comprimento de Debye*) depende fortemente da força iônica do meio. Se a concentração de íons aumentar, ocorrerá a blindagem das cargas superficiais, com consequente diminuição da espessura da dupla camada elétrica.

A repulsão entre as duplas camadas elétricas envolvendo duas partículas de uma dispersão é um dos princípios fundamentais usados para estabilizá-las (cineticamente). O potencial elétrico na superfície das partículas pode ser medido, e é denominado *potencial zeta* (ζ). Sistemas dispersos são (cineticamente) estáveis quando o potencial zeta é maior que 30 mV (positivo ou negativo). Esse valor se relaciona com o balanço entre a barreira de energia (W_{max} indicado na Figura 3.1), com a energia térmica do sistema próxima da temperatura de 298K.

A natureza repulsiva entre as duplas camadas e a longa distância das interações é capaz de manter as partículas dispersas. No entanto, se as partículas se aproximam suficientemente (e isso ocorre devido ao movimento browniano), tal que as forças de Van der Waals passem a ser dominantes, elas podem sofrer agregação. Em alguns casos, uma leve agitação é capaz de redispersar as partículas, mas em outros casos, como veremos no Capítulo 12, a agregação não pode mais ser revertida.

O potencial eletrostático é obtido da Equação (3.5).

$$Wel(r) = 2\pi\varepsilon\varepsilon_0 a\Psi_s^2 ln\,[1 + exp\,(-\kappa D)\,] \tag{3.5}$$

Em que $\varepsilon_0 = 8,8x10^{-12}\ C^2 J^{-1} m^{-1}$; ε é a constante dielétrica do meio; ψ_s é o potencial eletrostático da superfície; e κ^{-1} é a espessura da dupla camada elétrica, conhecida como camada de Debye. O potencial elétrico na superfície da partícula pode ser definido pela medida do potencial zeta, ζ, que é determinado pela mobilidade das partículas mediante a aplicação de um campo elétrico.

Os potenciais W_{VdW} e W_{el} estão na base da teoria DLVO, que trata da estabilidade dos sistemas coloidais. Em relação ao potencial estérico, W_{est}, pode-se considerar que seu valor é zero quando as partículas estão afastadas por longas distâncias. No outro extremo, quando as partículas estão próximas o suficiente para que os átomos que as constituem se toquem, o potencial estérico tenderá a aumentar para o infinito.

O potencial de depleção, W_{depl}, está associado com regiões da solução em que as partículas ou os polímeros, pelo fato de serem grandes, não podem ocupar o espaço entre outras partículas (ou polímeros). Essa depleção gera um potencial que é descrito pelo produto da pressão osmótica com o volume das camadas que sofrem depleção.

Os potenciais de Van der Waals e eletrostático são centrais na estabilidade das dispersões e, por simplicidade, serão os únicos aqui considerados.

A dispersão coloidal é um sistema termodinamicamente instável, de forma que a coalescência das partículas ocorrerá em algum tempo. É possível, no entanto, promover a estabilização do sistema por longos períodos. Se, por exemplo, ψ_s e κ^{-1} possuem valores consideráreis, o valor do potencial W_{max}, como indicado na Figura 3.1, pode exceder significativamente a energia térmica do meio ($k_B T$), de forma que as partículas não possuam energia cinética suficientemente grande para superar a barreira repulsiva (de W_{max}). Nesse caso, ficam confinadas no poço de energia, denominado de *mínimo secundário*. Se essa barreira for superada, a interação atrativa entre as partículas será tão grande que levará à coalescência ırreversível delas. O balanço entre as forças repulsivas (eletrostáticas) e atrativas (Van der Waals) resulta no mínimo secundário, cuja "profundidade" é determinada pela Equação (3.6).

$$W_{min} \approx -\frac{aA_H}{12D} + C\zeta^2 a \qquad (3.6)$$

Em que:

$$C \equiv 2\pi\varepsilon_0 ln \left[\frac{1}{1 - exp\,(-\kappa D)}\right] \qquad (3.7)$$

Como os dois potenciais são antagônicos, se o potencial zeta (ζ) é razoavelmente elevado, é possível reduzir o mínimo secundário a praticamente zero. Por outro lado, o aumento da força iônica do meio faz com que ocorra a blindagem da dupla camada elétrica, resultando na diminuição de ζ e C (a diminuição de C ocorre, pois a espessura da camada de Debye também diminui). Nesse caso, a barreira repulsiva que impedia a coalescência pode desaparecer progressivamente, à medida que a força iônica aumenta.

A floculação de um determinado sol (solução precursora do processo sol-gel) pode ser muitas vezes desejada e, assim, induzida. A carga superficial na partícula desempenha um papel central na estabilização do sol. Dessa forma, mudanças na força iônica do meio ou alterações do pH, em alguns casos, podem tornar W_{max} pequeno e, consequentemente, resultar na rápida floculação do sol.

Em relação à indução da floculação, existe uma regra, denominada *regra de Schulze-Hardy*, que correlaciona a concentração crítica de íons (c_{crit}) responsável pela eliminação completa da barreira repulsiva, W_{max}, com a carga da espécie iônica considerada (z). A regra está expressa pela Equação (3.8).

$$c_{crit} \propto z^{-6} \tag{3.8}$$

De acordo com a regra, a concentração crítica varia com o inverso da sexta potência da carga do íon, portanto, uma dependência muito grande. Por exemplo, íons como o Al^{3+} possuem um efeito muito mais significativo na floculação de partículas do que íons Na^{+}. No processo de tratamento de água das cidades, faz-se uso de íons Al^{3+} ou de Fe^{3+} para se induzir o processo de floculação e a consequente remoção de impurezas.

No mecanismo de floculação, as partículas sofrem a agregação, uma após a outra, sendo que o crescimento do aglomerado pode ser seguido, por exemplo, por uma técnica de espalhamento de luz (DLS, do inglês *dynamic light scattering*, que será apresentada no Capítulo 7).

Em muitos casos, é bastante desejável a obtenção de géis termorreversíveis, em que a transição sol-gel pode ser feita inúmeras vezes pelo aumento e pela diminuição da temperatura.

A arquitetura de géis termorreversíveis pode ser pensada considerando-se a teoria DLVO. Se as partículas que compõem o gel não interagirem de maneira muito forte (isto é, não eletrostaticamente) ao aproximarem-se à certa distância crítica D_{crit}, as interações de Van der Waals levarão à sua agregação irreversível. No entanto, uma camada de proteção polimérica poderá impedir a aproximação, de forma que fiquem em distâncias superiores a D_{crit}, mantendo as partículas afastadas dessa distância-limite. A distância crítica pode ser estimada considerando-se o balanço entre o potencial de Van de Waals (Eq. 3.3) e a energia térmica . Nesse caso, haverá uma condição-limite, caracterizada por certa distância crítica (D_{crit}) entre as partículas, em que W_{VdW} se iguala à energia térmica. Obtém-se, então, a Equação (3.9).

$$D_{crit} \approx \frac{aA_H}{12k_BT} \tag{3.9}$$

Uma forma bastante adequada de controlar a distância entre as partículas é adsorvendo ou ligando quimicamente polímeros nas suas superfícies, mantendo-as em uma distância acima da distância crítica de agregação.

No caso de uma partícula recoberta por uma camada polimérica, uma redução da distância crítica poderá resultar na agregação das partículas (mas sem levar ao colapso irreversível). Se a temperatura de um sistema com essas características é variada, pode-se levar o polímero que compõe a camada hidrodinâmica para sua condição Θ. Nesse caso, a camada hidrodinâmica encolhe (a interação polímero-solvente diminui, veja Capítulo 2), levando à aglomeração das partículas (com eventual formação de um gel). Se o processo térmico é revertido, as camadas se expandem, e o sistema volta a formar um estado sol.

CAPÍTULO 4
Surfactantes

4.1. ASPECTOS GERAIS

Os surfactantes pertencem a uma classe de moléculas especiais que contêm duas partes extremas em relação à funcionalidade química. Uma das partes da molécula possui grande afinidade pela água (parte hidrofílica), e a outra parte, pouca afinidade (hidrofóbica). Por possuírem esse caráter ambivalente, essas moléculas são chamadas de anfifílicas.

A parte hidrofílica da molécula é constituída por um grupo polar ou iônico, e a parte hidrofóbica é geralmente formada por uma cadeia hidrocarbônica, contendo de 8 a 24 átomos de carbono.

Os surfactantes podem ser aniônicos, catiônicos, não iônicos ou *zwitteriônicos* (que possuem cargas positivas e negativas). Veja alguns exemplos na Tabela 4.1.

Tabela 4.1 – Alguns exemplos de surfactantes, classificados de acordo com a eventual carga da molécula

Tipo	Fórmula molecular	Nome
Aniônico	$C_{12}H_{25}OSO_3^-Na^+$	**Dodecil sulfato de sódio**
Catiônico	$C_{16}H_{33}N^+(CH_3)_3Br^-$	**Brometo de cetiltrimetilamônio**
Não iônico	$C_{12}H_{25}(OCH_2CH_2)_6OH$	**Surfactante etoxilado**
Zwitteriônico	$CH_3(CH_2)_9N^+(CH_3)_2CH_2CH_2CH_2SO_3^-$	**Sulfobetaina 3-10**

Uma característica marcante dos surfactantes é a capacidade de, mesmo em baixas concentrações, diminuir acentuadamente a tensão superficial (e interfacial) da água, como mostra a Figura 4.1.

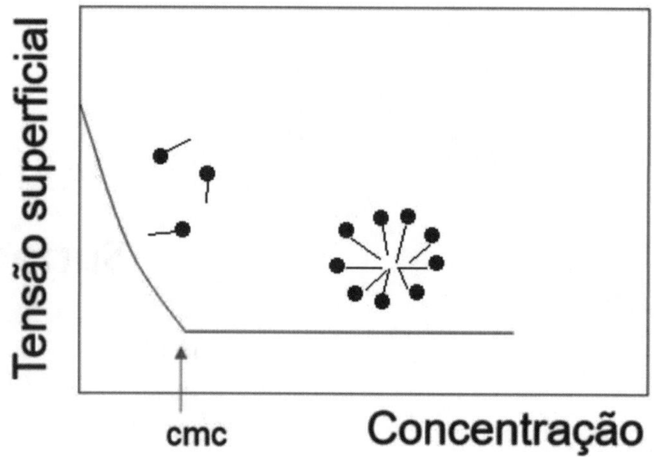

Figura 4.1 – Variação da tensão superficial da solução, à medida que a concentração do surfactante é aumentada. A concentração na qual ocorre a formação de micelas (cmc) está indicada.

A tensão superficial (σ) é definida pela Equação (4.1).

$$\sigma \equiv \left(\frac{\partial G_S}{\partial A}\right)_{T,P} \tag{4.1}$$

Ela se relaciona com a razão entre o aumento da energia de superfície, ∂G_s, com a variação da área superficial, ∂A (sendo mantidas constantes a temperatura e a pressão). Do ponto de vista molecular, aumentar a área de determinada quantidade de substância significa trazer moléculas do seu interior para a sua superfície. Portanto, a energia das moléculas no interior é menor que a energia das moléculas que estão na superfície. Isso pode ser facilmente considerado, pois se a superfície de uma gota perfeitamente esférica (veja Figura 4.2) for deformada e, portanto, sua área for aumentada, ela voltará para a condição inicial (de menor área), tão logo a força que produziu a deformação for removida.

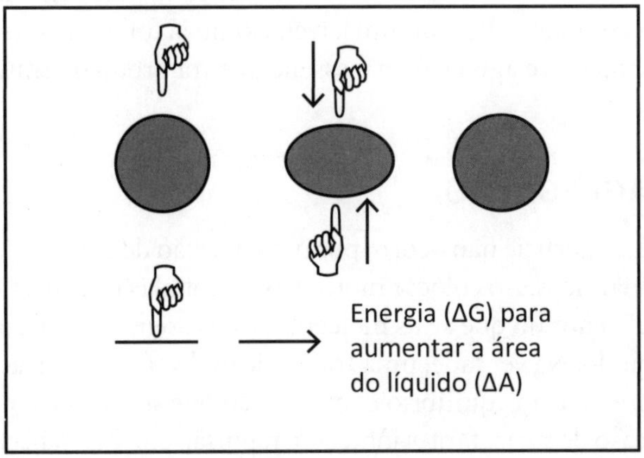

Figura 4.2 – Indicação pictórica do aumento da área de uma gota esférica, a partir da aplicação de certa quantidade de energia. A gota muda de esférica para elíptica e, ao retirar-se a força, relaxa para esférica novamente.

É por essa razão que gotas de líquido tendem a adotar a forma esférica, pois para certa quantidade de líquido, ela é a forma geométrica que corresponde à menor área superficial. A tensão superficial é de fato uma medida da energia coesiva das moléculas. A água é um dos líquidos que apresenta mais alta tensão superficial (cerca de 72,0 mN m^{-1} na temperatura de 25,0 °C). O hexano nessa temperatura possui tensão superficial de apenas 18,4 mN m^{-1}.

Os surfactantes são excelentes para diminuir a tensão superficial da água, pelo fato de que eles adsorvem na interface líquido-ar, ocupando parte da área superficial que seria ocupada pelas moléculas de água (caso estivesse pura). A parte hidrofílica da molécula do surfactante fica voltada para o interior da fase aquosa, e sua cauda hidrocarbônica, para a fase gasosa, formando uma monocamada, como mostrado na Figura 4.3.

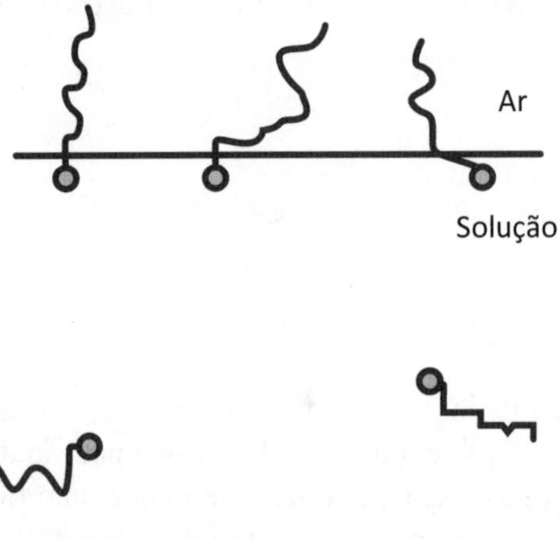

Figura 4.3 – Representação de moléculas de surfactante na solução e adsorvidas na superfície (solução-ar).

Os efeitos que são observados na superfície água-ar também são observados na interface de água com outro líquido imiscível. Como já foi mencionado, a diminuição da tensão interfacial entre água e óleo é essencial para produzir emulsões.

4.2. AUTOAGREGAÇÃO

A saturação da superfície não ocorre por uma questão de espaço disponível, mas por aspectos termodinâmicos. Ao colocar moléculas orientadas na superfície, a entropia superficial torna-se menor do que se as moléculas estivessem com orientações aleatórias, dissolvidas no líquido. Na verdade, uma fração de moléculas de surfactante presente na fase aquosa sempre está em equilíbrio com a fração que se encontra na superfície. Adicionalmente, no caso de surfactantes iônicos, a repulsão entre as cabeças iônicas restringe o espaço ocupado entre as moléculas. Assim, ao aumentar a concentração do surfactante, haverá uma condição-limite, a partir da qual a adsorção de mais moléculas de surfactante na interface não causa redução da energia livre de Gibbs. Nesse caso, ocorre um fenômeno fascinante: as moléculas, espontaneamente, começam a agregar-se em solução, formando estruturas micelares (Figura 4.1). É muito interessante o fato de que a força motriz para a formação de micelas seja de natureza entrópica, pois, ao agruparem-se, as moléculas de água que se encontravam hidratando as cadeias hidrocarbônicas das moléculas isoladas de surfactante podem voltar a interagir apenas com as moléculas de água. Essa "desidratação" resulta no aumento do grau de liberdade das moléculas de água, e, dessa forma, a entropia do sistema aumenta. Esse fenômeno é chamado de *efeito hidrofóbico*, que também é o responsável pela adsorção das moléculas de surfactante na superfície.

A concentração do surfactante em que a descontinuidade da tensão superficial é observada é uma característica de cada surfactante e é denominada de *concentração micelar crítica* (cmc).

A autoagregação das moléculas dos surfactantes é regida pela lei da ação das massas. Isso significa que o potencial químico das moléculas de surfactante que estão agregadas, μ_m, é igual ao das moléculas do surfactante livre, μ_l (Equação 4.2).

$$\mu_m = \mu_l \tag{4.2}$$

Para uma solução micelar diluída, tem-se:

$$\mu_m = \mu_m^o + \frac{k_B T}{m} ln \left(\frac{x_m}{m}\right) \tag{4.3}$$

Em que x_m é a fração molar do surfactante presente nos agregados contendo m moléculas de surfactante, e μ_m^o é o potencial químico padrão do agregado micelar. É interessante notar que, após a cmc, a adição de maior quantidade de moléculas do surfactante faz aumentar apenas a concentração de agregados micelares.

O número de moléculas presentes em uma micela esférica (ou aproximadamente esférica) para surfactantes que contenham n_c átomos de carbono em sua cadeia (alquílica) pode ser estimado pela Equação (4.4).

$$n_{agreg} \cong 0{,}4n_c^2 \text{ para } n_c \text{ entre 8 a 16} \tag{4.4}$$

Assim, estima-se que o número de agregação pode variar entre 26 e 58 para surfactantes que possuem entre 8 e 12 átomos de carbono. Essa estimativa pode ser aplicada para soluções micelares com baixa força iônica, pois, se a concentração de íons na solução formada por surfactantes iônicos aumentar, o tamanho das micelas pode aumentar drasticamente. Por exemplo, para um surfactante do tipo alquil sulfato, o crescimento leva à formação de micelas cilíndricas. Em alguns casos, o crescimento pode resultar na formação de micelas gigantes (que será discutida na seção 4.3).

Em concentrações mais altas (e em outras condições que serão discutidas a seguir), as moléculas de surfactante podem formar estruturas moleculares muito interessantes. Os arranjos dos agregados podem ser cúbicos, hexagonais, lamelares, bicontínuos; e, em alguns casos, podem formar estruturas muito longas, como as micelas gigantes (conhecidas como *wormlike micelles*).

Além da importância prática dos tensoativos, como detergentes e emulsificantes, eles formam as paredes celulares dos organismos vivos; fosfolipídeos, no caso dos animais e glicolipídeos, no caso de membranas vegetais.

Alguns dos arranjos moleculares, oriundos da agregação das moléculas surfactantes, estão apresentados na Figura 4.4.

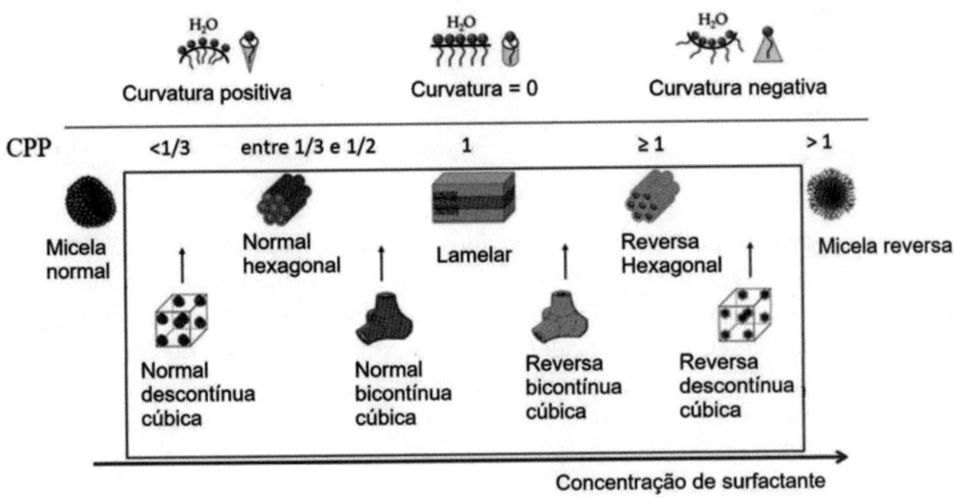

Figura 4.4 – Representação dos possíveis arranjos das moléculas de surfactante, baseados na curvatura dos agregados.
Fonte: Adaptada de Gonçalves; Lam; Lindman (2021).

A formação espontânea dessas estruturas depende de um delicado jogo de forças, que resultará no empacotamento molecular. Consideremos as moléculas do surfactante como constituídas de duas partes: a cabeça polar e a sua cauda. A cabeça polar ocupa certa área que, no caso dos surfactantes iônicos, é relativamente grande, devido à repulsão eletrostática. A área ocupada pela cadeia hidrocarbônica pode aumentar com a presença de grupos laterais ou para surfactantes de duas caudas. Dessa forma, o empacotamento dependerá da acomodação da cabeça e da cauda do surfactante, no agregado micelar. Na Figura 4.5 é apresentada uma representação do empacotamento para uma micela esférica. Um modelo conhecido por CPP (*critical packing parameter*) é capaz de prever o tipo de geometria que os agregados poderão assumir, dependendo de certas características das moléculas do surfactante e das condições do meio. Os valores de CPP podem ser determinados pela Equação (4.5).

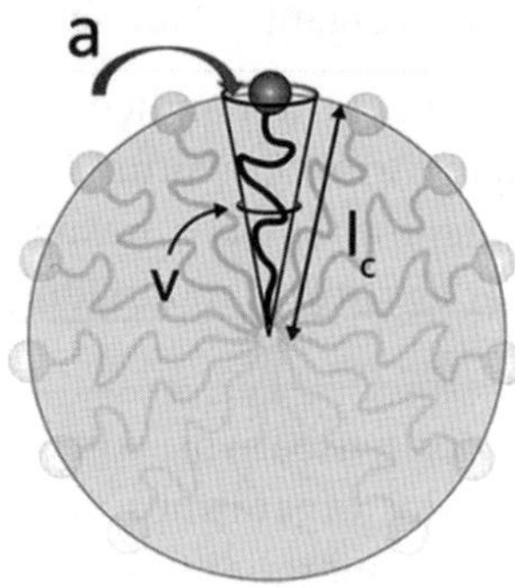

Figura 4.5 – Representação de uma molécula de surfactante em uma micela esférica, na qual estão destacados a área da cabeça polar, *a*, e o comprimento, l_c, e volume, *V*, da cauda alifática da molécula do surfactante.

$$cpp = \frac{V}{l_c a} \tag{4.5}$$

Os valores de CPP podem variar, induzidos por variações, como na área polar da cabeça do surfactante. Por exemplo, no caso de um surfactante iônico, o aumento da força iônica do meio causa a blindagem da carga da cabeça do surfactante, diminuindo a, e resultando no aumento do valor de CPP. Assim, a curvatura do agregado micelar diminui, e outros tipos de empacotamento das moléculas do surfactante podem ser obtidos. As possíveis variações na estrutura cônica da molécula do surfactante e os possíveis agregados que podem ser formados estão esquematizadas na Figura 4.6.

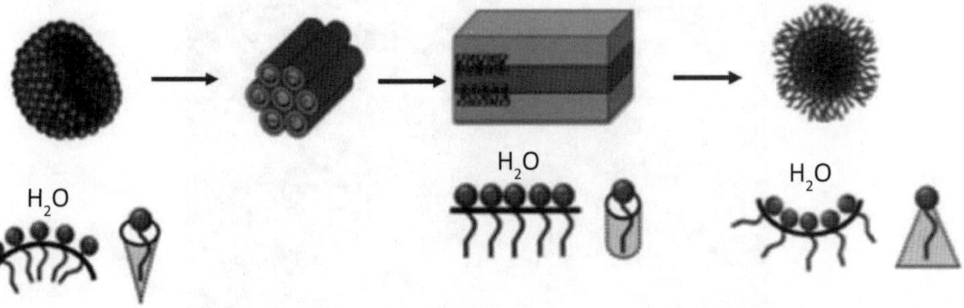

Figura 4.6 – Representação pictórica das moléculas de surfactantes (como cônicas, cilíndricas etc.) e os possíveis agregados que podem ser formados.

O agrupamento dessas "peças" moleculares pode explicar todas as formas possíveis de agregados que formam as chamadas *mesofases*. Note que o empacotamento de cones resultará na formação de objetos esféricos. Contudo, o empacotamento de objetos quase cilíndricos resultará na formação de agrupamentos cilíndricos que, dependendo da concentração do surfactante, podem ser empilhados em estruturas hexagonais. Se a estrutura do surfactante formar um cilindro (quase) perfeito, então o empacotamento das moléculas resultará na formação de estruturas lamelares. Assim, a relação da área da cabeça e da cauda da molécula do surfactante é a base para se entenderem os possíveis empacotamentos (as estruturas das mesofases formadas). Essa relação pode ser modificada por mudanças nas estruturas das moléculas surfactantes, bem como pela adição de certas substâncias (sais, álcoois de cadeia longa etc.). Por exemplo, a adição de sal pode blindar parcialmente a carga do surfactante, diminuindo a área ocupada (*a*) pela parte polar da molécula de surfactante. Nesse caso, é como se na representação a molécula deixasse de ser um cone para se tornar um cilindro quase perfeito (cone truncado), e a estrutura do agregado mudaria de esférica para cilíndrica.

4.3. MICELAS GIGANTES

A reologia de soluções de micelas esféricas é bastante "monótona" abaixo da concentração de 30 %, pois as soluções não são viscoelásticas nem viscosas. No entanto, para alguns tipos de surfactantes, a reologia é muito rica, mesmo em soluções diluídas. Para esses casos, as moléculas dos surfactantes podem agregar, formando longas estruturas, as micelas gigantes.

Na Figura 4.7, está apresentada uma microscopia eletrônica obtida em temperaturas criogênicas, em que a solução contendo micelas gigantes foi vitrificada (por resfriamento) tão rapidamente que as estruturas não foram perturbadas no processo de solidificação.

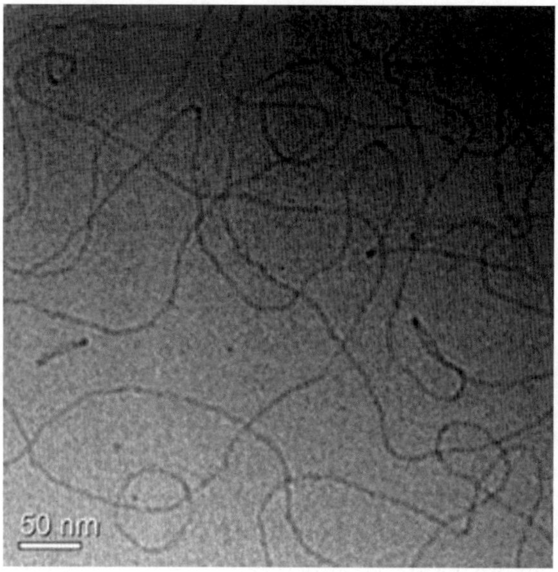

Figura 4.7 – Microscopia eletrônica obtida em temperaturas criogênicas de uma solução de micelas gigantes.

Como pode ser notado pela Figura 4.7, as micelas gigantes possuem elevadíssima razão de aspecto. Seu diâmetro é praticamente o mesmo da micela normal, mas seu comprimento pode variar desde dezenas de nanômetros até dezenas de micrômetros.

A flexibilidade da cadeia formada pelo agrupamento das moléculas do surfactante que forma a micela gigante determina a sua conformação. Na Figura 4.8, está apresentado um segmento da cadeia que se encontra uniformemente curvado.

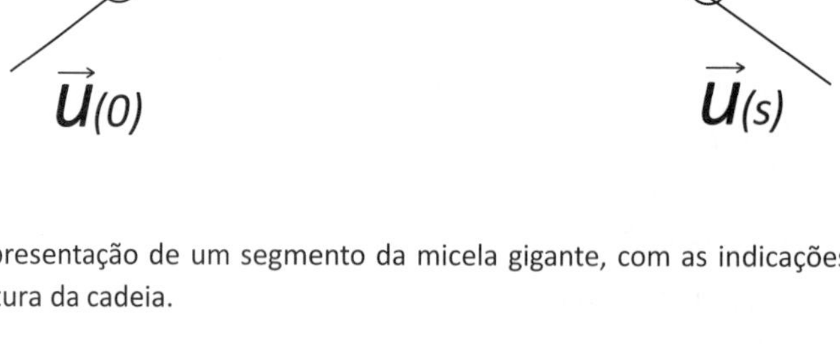

Figura 4.8 – Representação de um segmento da micela gigante, com as indicações dos vetores e do ângulo de curvatura da cadeia.

O vetor $\bar{u}(s)$ está relacionado com a tangente ao eixo micelar, sendo que a energia livre por unidade *s* (que denota o comprimento da curva) é dado pelo produto kC^2, em que *k* é o módulo de rigidez da cadeia, e *C* é a sua curvatura. A energia livre da cadeia dependerá fundamentalmente da repulsão das cabeças iônicas, da energia interfacial entre água-cadeia hidrocarbônica e da conformação das cadeias alifáticas. Do ponto de vista geométrico, uma dimensão importante é o comprimento de persistência (*b*), que é uma medida da perda de correlação do segmento da cadeia com a curvatura. A média de distribuição de segmentos micelares é dada pela Equação (4.6).

$$\langle u(0)u(s)\rangle = exp\left(-\frac{s}{b}\right) \tag{4.6}$$

A Equação indica que a perda de correlação é exponencialmente perdida à medida que o segmento considerado se afasta de *u(0)*. O módulo de rigidez, *k*, está relacionado com *b*, por meio da Equação (4.7).

$$b = \frac{k}{k_B T} \tag{4.7}$$

De acordo com a Equação (4.7), a flutuação térmica (representada pelo termo $k_B T$) é capaz de cancelar (destruir) a orientação coerente da cadeia.

A primeira determinação experimental de *b* para uma micela gigante foi feita por Porter, em 1980, para o brometo de cetilpiridínio contendo NaBr. Foi determinado o valor de 20 nm, ou seja, um agregado com dimensões poliméricas.

Surfactantes neutros também podem formar micelas gigantes. Nesses casos, a energia das extremidades do agregado (*E*) é equivalente à energia necessária para romper a cadeia, criando duas extremidades, como mostrado na Figura 4.9 (a energia das pontas é equivalente à energia necessária para produzir a cisão da micela).

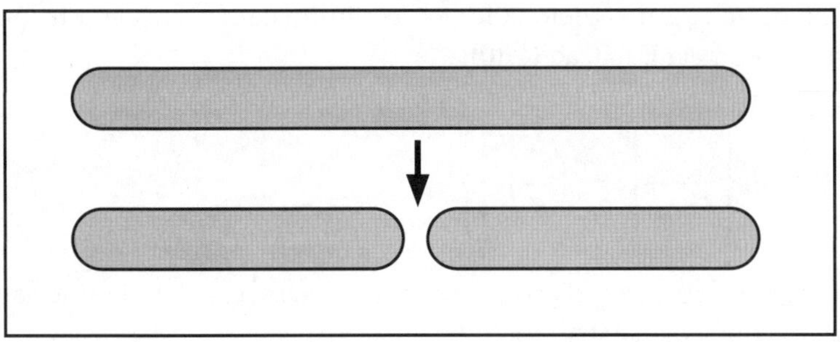

Figura 4.9 – Representação de uma micela gigante e sua quebra em duas partes, criando duas novas extremidades.

O comprimento médio $\bar{L}$, de uma dispersão de micelas gigantes neutras para certa concentração c de surfactante, pode ser obtido pelo balanço que envolve a minimização da energia das extremidades com a entropia translacional das cadeias. $\bar{L}$ é dado pela Equação (4.8).

$$\bar{L} = \frac{2}{n_0} C^{\frac{1}{2}} exp\left(\frac{E}{2k_B T}\right) \tag{4.8}$$

Em que n_0 é o número de moléculas de surfactante por unidade de comprimento de cadeia da micela gigante. Sabe-se que o valor de E é da ordem de 20 a 30 $k_B T$.

No caso de micelas gigantes iônicas, a energia das extremidades não é equivalente à energia necessária para produzir a cisão da cadeia micelar. É esperado, nesse caso, que a energia para a cisão seja menor, uma vez que a repulsão eletrostática entre as cabeças das moléculas do surfactante contribui para o rompimento da cadeia. Para as micelas iônicas, o crescimento micelar varia bem pouco com o aumento da concentração do surfactante. No entanto, à medida que a concentração do surfactante vai aumentando, a concentração dos contraíons também aumenta, e efetivamente eles vão blindando a carga elétrica da superfície da micela. Haverá, então, certa região entre o regime diluído e o semidiluído em que será atingida a concentração de *overlap*, c^* (no qual as cadeias micelares se tocam), que é descrita pela Equação (4.9):

$$c^* = \left(\frac{k_B T l_B T_C v^2}{E}\right)^2 \tag{4.9}$$

Em que l_B é o comprimento de Bjerrum (que para a água vale 7,15 Å), R_c é o raio do cilindro micelar e v é a densidade de carga linear.

Acima de c^*, as micelas crescem exponencialmente, devido à blindagem produzida pelos contraíons que foram adicionados em conjunto com o surfactante iônico. Nessa situação, $\bar{L}$ é dado pela Equação (4.10):

$$\bar{L} = \frac{2}{n_0} C^{\frac{1}{2}} \exp\left\{\frac{E}{2k_B T}\left[1 - \left(\frac{c^*}{c}\right)^{\frac{1}{2}}\right]\right\} \tag{4.10}$$

Veja na Figura 4.10 como os comprimentos micelares, L/R, de micelas neutras e iônicas variam com a concentração:

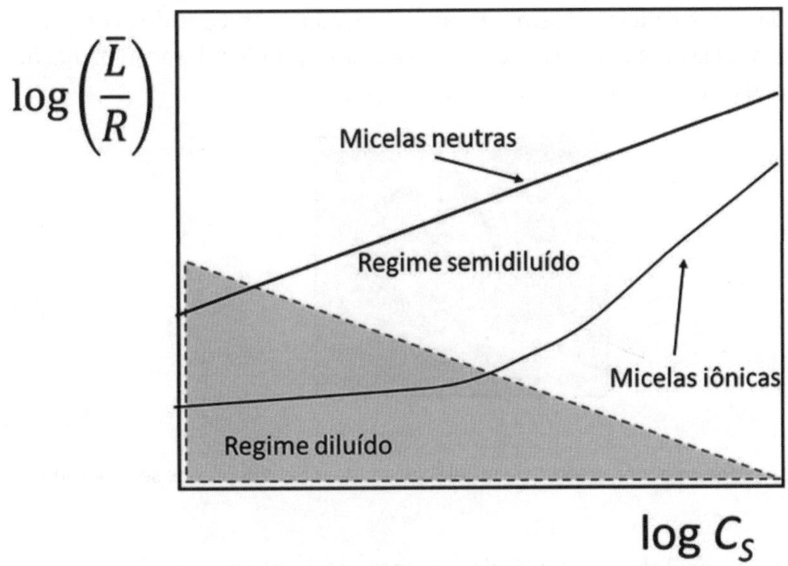

Figura 4.10 – Variação do comprimento micelar (razão entre o comprimento médio, $\bar{L}$, e o raio da micela, R) em função da concentração (C_S), para surfactantes neutros e iônicos.

De acordo com a Figura 4.10, à medida que a concentração de surfactante aumenta, L aumenta linearmente para surfactantes não iônicos. Por outro lado, para surfactantes iônicos, o crescimento micelar somente passa a ser significativo acima da concentração c^*.

Na Tabela 4.2, estão indicados alguns dos sistemas que formam micelas gigantes em água.

Tabela 4.2 – Sistemas que formam micelas gigantes em água

Surfactante	Sal ou co-surfactante	Comprimento de contorno (nm)
SDS	NaCl	40 a 678
CTAB-CPBr	NaBr	110 a 365
CTAT–SDBS	Tosilato de sódio + NaCl	100 a 200
C8/10G1.5	hexanol	7 a 320

Abreviações: SDS – dodecil sulfato de sódio; CTAB: brometo de cetiltrimetilamônio; CPBr: brometo de cetilpiridínio; CTAT: tosilato de cetiltrimetilamônio; SDBS: dodecil benzeno sulfato de sódio; C8/10G1.5: alquil glicosídeo

Dependendo da concentração das micelas gigantes na solução, pode ocorrer o entrelaçamento das suas cadeias. Assim, apesar de as concentrações dos componentes que formam as micelas gigantes não serem tão elevadas, podem levar a formações de soluções muito viscoelásticas, como mostrado na Figura 4.11.

Figura 4.11 – Frasco contendo uma solução de micelas gigantes, antes e depois de ser invertido.

Como mostrado na Tabela 4.2, micelas gigantes podem ser formadas com surfactantes catiônicos pela adição de certos íons aromáticos, como o tosilato e o salicilato. A formação dos longos agregados, nesses casos, ocorre em baixas concentrações (na faixa de dezenas de milimolar) de surfactante e íon aromático. A espontaneidade da formação da micela gigante se deve, de certa forma, ao efeito hidrofóbico. O anel aromático se insere no interior da micela, porém, mantendo a parte iônica na interface aquosa, como mostrado esquematicamente na Figura 4.12 para a representação de uma micela gigante formada por um surfactante catiônico com o íon salicilato.

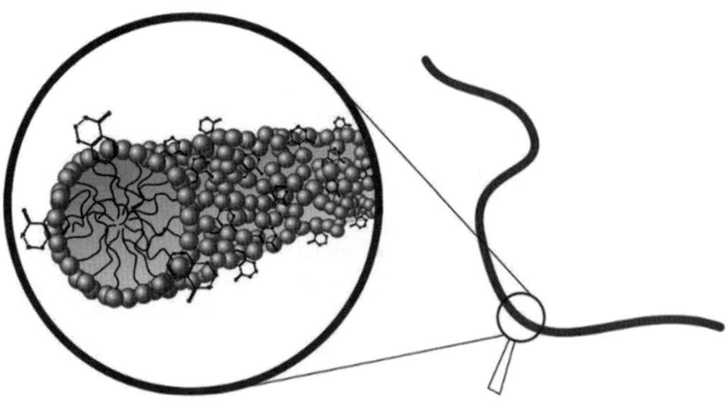

Figura 4.12 – Esquema representando uma micela gigante formada pela combinação de surfactantes catiônicos e íons salicilatos.

Com a inserção do íon aromático, ocorre a mudança da curvatura micelar (de cone para cone truncado) e a micela sofre a transformação de esférica para cilíndrica.

É muito interessante que a formação das micelas gigantes, movida pela combinação de surfactantes catiônicos com moléculas aromáticas, dependerá sensivelmente das estruturas moleculares. Um exemplo clássico está relacionado com a combinação de derivados de hidroxibenzoatos com surfactantes catiônicos. Como mostrado na Figura 4.13, a distância entre os grupos carboxílico e hidroxila é muito grande para que seja estabelecida ligação de hidrogênio nos isômeros 3 e 4 hidroxibenzoato. Todavia, no caso do isômero 2 hidroxibenzoato (que é o salicilato), a ligação de hidrogênio é formada, impedindo a livre rotação do grupo carboxílico.

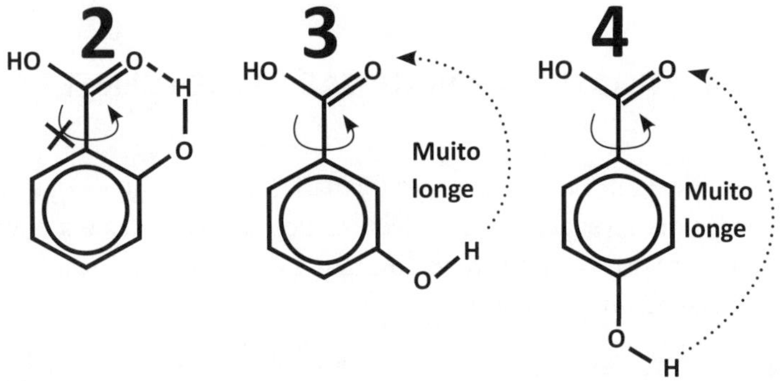

Figura 4.13 – Três isômeros de hidroxibenzoato, em que a livre rotação do grupo carboxílico é impedida apenas no isômero 2.

Com a formação da ligação de hidrogênio intramolecular no isômero 2, além de reduzir a livre rotação do grupo carboxílico, a molécula se mantém na forma planar. Essas duas características favorecem a inserção das moléculas aromáticas entre as cabeças dos surfactantes, resultando na formação das micelas gigantes. Outro caso interessante é o do cinamato e seu derivado, mostrado na Figura 4.14.

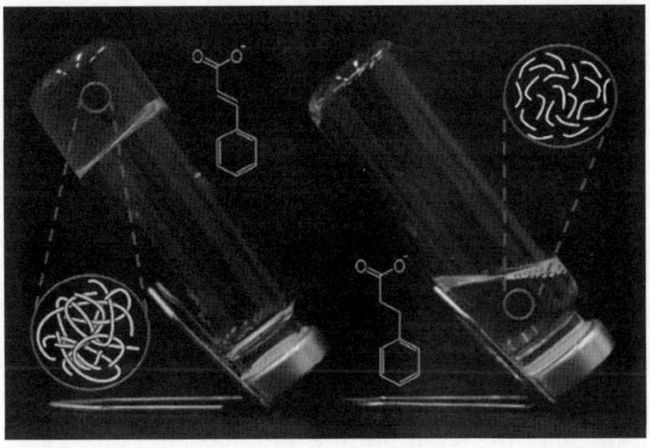

Figura 4.14 – Fotografias dos frascos contendo 200 mmol L^{-1} de CTAB e 200 mmol L^{-1} de cinamato (frasco da esquerda), 200 mmol L^{-1} do derivado do cinamato que não apresenta a dupla ligação entre o grupo carboxila e o anel aromático.

Fonte: Adaptada com a permissão de Ito *et al.* (2014).

Como pode ser observado na Figura 4.14, a solução apresentou alta viscosidade, como consequência da formação das micelas gigantes, apenas no caso do cinamato. A dupla ligação presente entre os grupos impede a livre rotação do grupo ligado ao anel e mantém a molécula na forma planar devido à estrutura de ressonância. A incorporação de grande fração das moléculas de cinamato na paliçada da micela resulta na formação de micelas gigantes em grande extensão, que, ao entrelaçarem-se, formam uma solução com elevada viscoelasticidade. Isso não é observado no caso do derivado que não apresenta a dupla ligação.

4.4. MICELAS GIGANTES FORMADAS EM SOLVENTES NÃO AQUOSOS

As micelas gigantes também podem ser formadas em solventes orgânicos. Um dos aspectos relevantes na agregação das moléculas dos surfactantes é a energia coesiva do solvente. Na Figura 4.15, é apresentada uma escala de energia coesiva, tendo a água em um extremo e os alcanos, no outro.

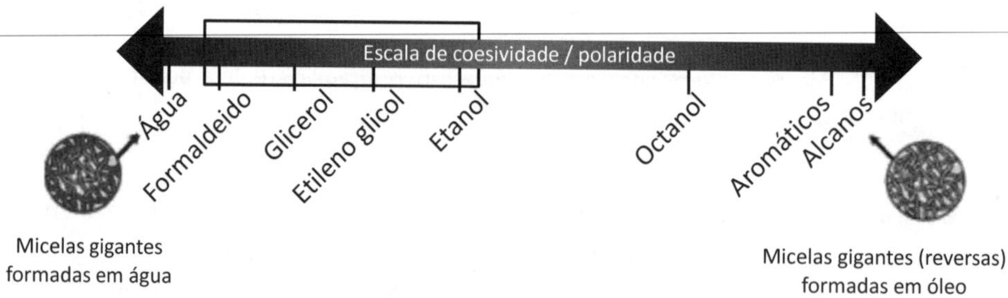

Figura 4.15 – Diagrama com uma escala de energia coesiva dos solventes e o tipo de micela gigante que pode ser formado nos extremos do diagrama.
Fonte: Adaptada com a permissão de Agrawal *et al.* (2019).

Foi demonstrada a possibilidade de formarem-se micelas gigantes em misturas de glicerol (90%) e etilenoglicol (10%), pela combinação do surfactante cloreto de erucil bis(hidroxietil)metilamônio, denominado EHAC, com salicilato. O interessante desse sistema é que as micelas gigantes podem ser obtidas em temperaturas abaixo de zero, a -20 °C.

As micelas gigantes também podem ser formadas no extremo oposto da água, em alcanos. Nesse caso, são formadas micelas gigantes inversas. Um sistema muito estudado baseia-se em micelas formadas por fosfolipídeos. Foi mostrado que uma solução de lecitina (um fosfolipídeo natural obtido de soja) em iso-octano apresenta um grande aumento da viscosidade em consequência da adição de uma pequena concentração de água. O aumento significativo da viscosidade da mistura, como mostrado na Figura 4.16, está associado com a formação de micelas gigantes inversas.

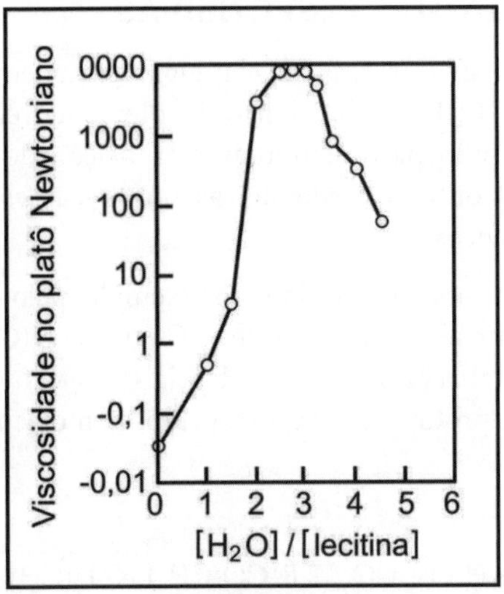

Figura 4.16 – Variação da viscosidade para soluções de lecitina iso-octano e com pequena concentração de água.
Fonte: Adaptada com a permissão de Schurtenberger *et al.*(1990).

No caso dessas micelas, a parte polar da lecitina fica voltada para o seu interior, onde está localizada a fase aquosa. Recentemente, foi demonstrado que é possível produzir micelas inversas gigantes com o fosfolipídeo, na ausência completa de água. Para isso, foram utilizados sais de colato (sais de bile) em combinação com o fosfolipídeo. As moléculas de colato, um surfactante facial, são capazes de reduzir a repulsão entre as cabeças iônicas do surfactante, levando ao crescimento micelar (veja um esquema da formação da micela gigante reversa na Figura 4.17).

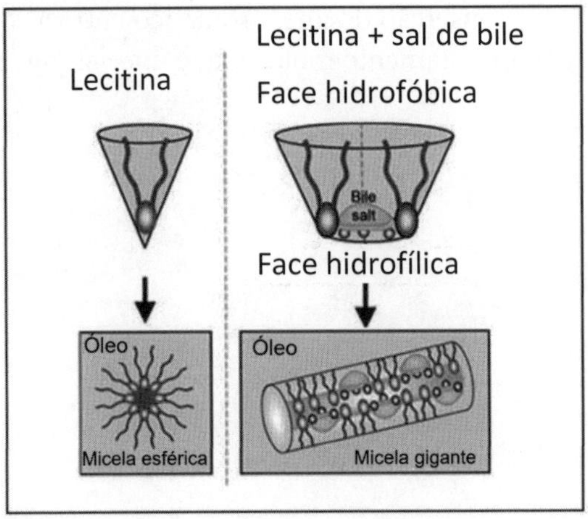

Figura 4.17 – Formação de micela gigante na ausência de água, pelo arranjo de lecitina e colato.
Fonte: Adaptada com a permissão de Tung; Huang; Raghavan (2006).

4.5. MICELAS GIGANTES RESPONSIVAS

Por formarem longas estruturas, as micelas gigantes podem ser usadas como agentes de controle reológico. O delicado balanço de interações relacionado com as micelas gigantes pode ser usado para estimular a transição de micelas gigantes para esféricas, e vice-versa. Consequentemente, as mudanças estruturais resultam em grandes mudanças reológicas.

O crescimento micelar pode ser obtido, por exemplo, pelo estímulo do pH. Se, em uma solução aquosa contendo o surfactante $R\text{-}CO(CH_2)_2N(CH_3)_2$, é borbulhado gás carbônico, ocorrerá um abaixamento do pH pela formação de ácido carbônico em solução, e a consequente protonação do nitrogênio da molécula do surfactante, conforme a Equação (4.11):

$$R\text{-}CO(CH_2)_2N(CH_3)_2 + H_2O + CO_2 \leftrightarrows R\text{-}CO(CH_2)_2N^+ H(CH_3)_2 + HCO_3^- \quad (4.11)$$

Com a protonação do grupo polar do surfactante, ele passa a ser iônico, e a posterior interação com o ânion bicarbonato em solução faz mudar a relação entre a área das partes polar e apolar da molécula conjugada (surfactante + bicarbonato). O cone molecular passa para a forma de um cone truncado, e o empacotamento molecular muda de esférico para o de micelas gigantes. A solução ficará bastante viscosa, devido ao entrelaçamento das longas cadeias das micelas gigantes, mas o processo pode ser revertido se for bombeado ar na solução. Nesse caso, o gás carbônico é eliminado, e o equilíbrio, deslocado no sentido da forma desprotonada do surfactante. Consequentemente, as micelas esféricas são restituídas, e a viscosidade cai novamente.

A mudança na reologia de sistemas formados por micelas gigantes também pode ser provocada por luz (fotorreologia). Se um surfactante catiônico (por exemplo, CTAB) é combinado com o derivado do ácido cinâmico (orto-metoxicinâmico, OMCA), como mostrado na Figura 4.18, a inserção do anel aromático entre as cabeças das moléculas do surfactante altera o empacotamento molecular, e micelas gigantes são formadas.

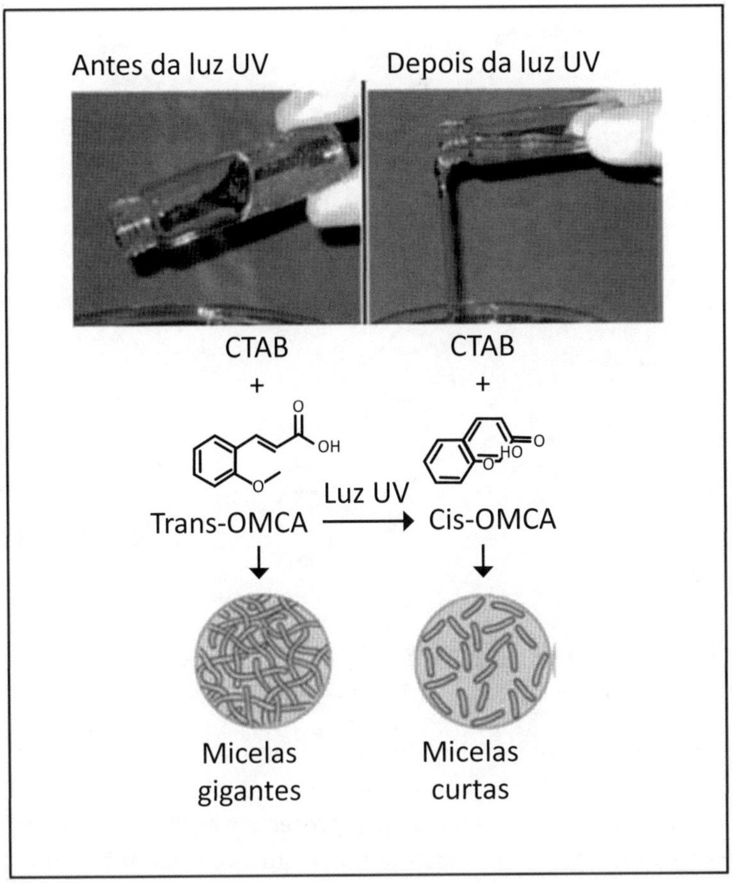

Figura 4.18 – Modificação reológica induzida por luz em um sistema formado por micelas gigantes contendo CTAB e ácido orto-metoxicinâmico (OMCA). Sob irradiação, as micelas gigantes são desfeitas, pois a forma trans do OMCA passa para a forma cis.

Fonte: Adaptada com a permissão de Ketner *et al.* (2007).

No entanto, sob irradiação por luz ultravioleta, ocorre a fotoisomerização do OMCA da sua forma mais estável, a trans, para a cis. Essa alteração produz mudanças no empacotamento das micelas. As micelas gigantes são desmanchadas e formam micelas curtas, resultando em drástica diminuição da viscosidade. Cessada a irradiação, a forma trans do OMCA é novamente restaurada (termicamente), e a viscosidade volta a aumentar.

A fotorreologia apresenta um grande potencial no controle da viscosidade. Um controle do tipo "liga-desliga" pode ser obtido com um surfactante fotoisomerizável, cuja estrutura está apresentada na Figura 4.19.

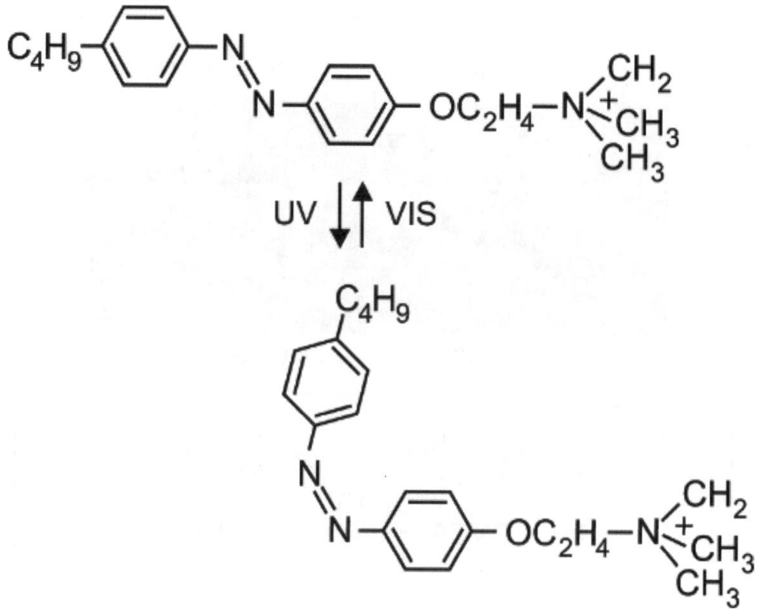

Figura 4.19 – Uso de surfactantes fotoisomerizáveis para fazer fotorreologia.

Ao irradiar-se o gel com luz ultravioleta, sua viscosidade é reduzida, devido à formação do isômero cis. No entanto, o gel pode novamente ser revertido (para a forma trans) se irradiado com luz visível. Assim, o processo fotorreversível é uma espécie de chave do tipo liga-desliga, como mostrado na Figura 4.20. Com a irradiação, a viscosidade sofre alterações na faixa entre 0,1 e 100 Pa s.

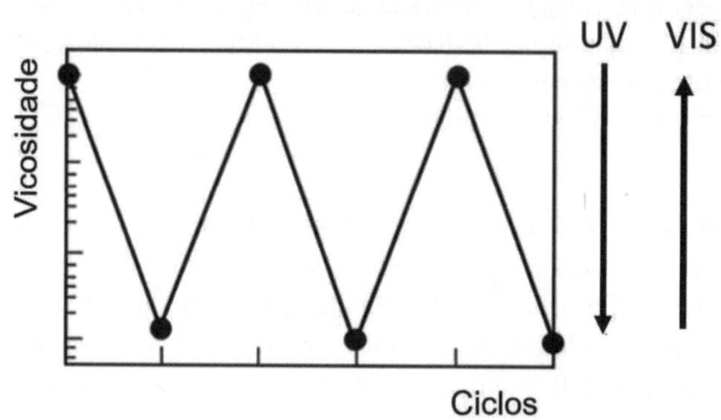

Figura 4.20 – Fotorreologia para criar sistemas do tipo liga-desliga, induzidos por luz.

A ideia de usar o conceito do CPP (veja Figura 4.5) para conceber a formação de micelas gigantes, tendo como base a estrutura molecular, pode ser observada no exemplo apresentado na Figura 4.21. Quando as duas moléculas de dodecil sulfato de sódio (SDS) se ligam nas extremidades da molécula protonada de tetrametil-1,3-propanodiamina, o conjunto formado pelas três moléculas passa a apresentar a forma de um cone truncado, induzindo a agregação na forma de micelas gigantes. A protonação da tetrametil-1,3-propanodiamina é causada pela hidrólise ácida do CO_2 borbulhado no meio. O processo pode ser revertido pelo borbulhamento de N_2 na solução, pois o CO_2 é, então, eliminado, e o pH volta a aumentar, causando a desprotonação da tetrametil-1,3-propanodiamina.

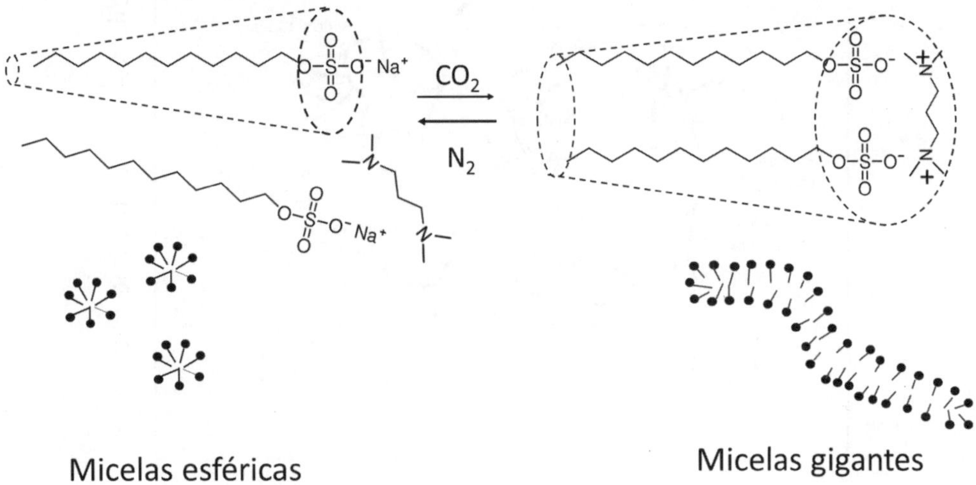

Figura 4.21 – Formação de micelas gigantes pela combinação do surfactante dodecil sulfato de sódio (SDS) com tetrametil-1,3-propanodiamina. O bombeamento de CO_2 na solução induz a formação das micelas gigantes, ao passo que o processo inverso ocorre se N_2 é bombeado.

4.6. OUTROS AGREGADOS

À medida que a concentração de surfactante aumenta, as estruturas podem se transformar de uma para outra. Na Figura 4.22, está indicado um esquema que mostra as várias hierarquias estruturais que podem ser formadas pela combinação de um surfactante catiônico com um sal de um ânion aromático.

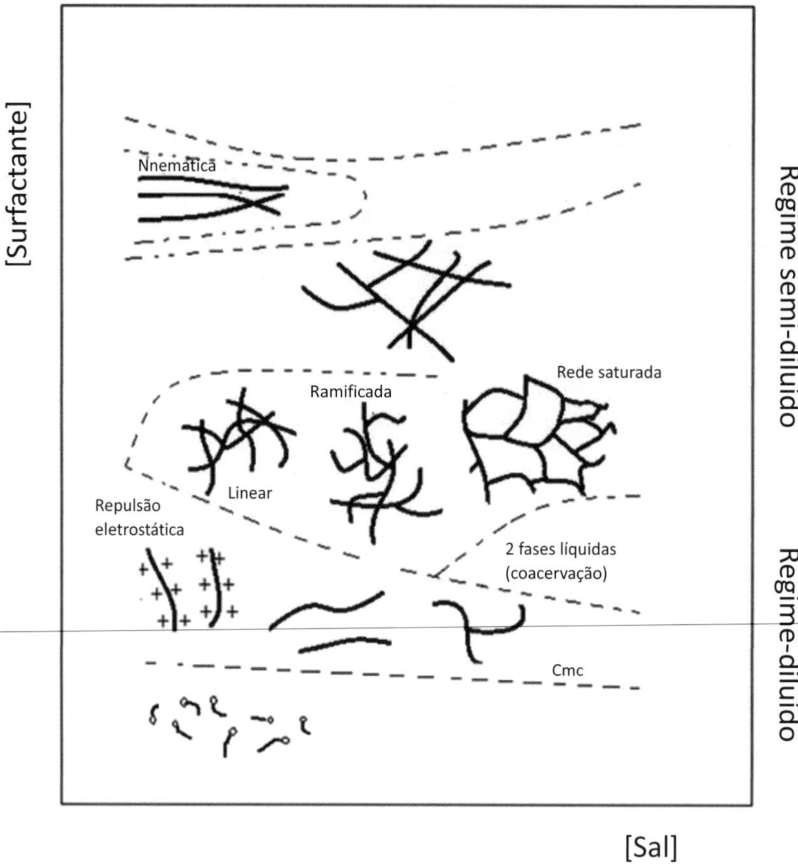

Figura 4.22 – Possíveis estruturas hierárquicas que podem se formar à medida que as concentrações de surfactante e de sal aumentam.

As mudanças estruturais também podem ser feitas pelo simples aumento da concentração do surfactante, bem como do sal aromático. As fases hexagonal, cúbica e outras formam mesofases, também chamadas de *cristais líquidos*. A reologia desses sistemas será tratada no Capítulo 15.

CAPÍTULO 5

Organogéis supramoleculares

5.1. ASPECTOS GERAIS

Ao contrário das micelas gigantes, que são formadas em água e cuja principal força motriz para a agregação é de natureza entrópica, ou seja, direcionada pelo efeito hidrofóbico, certas moléculas com baixa massa molecular são capazes de formar macroestruturas supramoleculares em solventes orgânicos. Elas são designadas como *organogeladoras*. Um aspecto fascinante nestes sistemas está relacionado com as concentrações (faixa de 2%) em que moléculas relativamente pequenas são capazes de estruturar os géis. Um grande conjunto de sistemas capazes de formar organogéis pode ser encontrado no livro *Molecular Gels - Materials with self-assembled fibrillar networks, ed. RG Weiss and P. Terech - 2006 - Springer, Dordrecht.*

Os organogéis são classificados de acordo com o tipo de interação molecular. As forças intermoleculares responsáveis pela estruturação da rede do gel podem ter origem em forças de London, ligações de hidrogênio, interações do tipo π-π (causado pelo empilhamento de anéis aromáticos), interações iônicas, ou, geralmente, pela combinação delas.

As interações dispersivas de London são as forças motrizes envolvidas na formação de géis em moléculas pequenas de alcanos. Em concentrações relativamente baixas, moléculas como o n-tetracosano $(H(CH_2)_{24}H$ e o n-octacosano $(H(CH_2)_{28}H$ produzem géis com uma variedade de hidrocarbonetos líquidos.

Algumas moléculas que apresentam um ou mais heteroátomos em suas estruturas são capazes de formar organogéis. Isso pode ser observado no caso do calixareno substituído por longos grupos acilas na posição *para* do anel aromático (Figura 5.1).

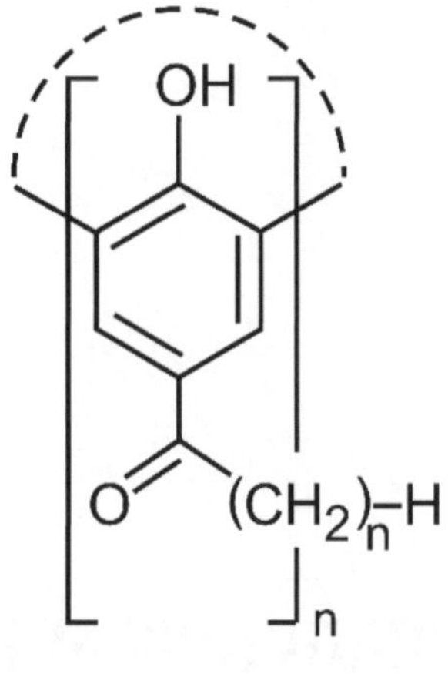

Figura 5.1 – Estrutura do calixareno substituído.

O calixareno é capaz de formar géis estáveis em alcanos, álcoois, CCl_4 e líquidos aromáticos. A principal força motriz que levará à formação da estrutura supramolecular e, consequentemente, à estruturação do gel é a ligação de hidrogênio do grupo OH de uma molécula do calixareno com as carbonilas de outra molécula vizinha.

Em sistemas moleculares que contêm grupos OH e anéis aromáticos, como indicado na Figura 5.2, além das interações por ligações de hidrogênio, os géis também são estabilizados pela interação causada pelo empilhamento dos anéis aromáticos (π-π).

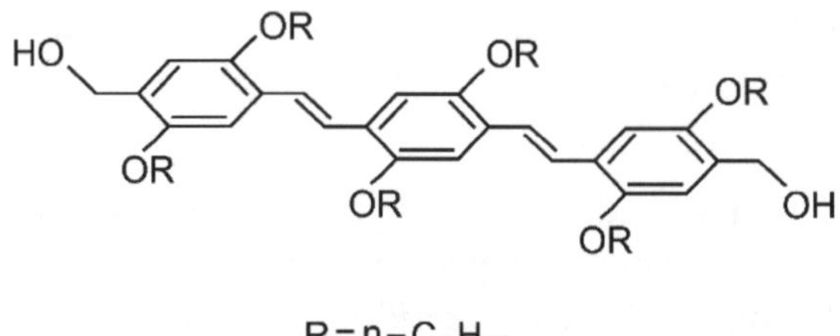

Figura 5.2 – Exemplo de molécula que forma organogéis por pontes de hidrogênio e interações do tipo π-π.

Amidas primárias e secundárias e derivados de ureia podem atuar como doadores e receptores de ligação de hidrogênio. Dessa forma, podem formar agregados altamente orientados.

A molécula indicada na Figura 5.3 é capaz de formar géis em clorofórmio em concentrações da ordem de 1 % (m/v).

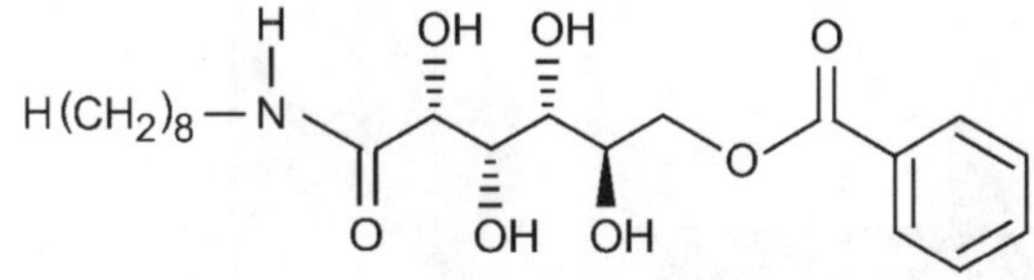

Figura 5.3 – Molécula capaz de formar géis em clorofórmio em baixas concentrações.

Se o solvente é evaporado, são obtidos xerogéis, cujas imagens de microscopia eletrônica de transmissão revelam que o sistema forma uma estrutura na forma de fibras.

Pequenas mudanças na estrutura molecular do organogelador podem resultar em grandes modificações nas características do gel. Veja, por exemplo, o caso apresentado a seguir (Figura 5.4), em que a única diferença entre os organogeladores está no número de átomos de carbono (par ou ímpar) entre os grupos amidas.

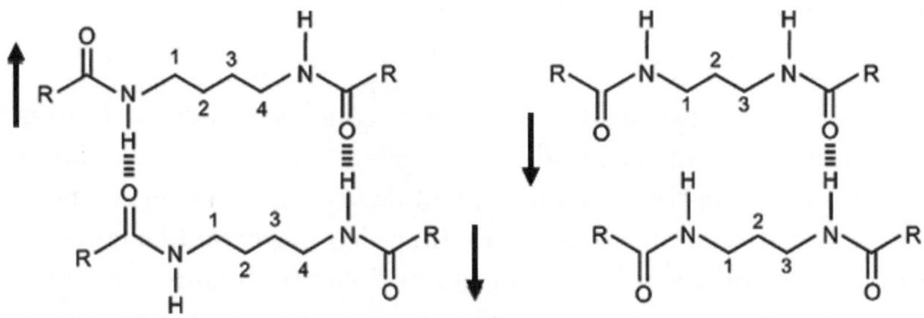

Figura 5.4 – Estruturas moleculares de dois organogeladores que se diferenciam em relação ao número de átomos de carbono (par ou ímpar) entre os grupos amidas.
Fonte: Adaptada com a permissão de Tomioka *et al.* (2001).

Se o número de átomos de carbono entre os grupos amidas é par, então as bis-amidas podem interagir de forma paralela. Se o número é ímpar, a interação preferencial será antiparalela. Essa pequena diferença resulta em géis formados com cinéticas e estabilidades diferentes. Para comparação, o gel formado com organogeladores com espaçamento par requer maior quantidade do organogelador para gelificar do que o com espaçamento ímpar. Por outro lado, a temperatura de quebra do gel formado com o organogelador par é da ordem de 156 °C, enquanto para o gel formado com o ímpar é de 134° C. As imagens dos xerogéis formados com as duas bis-amidas apresentam significativas diferenças morfológicas, como mostrado na Figura 5.5.

Figura 5.5 – Microscopias eletrônicas dos xerogéis formados a partir dos organogeladores mostrados na Figura 12.5.

Fonte: Adaptada com a permissão de Tomioka *et al.* (2001).

Como explicado anteriormente, os géis apresentados até aqui são formados pela cristalização fibrilar das moléculas do organogelador. As finas fibras são capazes de formar uma trama que aprisiona grande quantidade do solvente. Este é, portanto, um exemplo característico de um sistema não dinâmico. No entanto, alguns organogéis formam estruturas dinâmicas (isto é, em equilíbrio termodinâmico, no qual as estruturas se desfazem e se reestruturam novamente). Um exemplo de um sistema dinâmico bastante interessante envolve a seguinte bis-ureia (Figura 5.6):

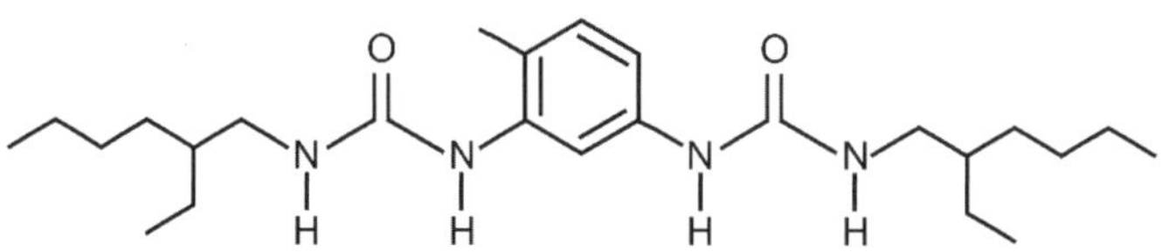

Figura 5.6 – Estrutura molecular de um organogelador, baseado em uma molécula do tipo bis-ureia, chamada de EHUT.

Em hidrocarbonetos, as moléculas da bis-ureia (especificamente a da Figura 5.6) podem se associar formando longos filamentos cilíndricos com comprimento de persistência acima de 100 nm, resultando em sistemas altamente viscoelásticos. A autoagregação é explicada pela possibilidade de formação de interações intermoleculares, como ligações de hidrogênio e interações do tipo π-π. A associação pode resultar em estruturas, que foram designadas por *tubo* (T) e *fibra* (F). Em baixas temperaturas, a bis-ureia não forma cristais fibrosos, como nos casos discutidos anteriormente, mas se reorganiza em longos e rígidos tubos com três moléculas na seção transversal. Em temperaturas mais altas, os tubos se transformam em filamentos, que apresentam uma única molécula na seção transversal, como mostrado na Figura 5.7.

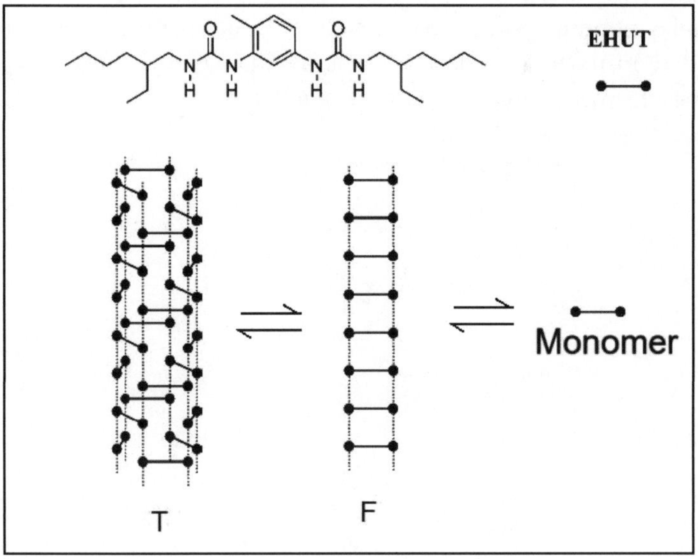

Figura 5.7 – Dois tipos de arranjos supramoleculares (tubo [T] e fibra [F]) formados pela bis-ureia.
Fonte: Adaptada com a permissão de Bellot; Bouteiller (2008).

Os dois tipos de associações prevalecem em certas condições de temperatura e composição, conforme apresentado no pseudodiagrama de fases da Figura 5.8, para a bis-ureia em tolueno.

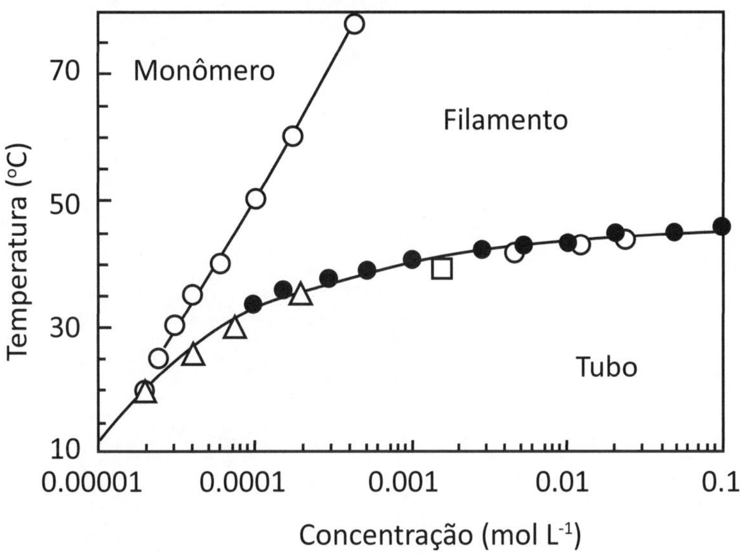

Figura 5.8 – Pseudodiagrama de fases para as formas tubo e fibra da bis-ureia em tolueno.
Fonte: Adaptada com a permissão de Bellot; Bouteiller (2008).

A formação do polímero supramolecular pode ser tratada por um modelo de associação, no qual o monômero M forma, inicialmente, os oligômeros da fibra e do tubo. Foi possível determinar o grau de associação dos polímeros supramoleculares concluindo-se que a forma T é muito maior que a forma F.

CAPÍTULO 6
Cristais líquidos

6.1. ASPECTOS GERAIS

A descoberta dos cristais líquidos teve origem em 1888, quando o botânico austríaco Friedrich Reinitzer estava investigando os efeitos térmicos em colesterol. Ele observou que, a 145,5 °C, o colesterol se fundia, formando um líquido opaco, mas que, curiosamente, ficava translúcido se aquecido na temperatura de 178,5 °C. Em colaboração com o físico Otto Lehmann, observou que o líquido opaco era birrefringente. Eles batizaram esse "novo" estado da matéria de cristal líquido.

Por mais de 100 anos, os cristais líquidos foram intensamente estudados, embora nunca usados para finalidades práticas. A partir da década de 1960, eles passaram a fazer parte do dia a dia, em visores de calculadoras, aparelhos eletrônicos, telas de computadores etc.

A característica mais marcante dos cristais líquidos está relacionada com a orientação molecular em duas dimensões; portanto, uma a menos que os sólidos cristalinos.

As moléculas que apresentam características de cristais líquidos possuem a forma de oblatos e de prolatos, nos quais a razão de aspecto molecular (comprimento x largura) é superior a três, possuindo, ainda, uma estrutura rígida ao longo do eixo principal da molécula. Veja dois exemplos na Figura 6.1.

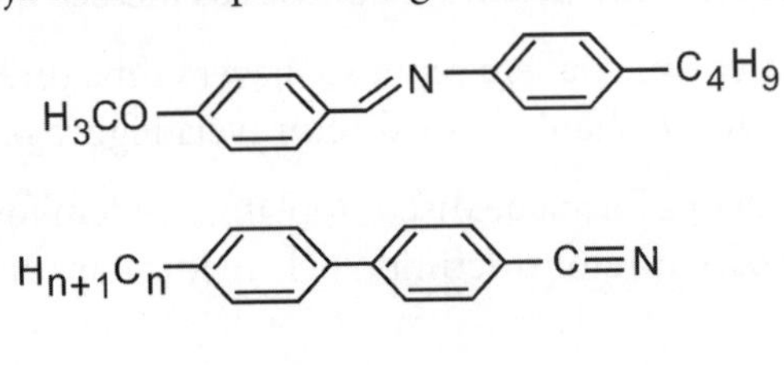

Figura 6.1 – Dois exemplos de moléculas que formam cristais líquidos.

Os arranjos moleculares podem formar fases nemáticas ou esméticas, sendo que as primeiras apresentam certa orientação, mas não possuem ordem posicional como na segunda (veja Figura 6.2).

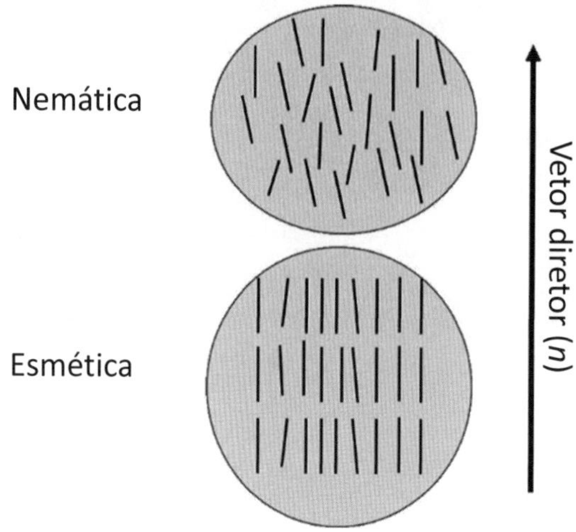

Figura 6.2 – Dois tipos de arranjos moleculares, formando as fases nemática e esmética. ***n*** é chamado de *vetor diretor*, que indica uma direção específica do sistema.

Certas moléculas que formam fases líquido-cristalinas apresentam centros quirais e são conhecidas por *colestéricas*. Esses sistemas colestéricos (nemático ou esmético) possuem uma direção orientacional na forma de uma hélice, cujo passo (P) é dado por:

$$P = \frac{2\pi}{q_0} \tag{6.1}$$

Em que q_0 é um ângulo característico.

P é bastante sensível à variação da temperatura, e q_0 pode eventualmente mudar de sinal, indicando mudança do passo quiral, por exemplo, da esquerda para a direita. A elevada sensibilidade ao calor torna os cristais colestéricos excelentes como indicadores de temperatura, principalmente para diagnósticos médicos.

Em uma fase nemática uniaxial em repouso, haverá uma direção espacial que será representada por um vetor ***n***, chamado de diretor (veja Figura 6.2).

Moléculas que possuem a forma de discos (oblatos) podem formar fases nemáticas uniaxiais, e, nesses casos, o diretor é definido pela média das orientações do eixo molecular mais curto.

6.2. CRISTAIS LÍQUIDOS POLIMÉRICOS

Moléculas poliméricas capazes de formar cristais líquidos são geralmente semirrígidas ou contêm unidades rígidas em suas estruturas, que são denominadas *mesogens*.

Os mesogens podem fazer parte da cadeia principal do polímero ou estar conectados lateralmente na cadeia principal (veja Figura 6.3).

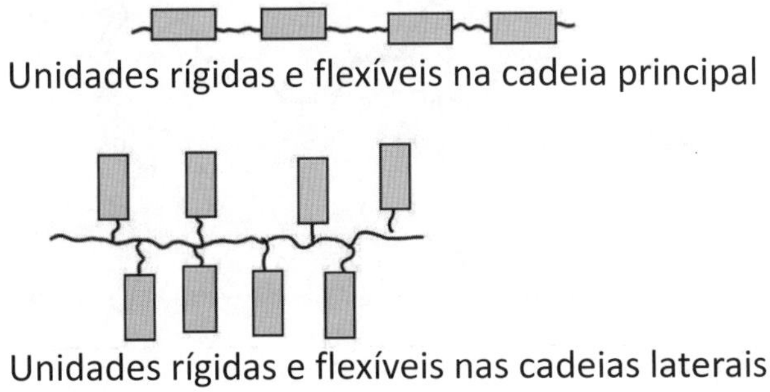

Figura 6.3 – Representação de polímeros líquido-cristalinos, com mesogens ligados ao longo da cadeia principal ou lateralmente.

O primeiro polímero líquido-cristalino foi sintetizado por Vorlander, em 1923, pela conexão de anéis benzênicos, por meio das posições *orto*, usando ésteres. No entanto, esses materiais apresentavam temperaturas elevadas de fusão. O problema foi solucionado pela preparação de co-polímeros blocos aleatoriamente distribuídos.

Os polímeros líquido-cristalinos são de grande importância comercial pelo fato de que podem ser utilizados em telas (televisão, computadores etc.). Eles podem ser classificados em termotrópicos (quando o estado líquido-cristalino é alcançado por variação de temperatura) ou liotrópicos (quando o estado líquido-cristalino é obtido pela interação com certos solventes).

Na Figura 6.4, estão apresentadas as estruturas moleculares de dois polímeros, um líquido-cristalinos liotrópico, e outro termotrópico.

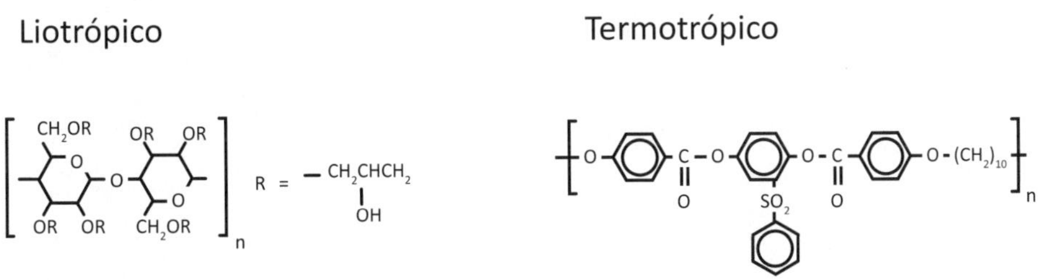

Figura 6.4 – Exemplos de dois polímeros líquido-cristalinos: liotrópico e termotrópico.

Provavelmente, o polímero líquido-cristalino mais conhecido é poli(γ-benzil-L--glutamato), o Kevlar®, que foi desenvolvido pela Du Pont. A interação entre as cadeias (veja Figura 6.5) torna o Kevlar extremamente resistente. Ele chega a ser sete vezes mais resistente à tensão do que o aço e, portanto, pode ser usado em materiais como pára-quedas, cintos de segurança, coletes à prova de balas, velas de barco, raquetes de tênis etc.

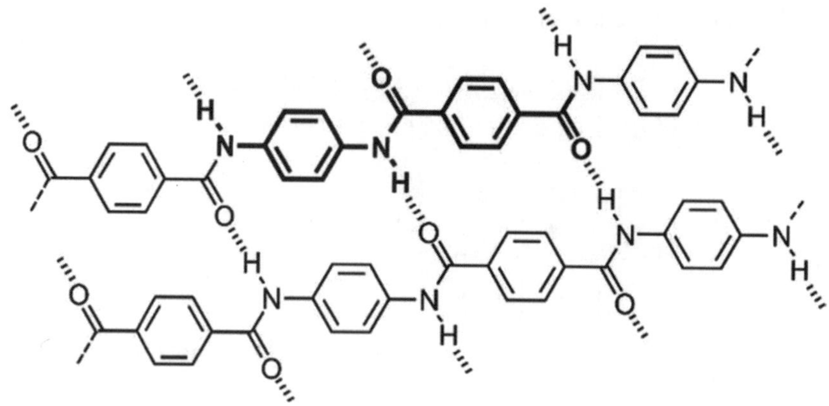

Figura 6.5 – Estrutura molecular de duas cadeias de Kevlar interagindo entre si.

6.3. CRISTAIS LÍQUIDOS BASEADOS EM SOLUÇÕES DE SURFACTANTES

As soluções de surfactantes podem formar mesofases (fase líquido-cristalina) em concentrações elevadas. A estrutura da mesofase dependerá basicamente da relação entre a área da cabeça polar do surfactante e do volume da cadeia hidrocarbônica (Capítulo 4). Essa relação pode variar, por exemplo, de acordo com a alteração da força iônica, adição de co-surfactantes ou variação da temperatura. As estruturas se transformam seguindo a ordem hierárquica: esferas → cúbica→ hexagonal → lamelar. Essa sequência pode ser vista na Figura 6.6, que contém o diagrama de fases do cloreto de dodecil trimetil amônio ($C_{12}TAC$).

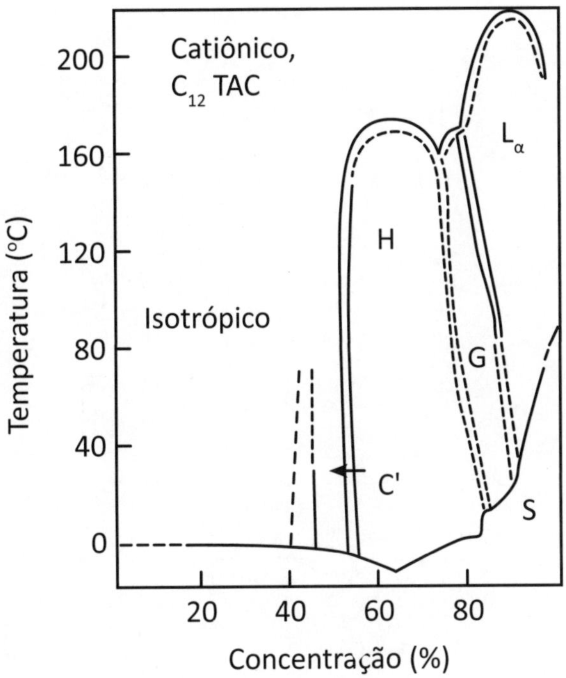

Figura 6.6 – Diagrama de fases (concentração em função da temperatura) do cloreto de dodecil trimetil amônio ($C_{12}TAC$), em que C, H e L se referem, respectivamente, às fases cúbica, hexagonal e lamelar.

CAPÍTULO 7

Algumas técnicas complementares para estudar a estrutura coloidal

Os métodos de espalhamento de luz e de partículas são extremamente úteis na investigação da estrutura molecular dos sistemas coloidais. Eles complementam os resultados reológicos, que, apesar de serem muito quantitativos, são macroscópicos. Isso significa que não trazem informações sobre a estrutura molecular que resultou na resposta reológica observada

Os espalhamentos a baixos ângulos podem fornecer informações estruturais na dimensão entre 1 e 100 nm quando usado raios X (*small-angle x-ray scattering*, SAXS), e entre 1 e 20 nm se usado nêutrons (*small-angle neutron scattering*, SANS). O espalhamento de luz (visível) também é muito utilizado para a obter informações estruturais dos sistemas coloidais.

Todos os métodos de espalhamento se baseiam nas mudanças na direção da radiação (ou nêutrons) após interagirem com a matéria (Figura 7.1).

7.1. ESPALHAMENTO DE RADIAÇÃO EM BAIXOS ÂNGULOS

O espalhamento de luz tem sido utilizado por décadas para determinar o tamanho de partículas. No caso de soluções poliméricas, é possível determinar a massa molar média ponderada por massa (M_w), o raio de giro do polímero (R_g) e o segundo coeficiente virial (A_2). Além disso, a técnica permite obter informações sobre a forma da partícula espalhadora.

Na Figura 7.1, encontra-se apresentado um esquema experimental, em que a intensidade da radiação (ou nêutrons) espalhada pela amostra pode ser detectada em vários ângulos (θ).

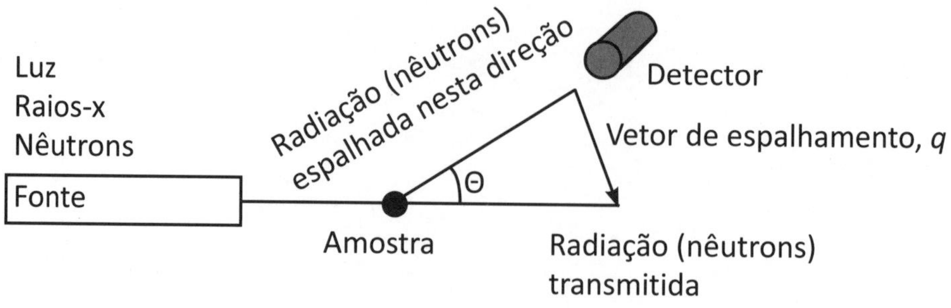

Figura 7.1 – Representação do espalhamento de radiação (ou nêutrons) e a detecção no ângulo θ.

Os mesmos princípios envolvidos no espalhamento de luz (visível), denominado SALS (*small-angle light scattering*) são válidos para o espalhamento de raios X, SAXS (*small-angle X-ray scattering*) e nêutrons, SANS (*small-angle neutrons scattering*). Obviamente, em cada caso, a interação da radiação ou nêutrons com a matéria envolve processos diferentes.

Uma importante variável é o vetor de espalhamento, q, cuja magnitude se relaciona com o ângulo de espalhamento e com o comprimento de onda do feixe incidente (λ), conforme Equação (7.1).

$$q = \frac{4\pi}{\lambda} \operatorname{sen} \frac{\theta}{2} \tag{7.1}$$

A intensidade da luz monocromática espalhada pela amostra é determinada pela Equação (7.2).

$$I(q) = kcM(1 + cos^2\Theta) \tag{7.2}$$

Sendo que k corresponde a uma coleção de constantes; c é a concentração; M, a massa molar da partícula; e $(1 + cos^2\theta)$, o fator de polarização.

A Equação (7.2) foi deduzida por Lord Rayleigh em 1871, que também mostrou que a intensidade de espalhamento varia com $1/\lambda^4$ (este fato está embutido em k). A dependência de λ com a quarta potência explica a cor azul do céu, pois quando a luz visível incide nas moléculas presentes na atmosfera da Terra, os comprimentos de ondas mais curtos são mais espalhados.

Quando observamos uma dispersão turva, é porque há um intenso espalhamento da luz pelas partículas que a compõe. Até certo limite, quanto maior a concentração de partículas, maior será a quantidade de luz espalhada, podendo ocorrer espalhamento múltiplo. Nesse caso, a luz é espalhada diversas vezes nas várias partículas presentes na dispersão.

Se luz de 500 nm incide sobre partículas pequenas, por exemplo, de raio igual a 20 nm, a anisotropia do espalhamento se deve apenas ao fator de polarização. Assim, como a partícula é pequena, as intensidades de luz espalhada para a frente e para trás são iguais.

No entanto, se luz de 500n m incide em partículas maiores que 40 nm, a intensidade da luz espalhada apresentará certa assimetria entre as intensidades de luz de incidente e retroespalhada. Essa assimetria é a base da determinação de tamanho de partículas por espalhamento de luz, como mostrado na Figura 7.2. De acordo com a figura, haverá uma diferença de caminho entre os fótons que se espalham em diferentes partes da partícula.

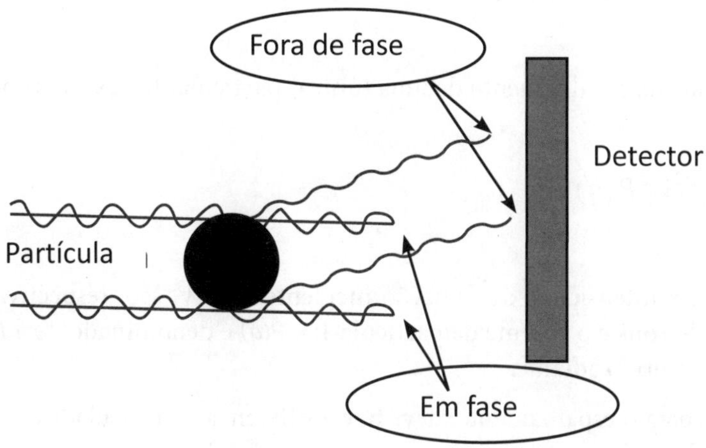

Figura 7.2 – Esquema indicando a interação da radiação com a partícula.

Considere, por exemplo, dois fótons que se espalham em lados opostos da partícula (Figura 7.3). Eles percorrerão diferentes distâncias até o detector. Se o tamanho da partícula é comparável com o comprimento de onda da radiação, então a diferença de caminho se deve ao fato de que os fótons estão fora de fase. Desse modo, eles sofrem interferência destrutiva e, portanto, menor intensidade de luz espalhada, $I(q)$, será detectada. De fato, a intensidade da interferência destrutiva tende a aumentar com a ampliação do ângulo de espalhamento, e a intensidade de espalhamento diminui com o aumento de q, como está representado na Figura 7.3.

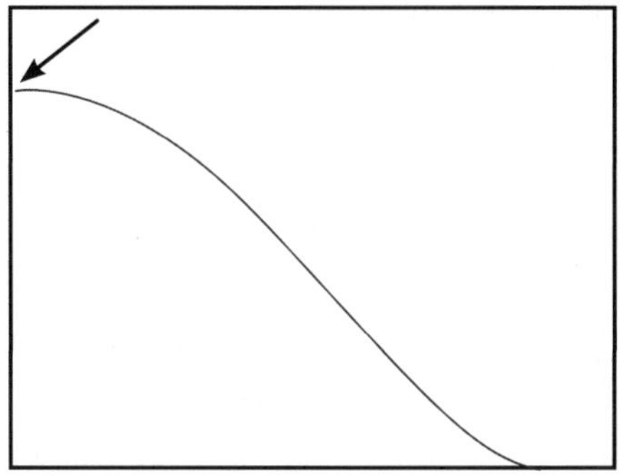

Figura 7.3 – Representação da variação da intensidade de radiação espalhada em função de *q*. A seta indica a região de Guinier, em que $q < 1/R_g$.

A intensidade de espalhamento de uma (única) partícula, 1, é expressa pela Equação (7.3).

$$I_1(q) = I_0 \rho_1^2 V_1^2 P(q) \tag{7.3}$$

Em que I_0 é a intensidade de radiação incidente; ρ_1 e V_1 são, respectivamente, a densidade de elétrons e o volume da partícula 1; e $P(q)$ é denominado de *fator de forma*, que será discutido adiante.

Para que ocorra o espalhamento, deve haver diferença na densidade eletrônica da partícula, ρ_1 e do solvente, ρ_2, tal que a variação na intensidade de radiação espalhada será dada pela Equação (7.4).

$$\Delta I_1(q) = I_0(\rho_1 - \rho_2)^2 V_1^2 P(q) \tag{7.4}$$

O espalhamento produzido por N partículas será expresso pela Equação (7.5).

$$\Delta I(q) = N I_0(\rho_1 - \rho_2)^2 V_1^2 P(q) S(q) \tag{7.5}$$

Em que $S(q)$, denominado *fator de estrutura*, relaciona-se com o espalhamento de radiação entre partículas e, portanto, dependerá da sua concentração. Para o caso de sistemas diluídos, $S(q) = 1$. O raio de giro da partícula espalhadora pode ser determinado na região em que $q < 1/R_g$ (região de Guinier, correspondente a baixos valores de q), como indicado na Figura 7.4, e por meio da Equação (7.6).

$$I(q) = \Delta\rho^2 N_p V_p^2 \, exp\left(-\frac{q^2 R_g^2}{3}\right) \tag{7.6}$$

Considerando-se a Equação (7.6), o raio de giro é obtido do gráfico de ln$I(q)$ em função de q^2, como mostrado na Figura 7.4, em que a inclinação da reta é extrapolada para valores de q pequenos.

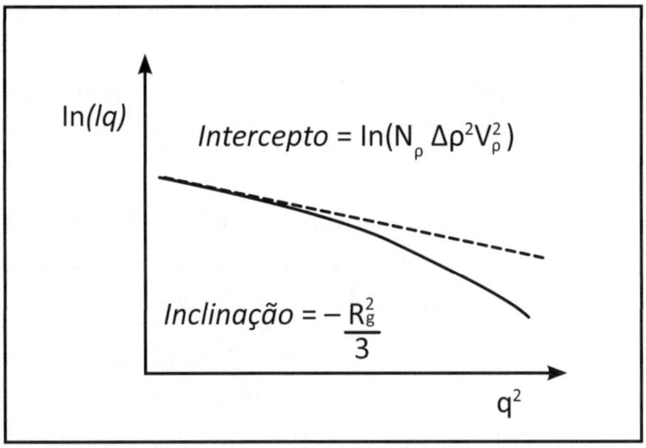

Figura 7.4 – Gráfico referente à região de Guinier, usada para obter o raio de giração do objeto espalhador.

Se $q > 1/R_g$, então, a forma da partícula influenciará na dependência da intensidade de luz espalhada com q. Isso pode ser claramente visto em um gráfico de log $P(q)$ em função de log q, como mostrado na Figura 7.5.

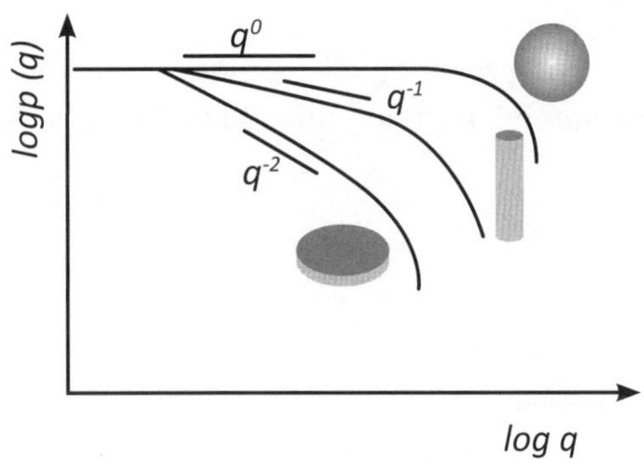

Figura 7.5 – Fatores de forma para partículas com geometrias diferentes, mas com mesmo raio de giro. As inclinações das curvas: q-0, q-1 e q-2 se referem, respectivamente, aos padrões das partículas: esféricas, na forma de bastão, ou de discos.

É interessante notar na Figura 7.5 que, para valores muito pequenos de q (região de Guinier), em que log $P(q) = 0$, o fator de forma é independente da geometria da partícula espalhadora (esfera, disco ou bastão). No entanto, à medida que q aumenta, a forma da partícula passa a ser relevante para a taxa de decaimento de log $P(q)$ em função de q. Essa variação permite saber qual é a forma da partícula espalhadora. Para partículas esféricas, a dependência observada será com q^{-0}, para bastões q^{-1} e para discos q^{-2}.

Três importantes parâmetros podem ser obtidos pelo espalhamento de luz estático de uma solução polimérica: o raio de giro, a massa molar, M, e o segundo coeficiente de virial (para soluções poliméricas), A_2, sendo que este último se relaciona com as interações entre polímero e solvente. Para isso, mede-se a intensidade de luz espalhada pelo solvente (I_s) em diferentes ângulos, e depois repete-se o mesmo procedimento, medindo a intensidade de luz espalhada pela solução do polímero (I) em diferentes concentrações.

O excesso de luz espalhada, I_{ex}, é definido pela diferença $I_{ex} = I - I_s$. Para desenvolver o formalismo, considere as variações de intensidade de luz espalhada, que ocorrem em certo volume V, iluminadas por luz de intensidade I_0.

A relação entre I_{ex} e I_0 dependerá da flutuação de densidade do solvente e da solução polimérica. A flutuação se relaciona com a dependência da variação do índice de refração da solução, na medida em que, com a concentração do polímero, é variada, dn/dc.

I_{ex} também depende da flutuação média, $\langle \Delta c^2 \rangle$, associada com a entrada e a saída do polímero do volume (iluminado) V, que está sendo analisado. Finalmente, o último fator está associado com o raio de giro do polímero. Assim, a razão entre I_{ex} e I_0 se correlaciona com os três parâmetros, conforme indicado na Equação (7.7).

$$\frac{I_{ex}}{I_0} \propto \left(\frac{dn}{dc}\right)^2 \langle \Delta c^2 \rangle (Rg) \tag{7.7}$$

Δc^2 é proporcional à compressibilidade osmótica, $\frac{\partial c}{\partial \Pi}$ (que promove a entrada e saída do polímero do volume V), como indicado na Equação (7.8).

$$\langle \Delta c^2 \rangle = \frac{c k_b T}{V} \frac{\partial c}{\partial \Pi} \tag{7.8}$$

Sendo a pressão osmótica, Π, expressa pela Equação (7.9).

$$\frac{\Pi}{N_A k_b T} = \frac{c}{M} + A_2 c^2 \ldots \tag{7.9}$$

Dessе modo, fazendo-se a derivada (para obter $\frac{\partial c}{\partial \Pi}$), obtém-se a Equação (7.10).

$$\frac{\partial \Pi}{\partial c} = N_A k_b T \left(\frac{1}{M} + 2A_2 c \ldots\right) \tag{7.10}$$

Colocando-se todos os fatores na Equação (7.7), obtém-se a Equação (7.11).

$$\frac{I_{ex}(q)}{I_0} = \frac{1}{N_A}\frac{4\pi^2 n^2}{\lambda^4}\left(\frac{dn}{dc}\right)^2 \frac{cV}{r^2}\left(1 + \frac{q^2 R_g^2}{3}\right)^{-1}\left(\frac{1}{M} + 2A_2 c \ldots\right)^{-1} \tag{7.11}$$

Os termos constantes da Equação podem ser agrupados, como expresso na Equação (7.12).

$$H \equiv \frac{1}{N_A}\frac{4\pi^2 n^2}{\lambda^4}\left(\frac{dn}{dc}\right)^2 \tag{7.12}$$

Será definida a razão de Rayleigh, R_θ, como Equação (7.13):

$$R_\theta \equiv \frac{I_{ex} r^2}{I_0 V} \tag{7.13}$$

Assim, pode-se escrever a Equação final (7.14), na qual os três parâmetros de interesse, M, R_g e A_2, estão presentes.

$$\frac{Hc}{R_\theta} = \frac{1}{M}(1 + \frac{1}{3} q^2 R_g^2 + 2A_2 M c \ldots) \tag{7.14}$$

Os parâmetros de interesse podem ser determinados pela construção do chamado *gráfico de Zimm*, apresentado na Figura 7.6. A_2 é determinado pela inclinação da reta para as soluções poliméricas com diferentes concentrações, medidas quando θ tende a 0. A massa molar, M, é obtida pela extrapolação do coeficiente linear da reta gerada quando c tende a zero, cujo coeficiente angular permite determinar o raio de giro, R_g.

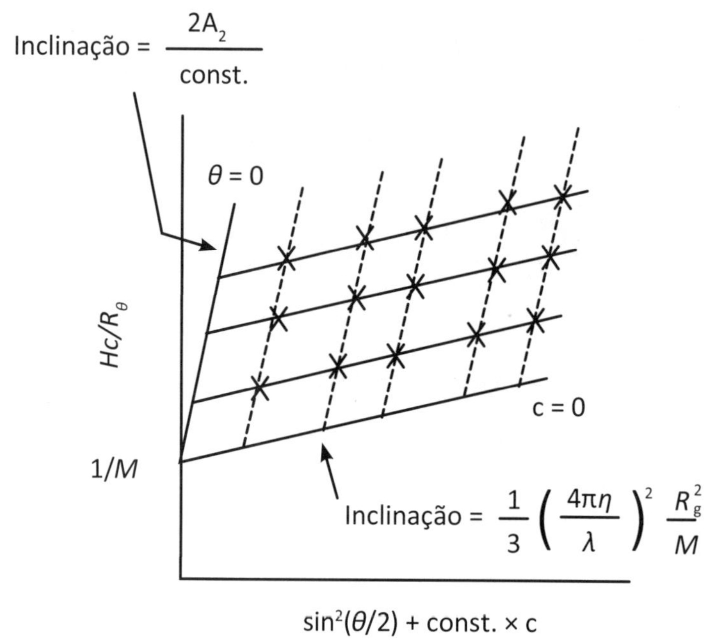

Figura 7.6 – Gráfico de Zimm, em que é possível determinar os três parâmetros relevantes do sistema: a massa molar, o raio de giro e o segundo coeficiente de virial, respectivamente M, R_g e A_2. Note que a abscissa do gráfico está de acordo com a Equação (7.14), pois $q^2 = \left(\frac{4\pi}{\lambda}\right)^2 sen^2\frac{\theta}{2}$.

Se certo número de partículas idênticas está suspenso em um sistema, então, dependendo da concentração, ocorrerá interferência da radiação entre as partículas, e o fenômeno também será observado na luz espalhada. A intensidade de espalhamento conterá um termo denominado de *fator de estrutura*, $S(q)$, conforme indicado na Equação (7.5).

Para soluções diluídas $S(q) = 1$ e para dispersões concentradas, $S(q)$ é uma função que oscila, expressando como as partículas estão se empacotando, conforme mostrado na Figura 7.7.

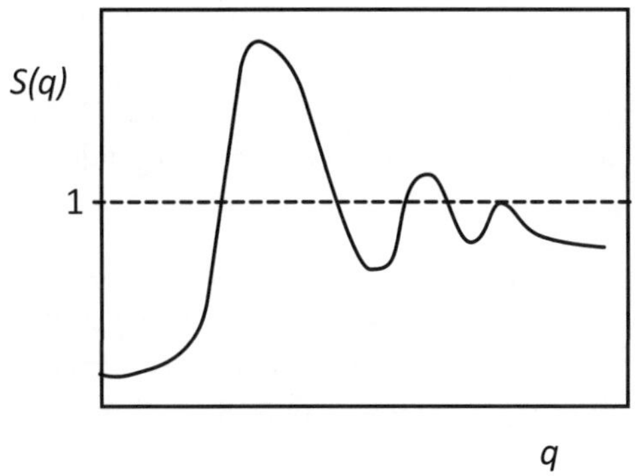

Figura 7.7 – Variação de $S(q)$ para dispersões concentradas e diluídas.

A intensidade de espalhamento em função de q dependerá do produto de $P(q)$ e $S(q)$. Nesse caso, mínimos quadrados são usados para ajustar a curva, de forma a determinar parâmetros como a distância média de aproximação entre as partículas. A técnica é muito importante na elucidação da estrutura das mesofases (veja Figura 4.4). Dependendo da posição relativa dos picos, pode-se determinar o arranjo da mesofase (veja Tabela 7.1).

Tabela 7.1 – Relação entre as posições relativas dos picos de espalhamento e a correspondente estrutura da mesofase

Estrutura	Posição relativa dos picos
Cúbica 	$1, \sqrt{2}, \sqrt{3}, 2, \sqrt{5}, ..$
Hexagonal 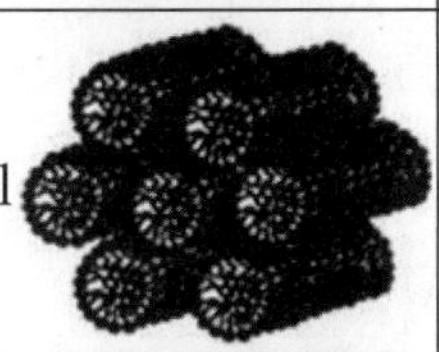	$1, \sqrt{3}, 2, \sqrt{7}, 3,..$
Lamelar 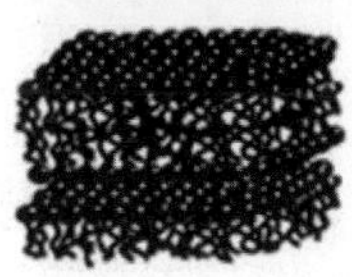	$1, 2, 3, 4, 5,..$

7.2. ESPALHAMENTO DE NÊUTRONS EM BAIXOS ÂNGULOS (SANS)

Nêutrons podem ser continuamente produzidos em um reator de fissão nuclear ou em pulsos produzidos pela aceleração de prótons, seguido de colisão com alvos que emitem nêutrons.

Ao contrário do espalhamento por luz (visível ou raios X), que espalha a radiação pela interação com as nuvens eletrônicas dos átomos que compõem a partícula, os nêutrons espalham a radiação quando interagem com os núcleos dos átomos. O fluxo de nêutrons espalhados é descrito pela Equação (7.15).

$$I(q) = I_0(\lambda)\Delta\Omega\eta(\lambda)T(\lambda)V_S\frac{\partial\Sigma}{\partial\Omega}(q) \tag{7.15}$$

Em que: q é o vetor de espalhamento, que é análogo de k para o espalhamento de luz; I_0 é o fluxo incidente de nêutrons; $\Delta\Omega$ é o elemento do ângulo sólido, que é definido pelo tamanho do pixel do detector de nêutrons espalhados; η é a eficiência do detector; T está relacionado com a transmissão de nêutrons pela amostra; e $\partial\Sigma/\partial\Omega(q)$ é o diferencial da secção de choque da partícula, que é o termo que contém informações sobre o seu tamanho e sua forma, conforme a Equação (7.16)

$$\frac{\partial\Sigma}{\partial\Omega}(q) = NV^2(\Delta\rho)^2P(q)S(q) + B \tag{7.16}$$

Em que N é o número de centros espalhadores; V é o volume de um centro espalhador; $\Delta\rho$ é o contraste em relação ao espalhamento de nêutrons pela da partícula e pelo meio; $P(q)$ e $S(q)$ são os mesmos termos discutidos anteriormente para os fatores de estrutura e de forma.

No caso do espalhamento de luz, o contraste está relacionado com a diferença de densidade eletrônica (índice de refração, no caso de luz visível) entre a partícula e o solvente. No caso do SANS, o contraste está relacionado com a diferença de densidade de nêutrons espalhados. A densidade de nêutrons espalhados por uma molécula com i-átomos pode ser calculada pela Equação (7.17):

$$\rho = N\sum_i b_i = \frac{\delta N_A}{M}\sum_i b_i \tag{7.17}$$

Em que δ é a densidade da partícula; M, sua massa molar; e b_i é o espalhamento coerente de nêutrons do i-ésimo núcleo da molécula.

Veja na Tabela 7.2 os valores de b_i para os átomos de H, D, C e O.

Tabela 7.2 – Valores de espalhamento coerente de alguns elementos

Núcleo	b (10^{-15} m)
^{1}H	-3,741
^{2}D	+6,671
C	+6,646
O	+5803

Note a grande diferença de valores de *b* para os átomos de H e de D. Essa diferença permite estudos únicos usando SANS.

Como exemplo, será calculado ρ para o poliestireno, -$(C_8H_8)_n$-, sendo que a massa molar para o mero, M = 104 g mol^{-1} e δ = 1,05 g mol^{-1}.

$$\sum_i b_i = (8x6{,}646x10^{-13}) + (8x - 3{,}74x10^{-13}) = 2{,}324x10^{-12}\,cm$$

E, portanto, $\rho = \dfrac{1{,}05x6{,}02x10^{23}}{104} x2{,}324x10^{-12} = +1{,}42x10^{10}\,cm^{2}$

A técnica de SANS é muito interessante pela possibilidade de se fazer o ajuste de contraste do espalhamento de nêutrons entre a partícula e o solvente. Por exemplo, podemos ajustar o contraste para a dispersão de partículas de látex de poliestireno em uma mistura de H_2O e D_2O. Para esses solventes, ρH_2O e ρD_2O são: -0,56 x10^{10} cm^{-2} e +6,38 x 10^{10} cm^{-2}, respectivamente (o cálculo é feito da mesma forma que feito para o poliestireno).

Pode-se preparar dispersões do látex de poliestireno em misturas de água leve e pesada, com diferentes proporções, podendo-se ajustar as proporções de H_2O e D_2O, de forma a obter-se o mesmo contraste do poliestireno (+1,42x10^{10} cm^{2}). Para isso, mede-se o fluxo de nêutrons espalhados pelas dispersões de poliestireno em várias proporções de H_2O e D_2O. Se todas as condições são mantidas, exceto as variações nas proporções de H_2O e D_2O, então, de acordo com a Equação (7.16), a intensidade somente varia devido ao termo $\partial\Sigma / \partial\Omega(q)$. O ajuste do contraste pode ser obtido do gráfico de $\partial\Sigma / \partial\Omega(q)$ em função da razão entre água leve e pesada, como mostrado na Figura 7.8.

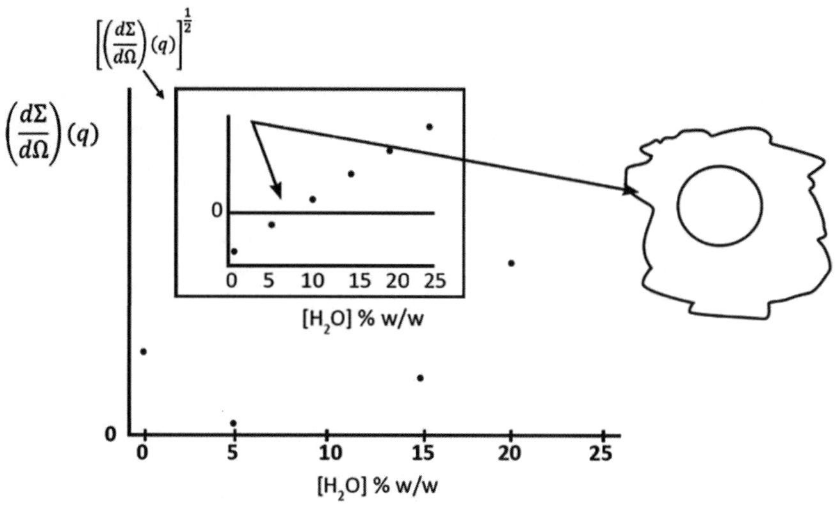

Figura 7.8 – Gráfico usado para determinar a condição de ajuste de contraste (porcentagem de H_2O e D_2O) em relação ao espalhamento de nêutrons entre o solvente e a partícula.

Note que, de acordo com o gráfico, quando a condição de contraste é atingida, as densidades de espalhamento de nêutrons pela partícula e pelo solvente são iguais, e $\Delta\rho = 0$, e consequentemente, de acordo com a Equação (7.16), $\partial\Sigma / \partial\Omega(q) = 0$. Assim, quando as partículas de poliestireno estão dispersas em uma mistura contendo 92% de D_2O e 8 % de H_2O, elas passam a espalhar nêutrons com a mesma intensidade que a mistura do solvente, como esquematizado à direita da Figura 7.8.

O ajuste do contraste permite que partes diferentes da partícula possam ser estudadas. Se um determinado polímero, por exemplo, poli(óxido de etileno) está adsorvido na superfície das partículas de látex de poliestireno, podemos determinar parâmetros (como comprimento e densidade) da camada hidrodinâmica desse polímero. Se for usada uma mistura contendo 92% de D_2O e 8 % de H_2O, as partículas de poliestireno espalham nêutrons com a mesma densidade que a mistura de solvente, mas a camada de o poli(óxido de etileno) espalha nêutrons com outra densidade. A Figura 7.9 apresenta um esquema sobre o contraste de certa partícula (discóide) dispersa em determinado solvente e contendo um polímero adsorvido.

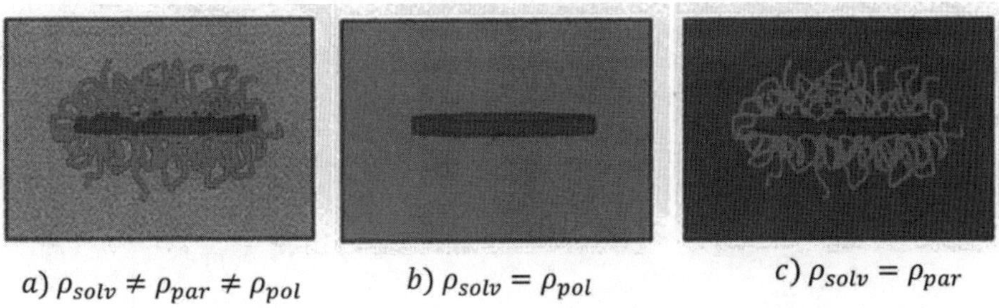

Figura 7.9 – Possibilidades de combinações para contraste de espalhamento de nêutrons entre a partícula discóide (*par*), sua camada polimérica adsorvida (*pol*) e o solvente (*solv*).

Como representado na Figura 7.9, em a), os contrastes de espalhamento dos nêutrons no solvente, partícula e camada polimérica adsorvida são diferentes; em b), existe contraste entre a camada polimérica e o solvente; finalmente, no caso c), o contraste foi atingido entre a partícula e o solvente.

Experimentos conduzidos por ajuste de contraste entre os centros espalhadores de nêutrons e o solvente permitem determinar o tamanho da partícula, bem como o de eventuais estruturas que a decoram, como a espessura da camada hidrodinâmica polimérica. Em ciência de coloides, a adsorção de polímeros em superfícies de partículas é muito importante para controlar a estabilidade coloidal. A camada polimérica, de certa forma, dificulta a aproximação das partículas, evitando que elas atinjam as distâncias críticas nas quais as forças de Van de Waals resultam na coalescência irreversível delas. A técnica de SANS permite saber como a espessura da camada polimérica varia desde a superfície da partícula até o interior da solução.

Usando-se a mesma sistemática aplicada ao espalhamento de luz, pode-se obter o raio de giro do objeto, fazendo um gráfico de $\ln[\partial\Sigma / \partial\Omega(q)]$ em função de q^2. Se o gráfico for construído na região de baixos q (região de Guinier), o coeficiente linear da reta que será obtida se relacionará diretamente com R_g. De forma similar à usada para o espalhamento de radiação (Equação 7.6), o coeficiente angular da reta será igual a $(-R_g^2/3)$.

A forma como o espalhamento de nêutrons decai em função de q ($q > 1/R_g$) permite determinar a forma da partícula, similarmente ao discutido para o SAXS (Figura 7.5).

7.3. ESPALHAMENTO DE LUZ DINÂMICO

Em uma solução, as moléculas do solvente e do soluto estão em permanente movimento devido à energia térmica do meio (movimento browniano). O movimento (difusão) das moléculas do soluto faz com que a intensidade de luz espalhada se altere dinamicamente. Usando um equipamento que consiga medir as flutuações de intensidade, é possível, como será mostrado, determinar o tamanho do objeto espalhador.

Um diagrama esquemático que mostra as partes do equipamento relacionadas com as medidas de DLS (do inglês, *dynamic light scattering*) está apresentado na Figura 7.10.

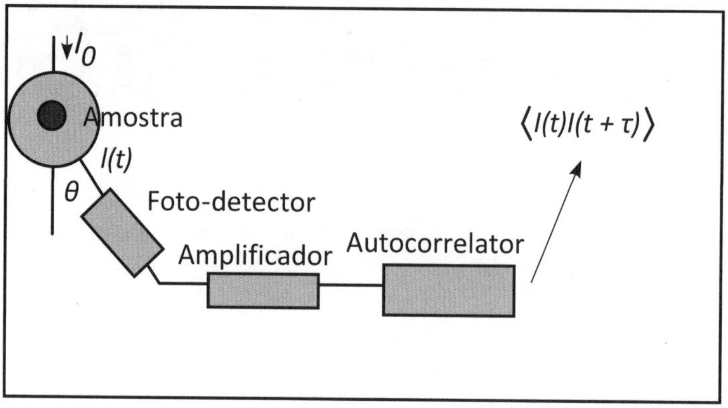

Figura 7.10 – Esquema de um equipamento para obtenção do espalhamento de luz dinâmico. O autocorrelator faz operação sobre as médias de intensidade em um tempo *t* e em um instante seguido *τ*.

A intensidade de luz espalhada por partículas em uma solução (ou dispersão) varia com o tempo, e o registro das flutuações pode levar a pensar que se trata de um sinal ruidoso, sem correlação, como mostra a Figura 7.11. Como representado, nas mesmas condições experimentais, as partículas maiores (à esquerda) se movem mais lenta-mente que as menores (à direita); assim, para o primeiro sistema, a flutuação do sinal é menor (gráficos do meio da figura).

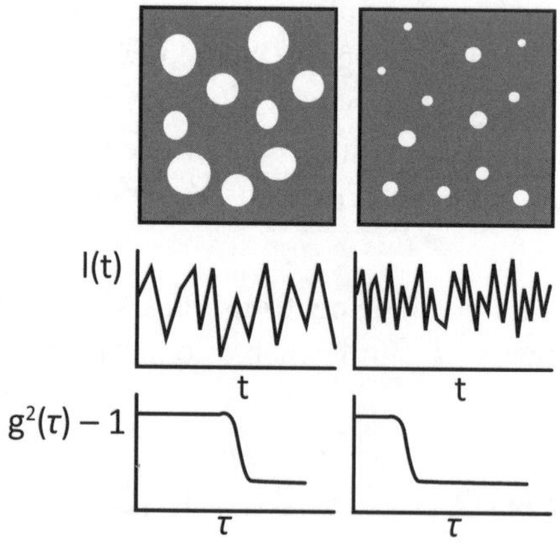

Figura 7.11 – Sinal típico obtido em um experimento de DLS, no qual estão sinalizadas as intensidades em cada instante, *I(t)* x *t* para dois sistemas constituídos por partículas de diferentes tamanhos. Nos gráficos, estão indicadas as curvas de perda de correlação, $g^2(\tau) - 1$ em função de *τ*, para os dois sistemas.

A flutuação das intensidades do sinal espalhado guarda uma correlação com as posições das partículas. Em um determinado tempo *t*, um grupamento delas possui certa distribuição espacial. Após certo tempo, τ, as partículas sofrem difusão e ocupam outras posições relativas, passando a espalhar luz com uma intensidade diferente. Se o tempo τ é muito curto, as intensidades da luz espalhada nos dois eventos devem ser próximas (pois a nova configuração não é muito diferente da anterior). No entanto, se a comparação é realizada em um tempo (τ) mais longo, as intensidades não devem ter grande correlação. Assim, partículas grandes difundem mais lentamente, e espalhamentos de luz sucessivos são mais correlacionados que os originados do espalhamento sucessivo de partículas pequenas.

Um processador (chamado de autocorrelator) calcula a média do produto de duas intensidades de luz espalhadas entre *t* e $t + \tau$, como indicado na Equação (7.18).

$$\langle I(t)I(t+\tau\rangle \tag{7.18}$$

Veja que, se a correlação é grande, o produto das intensidades é alto. Entretanto, se não existe mais correlação, o produto é nulo.

Define-se a função de correlação de acordo com a Equação (7.19), que se relaciona com o gráfico de perda de correlação da Figura 7.12, (g^2 (τ) – 1) em função de τ.

$$g^2(q,\tau) = \frac{\langle I(t)I(t+\tau)\rangle}{\langle I(t)\rangle^2} \tag{7.19}$$

Outra função, $g^1(q, \tau)$ – 1, relaciona-se com correlação do campo elétrico da luz espalhada nas partículas. As duas funções de correlação estão relacionadas pela Equação (7.20).

$$g^2(q,\tau) = 1 + \beta[g^1(q,\tau)]^2 \tag{7.20}$$

Em que β é chamado intercepto.

$g^1(q, \tau)$ decai exponencialmente com τ, de acordo com a Equação (7.21).

$$g^1(q,\tau) = exp\,(-\Gamma\tau) \tag{7.21}$$

Em que Γ é denominada taxa de decaimento. A perda de correlação será maior ou menor, dependendo fundamentalmente do coeficiente de difusão da partícula (*D*), que pode ser determinado pelo decaimento da função exponencial (Equação 7.21).

$$\Gamma = q^2 D \tag{7.22}$$

No caso de uma dispersão de partículas esféricas, de raio hidrodinâmico *R*, ele pode ser obtido da Equação de Stokes-Einstein (7.23).

$$D = \frac{kT}{6\pi\eta_s R} \tag{7.23}$$

Em que η_s é a viscosidade do solvente.

Outro aspecto interessante da técnica é que ela também permite determinar a distribuição dos tamanhos das partículas.

Na Figura 7.12 está apresentada uma fotografia referente à microscopia eletrônica de uma dispersão de látex de poliestireno, que foi obtido a partir da polimerização de estireno em emulsão.

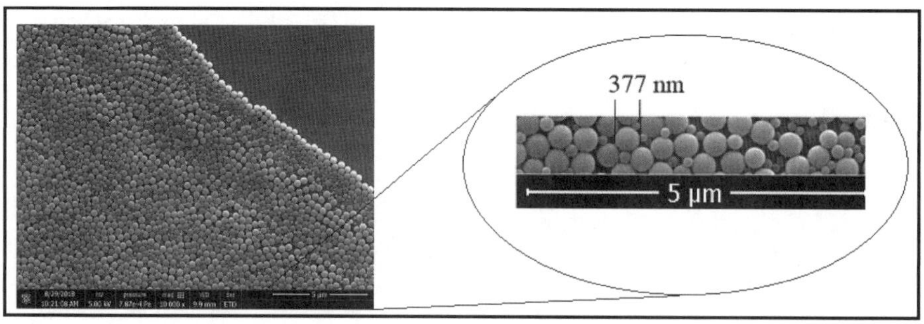

Figura 7.12 – Microscopia eletrônica de uma amostra seca de látex de poliestireno (à esquerda). O valor do diâmetro da partícula selecionada (à direita) é de 377 nm.

Na Figura 7.13 está apresentada uma distribuição de tamanhos das partículas de látex de poliestireno obtidas por espalhamento de luz Dinâmico.

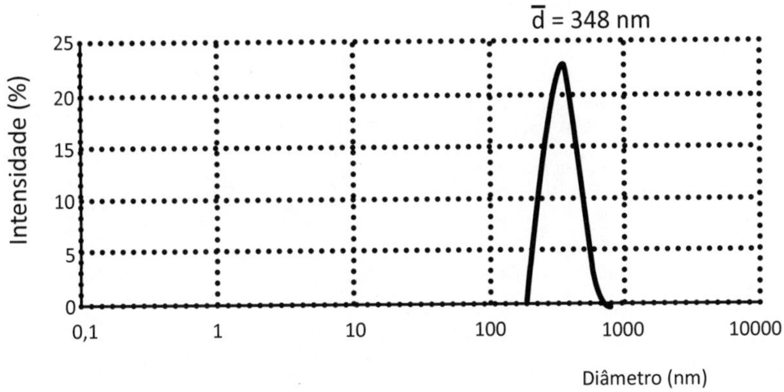

Figura 7.13 – DLS da amostra de látex de poliestireno.

Como pode ser observado na Figura 7.13, o valor médio do raio hidrodinâmico das partículas de látex é de 348 nm, que apresenta uma boa correlação com a dimensão da partícula de látex indicada na Figura 7.12.

CAPÍTULO 8
Conceitos fundamentais em reologia

8.1. TENSÃO E TAXA DE CISALHAMENTO

Medir a reologia de um material é, de certa forma, medir a sua consistência, isto é, se ele se comporta mais como um líquido ou, no outro extremo, como um sólido. Todavia, como foi mostrado no Capítulo 1, para o PDMS, essa "classificação" também depende da escala de tempo em que o material será amostrado (ou seja, que ficará sob alguma tensão mecânica).

As características reológicas de um determinado material podem ser determinadas, impondo certa taxa de cisalhamento e medindo a correspondente tensão requerida, ou, alternativamente, impondo certa tensão de cisalhamento e medindo a taxa de cisalhamento resultante.

A tensão de cisalhamento é definida como a força que é imposta na amostra, dividida pela área em que ela é aplicada. Tem, portanto, a mesma dimensão de pressão. De fato, a pressão é uma tensão que produz compressão volumétrica (nas três dimensões).

A tensão aplicada em uma única direção é chamada de extensional e, em duas dimensões, de tensão de cisalhamento. Será usada a letra τ para referir-se à tensão de cisalhamento, que, no sistema internacional, tem unidades de Pascal, Pa.

A aplicação da tensão resulta em uma deformação, como mostrado na Figura 8.1.

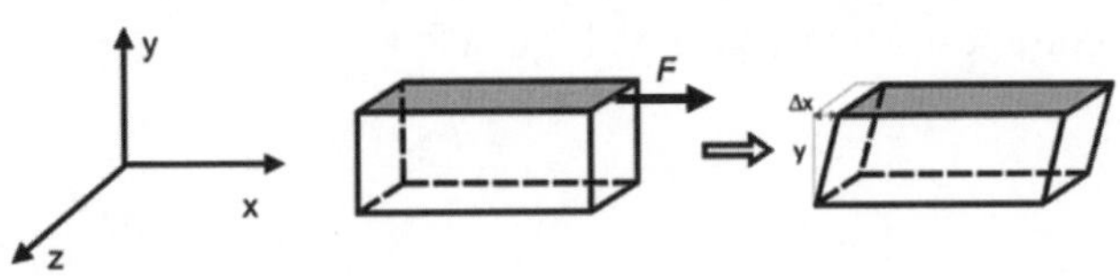

Figura 8.1 – Aplicação de uma força na face *xz* de um corpo e a consequente deformação, Δx .

Define-se deformação relativa, γ, como a deformação dividida pela unidade de comprimento (no caso, $\gamma = \Delta x/y$), sendo que ela não possui unidade.

Se certa tensão é aplicada em um material sólido, ele poderá sofrer determinada deformação, que fundamentalmente dependerá das características intrínsecas desse material. Define-se o *módulo de deformação* do material, G, como:

$$G \equiv \frac{d\tau}{d\gamma} \tag{8.1}$$

Assim, o módulo é uma relação de quanta tensão precisa ser aplicada no material para deformá-lo em certa extensão. O módulo G é uma espécie de constante característica do material, da mesma forma que a constante da mola na Equação de Hooke.

O que ocorre se determinada tensão de cisalhamento for aplicada em um líquido? Na Figura 8.2 está uma representação do resultado, em que se observa o aparecimento de um fluxo de cisalhamento.

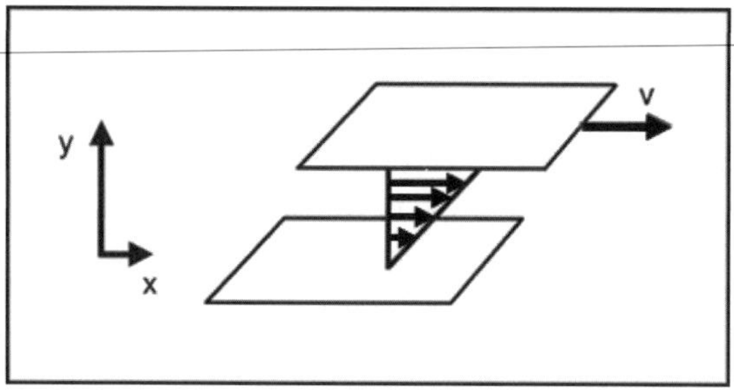

Figura 8.2 – Representação da aplicação de uma tensão de cisalhamento em um líquido.

A velocidade (v) de uma determinada camada de liquido será tanto maior quanto mais próxima ela estiver da região em que estiver sendo aplicado o cisalhamento. Veja o que Newton escreveu a este respeito:

"A resistência que surge da falha em deslizar (para um fluido) é proporcional à velocidade pela qual as partes do fluido estão separadas uma da outra" (MACOSKO, 1994, p. 65). O que Newton quer dizer com "velocidades em que as partes estão separadas" é a existência de um gradiente de velocidade ao longo das partes do fluido (ao longo do eixo y), como esquematizado na Figura 8.3.

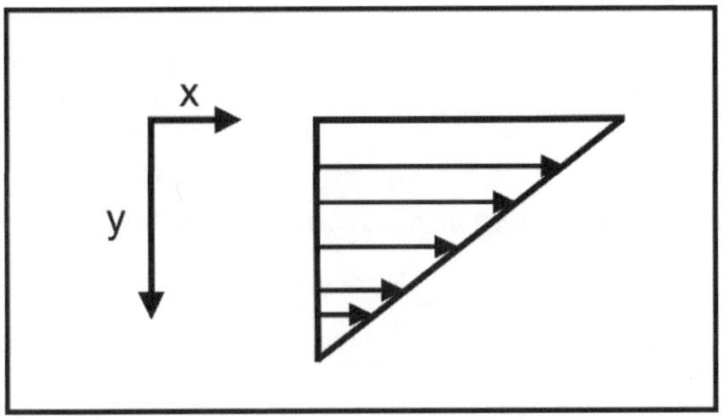

Figura 8.3 – Representação do gradiente de velocidade ao longo das partes de um líquido (ao longo do eixo y).

Assim, a aplicação de certa tensão de cisalhamento em um fluido gera um gradiente de velocidade (*dv/dy*) que é perpendicular à direção em que a tensão de cisalhamento foi aplicada. A tensão aplicada e o gradiente de velocidade produzido se relacionam proporcionalmente, como indicado na Equação (8.2):

$$\tau \propto \frac{dv}{dy} \tag{8.2}$$

A velocidade com que as lâminas deslizam dependerá das características intrínsecas do fluido em questão. Haverá uma constante (η), que dá igualdade à Equação de Newton:

$$\tau = \eta \frac{dv}{dy} \tag{8.3}$$

Essa constante característica do fluido é chamada de *constante de viscosidade.*

Em 1856, Poiseuille mostrou experimentalmente que a Equação de Newton era válida para líquidos escoando em tubos capilares. Couette, posteriormente, mostrou que a equação também era válida para o fluxo de cisalhamento produzido no espaço ocupado pelo fluido entre dois cilindros concêntricos.

Fluxos de cisalhamento podem ser produzidos no fluido que ocupa o espaço de diferentes geometrias: cilindros concêntricos e entre placas e capilares.

Como mostrado nas Figuras 8.2 e 8.3, a deformação relativa (no eixo y) de um fluido que escoa na direção x é dada pela Equação (8.4).

$$\gamma = \frac{x}{y} \tag{8.4}$$

A velocidade de uma lâmina (em certa altura *y*) será descrita, conforme a Equação (8.5):

$$v_y = \frac{dx}{dy} \tag{8.5}$$

Pode-se escrever a taxa com que a deformação ocorre como *dy/dt*, que será designada pela Equação (8.6).

$$\frac{d\gamma}{dt} = \frac{d\left(\frac{x}{y}\right)}{dt} = \frac{dv}{dy} \tag{8.6}$$

Dessa forma, a Equação de Newton pode ser escrita como indicado na Equação (8.7).

$$\tau = \eta \frac{dv}{dy} = \eta\dot{\gamma} \tag{8.7}$$

8.2. TENSOR

A tensão de cisalhamento é uma das tensões que compõem o tensor. Para entender o conceito de tensor, considere um bloco de borracha que é esticado simultaneamente nas duas direções (nas faces de menor área do bloco indicado na Figura 8.4). Suponha que o experimento seja idealizado, de forma que as forças aplicadas mantenham a dimensão x_2 constante.

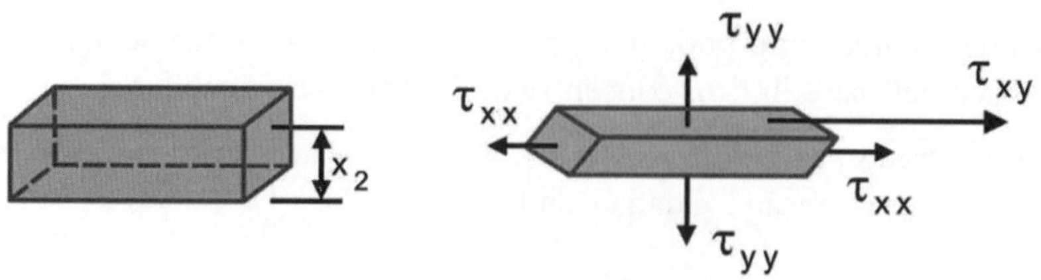

Figura 8.4 – Indicação de um bloco sem aplicação de tensão (à esquerda) e sob tensões perpendiculares (τ_{xx} e τ_{yy}) e tangenciais (τ_{xy}) (à direita).

Para a realização do experimento, será necessário aplicar uma tensão, τ_{xx}, nas duas faces do bloco, e outra tensão, τ_{yy} , nas duas outras faces. Como τ_{xx} e τ_{yy} são aplicadas perpendicularmente às faces do bloco, elas são chamadas de *tensões normais*.

Haverá também o surgimento de tensões de cisalhamento tangenciais nas duas faces do bloco, que designaremos por τ_{xy} em uma das faces; e τ_{yx}, na outra. Se as tensões fossem medidas, observaríamos que $\tau_{xy} = G\gamma$, que está de acordo com a Lei de Hooke; mas, em relação à tensão normal, seria observado que as diferenças de tensões seriam: $\tau_{xx} - \tau_{yy} = G\gamma^2$; logo, uma dependência quadrática com γ.

Ao tensionar-se certo material, o estado de tensão em determinado ponto é completamente caracterizado pelo tensor. O tensor ($\bar{\bar{\tau}}$) é representado pela seguinte matriz, indicada na Equação (8.8).

$$\bar{\bar{\tau}} = \begin{vmatrix} \tau_{xx} & \tau_{xy} & \tau_{xz} \\ \tau_{yz} & \tau_{yy} & \tau_{yz} \\ \tau_{zx} & \tau_{zy} & \tau_{zz} \end{vmatrix} \tag{8.8}$$

O tensor apresenta simetria, de forma que os elementos da matriz $\tau_{xy} = \tau_{xy}$, $\tau_{xz} = \tau_{zx}$ e $\tau_{yz} = \tau_{zy}$. Consequentemente, para se saber o estado de tensão, apenas seis (e não nove) componentes da matriz são necessários.

Além da tensão de cisalhamento (τ_{xy}), é possível determinar a primeira diferença de tensão normal $N_1 = (\tau_{xx} - \tau_{yy})$, e a segunda diferença $N_2 = (\tau_{xx} - \tau_{zz})$.

Para entender essas diferenças de tensão, é necessário definir as direções dos componentes:

- $x \equiv$ direção da componente principal da velocidade;
- $y \equiv$ direção ao longo da qual a velocidade varia (portanto, na direção do gradiente de velocidade);
- $z \equiv$ direção neutra.

Para exemplificar esse ponto, considere um bastão parcialmente imerso em um líquido, o qual está rotacionado como mostrado na Figura 8.5:

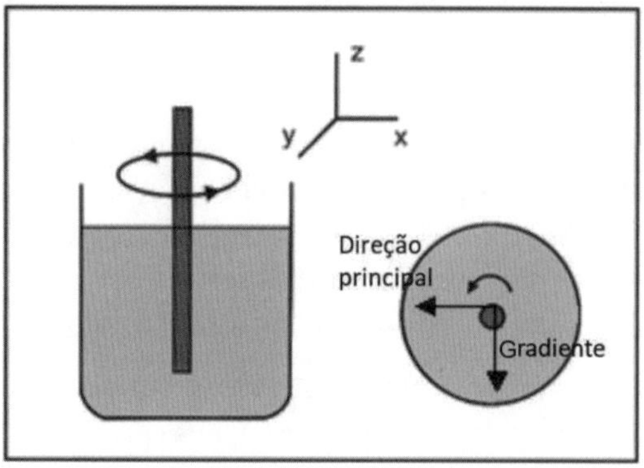

Figura 8.5 – Esquema que representa

No lado direito da Figura 8.5, está representado o sistema visto de cima. Por receber diretamente o estímulo mecânico, próximo da superfície do bastão, a velocidade do fluido é máxima. O fluido é radialmente cisalhado (direção x). À medida que se afasta radialmente da sua superfície, a velocidade do fluido diminui. Dessa forma, a tensão nessa direção (eixo y) corresponde à situação em que a velocidade varia. Por fim, o eixo nulo é o eixo z.

Se a barra está imersa em um líquido que segue a lei de Newton, o tensor que descreve este sistema é dado pela Matriz:

$$\bar{\bar{\tau}} = \begin{vmatrix} 0 & \tau_{xy} & 0 \\ \tau_{yz} & 0 & 0 \\ 0 & 0 & 0 \end{vmatrix} \tag{8.9}$$

O tensor contém na matriz apenas os elementos relacionados com a tensão de cisalhamento. Isso é, não existem tensões normais. Pode-se considerar um novo experimento em que é promovida a rotação do bastão em uma solução de poli(isobutileno) dissolvido em um solvente alifático. Nesse caso, dependendo da taxa de cisalhamento, poderia ser observada a ascensão vertical da solução ao longo da haste do motor (Figura 8.6). Esse efeito é conhecido como efeito Weissenberg.

Figura 8.6 – Efeito Weissenberg observado ao cisalhar-se uma solução de poli(isobutileno) em um solvente alifático. As forças normais fazem com que o líquido sofra ascensão pela haste.

Nesse caso, $\tau_{xx} - \tau_{yy} < 0$, ou seja, pelas características da solução polimérica haverá diferença de tensão entre as duas direções consideradas.

É curioso que a solução da Figura 8.6 está sofrendo cisalhamento pelas pás do agitador, e observa-se uma ascensão (vertical) da solução. Esse efeito mostra justamente o aparecimento das forças normais, discutidas anteriormente. O tensor, nesse caso, deve conter na matriz elementos relacionados com a tensão normal.

O efeito mostrado na Figura 8.6 é comumente observado quando um bolo é batido em uma batedeira, o que leva a massa a subir pelas hastes dos batedores.

Os fluidos que se comportam como o mostrado na Figura 8.6 não seguem a equação de Newton e, portanto, são chamados de não newtonianos.

Uma excelente apresentação sobre tensores pode ser vista no vídeo: <https://www.youtube.com/watch?v=f5liqUk0ZTw>.

8.3. REÔMETRO

Apesar de parecer simples, o reômetro é uma preciosidade mecânica. É um equipamento de grande precisão que permite estabelecer a correlação entre a tensão aplicada e a deformação sofrida (ou vice-versa). Com o instrumento, é possível aplicar incríveis torques da ordem de 10^{-6} a 10^{-7} N m e medir deformações de 10^{-4} graus. De maneira simplificada, ele é composto de duas partes: o motor e o compartimento de amostra (Figura 8.7). Um colchão de ar (impelido por ar comprimido) reduz significativamente o atrito mecânico das partes móveis. Um medidor ótico (que consiste em uma placa perfurada, com espaçamento micrométrico) instalado ao longo do eixo do motor permite determinar qual é a deflexão sofrida pelo eixo. O instrumento pode funcionar em dois modos: com controle de tensão, em que a tensão é aplicada e mede-se a deformação produzida; ou com o controle da deformação, em que se mede a tensão necessária para produzir-se determinada deformação (para isso, usa-se um tacogerador, que retroalimenta o motor), como esquematizado na Figura 8.7.

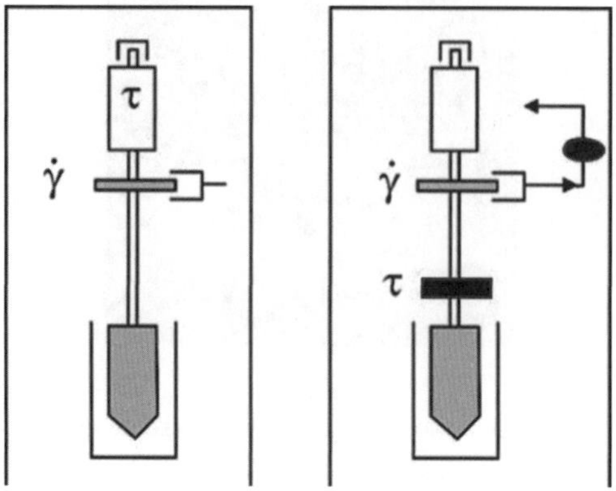

Figura 8.7 – Esquema de um reômetro operando com controle da tensão (à esquerda) e da taxa (à direita).

A grande variação das características reológicas de determinado material, causada por oscilações de temperatura, exige que o controle dessa propriedade seja muito eficiente. Isso é feito usando-se banhos termostáticos ou por meio de controle com acessórios baseados na liga de Peltier.

Um componente importante do reômetro é a sua geometria, isto é, a cela em que será colocada a amostra que será medida e que pode ser trocada de acordo com as suas características. Como se diz, "a amostra é quem escolhe a geometria". Para um material muito consistente, é melhor se usar uma geometria que apresente pouca área de contato com o material sob investigação, pois, caso contrário, o esforço para a medida será grande, e pode-se perder precisão. Nesse caso, é melhor usar uma geometria de grande área de contato para materiais pouco consistentes. Na Figura 8.8 estão apresentadas as geometrias mais comumente usadas.

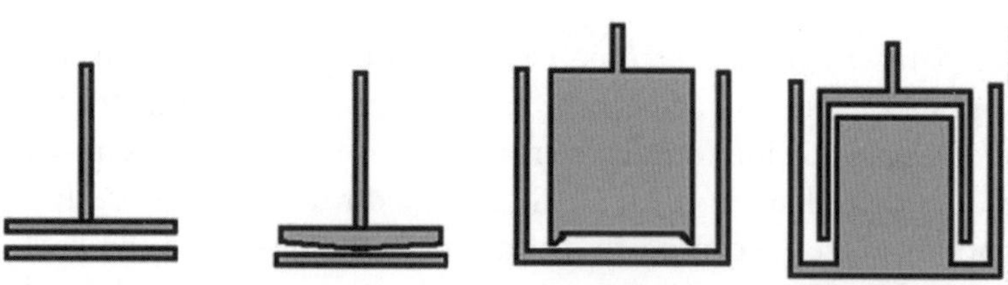

Figura 8.8 – Tipos de geometrias utilizadas nos experimentos reológicos.

Cada uma das geometrias apresenta vantagens e desvantagens. A geometria de Couette é caracterizada por apresentar elevada área de contato com a amostra. Uma vantagem dessa geometria é que pode ser usada para líquidos, e a taxa de evaporação é menor que em outras geometrias. Tal geometria foi usada no primeiro reômetro, construído por Maurice Couette, em 1890.

Na Figura 8.9 estão esquematizados os dois cilindros concêntricos que formam a cela de Couette.

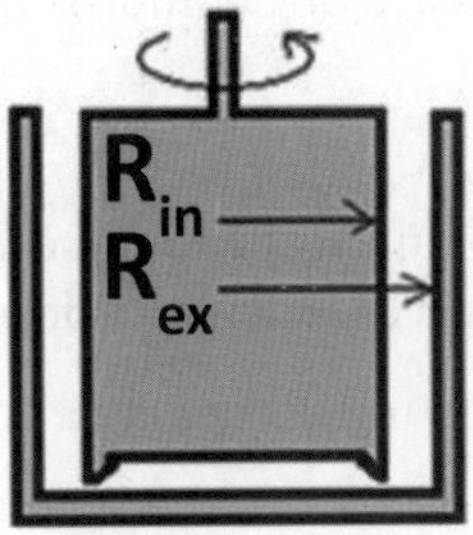

Figura 8.9 – Representação de uma cela de Couette.

A tensão de cisalhamento aplicada nessa geometria é dada pela Equação (8.10).

$$\tau = \frac{M_{in}}{2\pi R_{in}^2 L} \tag{8.10}$$

Em que M_{in} é o torque medido no cilindro interno.

A Equação (8.10) fundamentalmente descreve o momento angular de um cilindro de raio R_{in} e altura L, contendo área superficial $2\pi R_{in} L$, que gira com velocidade angular Ω, devido à aplicação de um torque M.

A taxa de cisalhamento para situações em que a diferença de raios entre os cilindros é pequena será:

$$\dot{\gamma} \cong 2\Omega \frac{ln\,\Omega}{d\,ln\,M} \tag{8.11}$$

Dessa forma, é possível determinar a tensão de cisalhamento e a correspondente taxa de cisalhamento pela medida do torque e da velocidade angular. É importante ressaltar que os raios dos cilindros precisam ser conhecidos com precisão (normalmente com precisão da ordem de 0,001 mm).

Alguns reômetros são capazes de medir não somente a tensão de cisalhamento, mas também a diferença de tensões normais, conforme Equação (8.12):

$$\tau_{xx} - \tau_{yy} = \frac{|\tau(R_{in}) - \tau(R_{ex})|}{R_{ex} - R_{in}} \bar{R} \tag{8.12}$$

Sendo $\tau(R)$ as tensões nas paredes dos cilindros interno, *in,* e externo, *ex* e $\overline{R}$ é a média dos valores $(R_{ex} + R_{in})/2$.

As geometrias cone-placa e placa-placa necessitam pouca amostra, e as massas dessas geometrias são pequenas, de forma que os indesejáveis efeitos inerciais (da geometria) podem ser minimizados. Outra característica delas é a facilidade de sua limpeza.

Na Figura 8.10 está apresentado um esquema da geometria placa-placa.

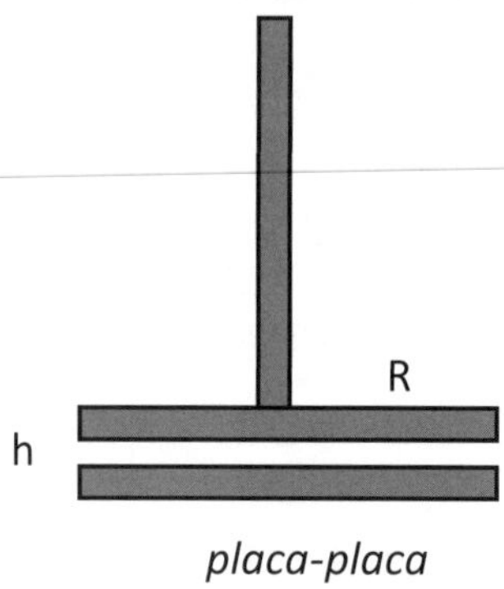

Figura 8.10 – Representação de uma geometria placa-placa.

No caso dessa geometria, a tensão de cisalhamento e a taxa de cisalhamento são dadas pelas Equações (8.13) e (8.14), respectivamente.

$$\dot{\tau}(\gamma_R) = \frac{M}{2\pi R^3}\left[3 + \frac{ln\, M}{dln\, \dot{\gamma}_R}\right] \tag{8.13}$$

$$\dot{\gamma}(R) = \frac{R\Omega}{h}, r = R \tag{8.14}$$

É interessante notar que o espaço entre as placas (h) pode ser variado, mas, em qualquer caso, deve ser bem conhecido.

Na geometria cone-placa, o desenho na forma de cone permite anular o gradiente de velocidade (não desejado) que é criado ao longo do raio. O ângulo do cone (β) é praticamente imperceptível ($\approx$ 0,01 rad). O gradiente radial de velocidade que é gerado na geometria placa-placa é anulado na cone-placa, garantindo que o único gradiente produzido entre as duas placas seja no espaço entre elas (Figura 8.11).

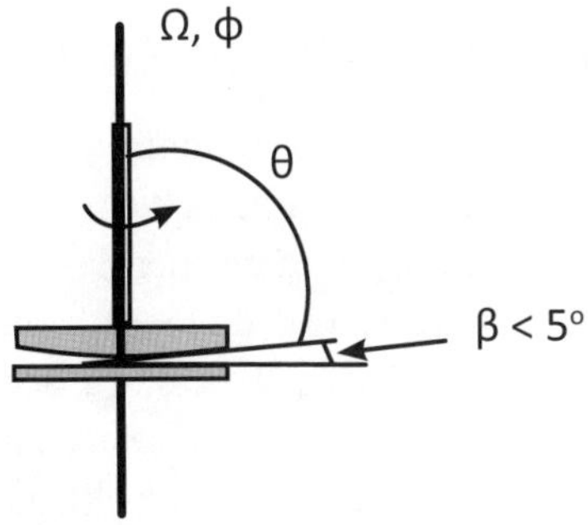

Figura 8.11 – Representação de uma geometria cone-placa.

Nessa geometria, sendo: $z = r \tan \beta$, e se β é pequeno, então $z \cong r\beta$.

Como: $\dot{\gamma}(r) = \dfrac{r\Omega}{h}$, para certo $z(r)$, $\dot{\gamma} = \dfrac{r\Omega}{r\beta} = \dfrac{\Omega}{\beta}$, e com isso se consegue que a taxa de cisalhamento seja independente do raio da geometria. Assim, para o caso da geometria cone-placa, as Equações (8.15) e (8.16) são seguidas, respectivamente, para a tensão e taxa de cisalhamento.

$$\dot{\gamma} = \frac{\Omega}{\beta} \tag{8.15}$$

$$\tau = \frac{3M\beta}{2\pi R^3 \Omega} \tag{8.16}$$

Obviamente, as equações que descrevem as geometrias estão nos programas computacionais dos computadores que controlam o reômetro. Assim, antes de iniciar um determinado experimento reológico, é preciso inserir no computador a informação de qual é a geometria (e o espaçamento, *gap*, no caso das geometrias de placa) que será usada para aquele determinado experimento.

O motor do reômetro imporá movimentos na geometria e, consequentemente, na amostra. Isso pode ocorrer de forma que o material gire continuamente em diferentes taxas de cisalhamento, ou, então, a tensão pode ser aplicada na forma oscilatória. Neste último caso, é possível obter informações sobre a elasticidade e a viscosidade do material em estudo. Trabalhando no modo oscilatório, em determinadas condições específicas, diz-se que o regime é linear. No modo de rotação contínua, é produzido fluxo no material, e dizemos que a reologia é não linear. Os regimes linear e não linear são centrais em reologia, e serão dedicados os Capítulos 9 e 10 para eles.

8.4. NÚMEROS ADIMENSIONAIS EM REOLOGIA

Certas grandezas adimensionais nos ajudam a entender se determinado processo está ou não sendo efetivo, ou se determinada característica está sendo mais ou menos marcante. Por exemplo, quando se pensa na energia de ativação de determinada reação, está se comparando a barreira de energia da reação com a energia térmica do meio. De acordo com Arrhenius, na razão Ea/RT. Se essa razão é >> 1, dizemos que o processo não deverá ocorrer de forma significativa. Ou seja, as moléculas não possuem, em média, energia térmica suficiente para vencer a barreira ativação da reação.

Quando se pensa em reologia, existem alguns números que permitem descrever o tipo de resposta de certo material que está submetido a forças de cisalhamento.

O número de Reynolds representa a razão das forças de inércia e viscosa. Acima de certa velocidade, um fluido pode entrar em regime turbulento, dependendo fundamentalmente da sua viscosidade. Pelo fato de que a entrada em regime turbulento é mais comum para fluidos de baixa viscosidade, consideraremos a cela de Couette, que é mais apropriada para fluidos com essa característica.

No caso da cela de Couette, o regime turbulento se inicia no número crítico de Reynolds, dado pela Equação:

$$R_e = \frac{\Omega_c(R_{ex} + R_{in})(R_{ex} - R_{in})\rho}{2\eta} \tag{8.17}$$

O número de Reynolds é importante em reologia, pois, de forma geral, somente se deseja trabalhar em regimes laminares. Dessa forma, é importante destacar que, enquanto o número critico de Reynolds em tubos capilares é da ordem de 3.000, para a cela de Couette, o número crítico de Reynolds é próximo de 300.

À medida que a velocidade angular do cilindro interno aumenta, antes de entrar no regime turbulento, podem aparecer estruturas de fluxo facilmente identificadas na curva de fluxo (observa-se um aumento significativo na tensão de cisalhamento aplicada, como mostrado na Figura 8.12, à direita). Essas estruturas são constituídas por padrões toroidais, como as esquematizadas na Figura 8.12, à esquerda.

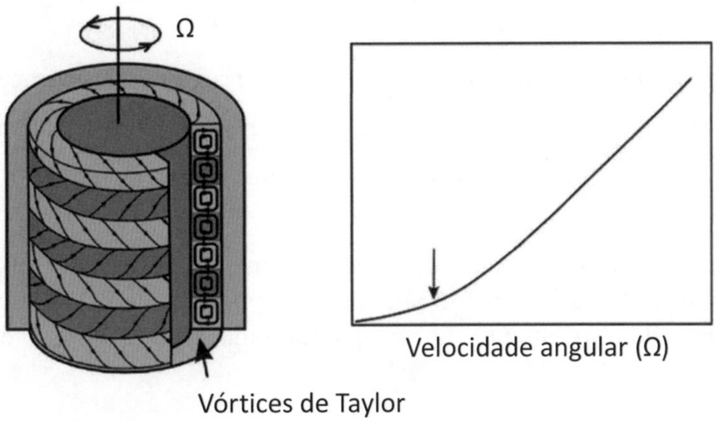

Figura 8.12 – Estruturas de fluxo na forma toroidal (vórtices de Taylor), formada entre as duas paredes da cela de Couette (à esquerda). Curva de fluxo obtida quando a velocidade angular excede certo valor crítico, indicado pela seta (à direita).

O aumento da tensão de cisalhamento está relacionado com o fato de que essas estruturas de fluxo, denominadas de *vórtices de Taylor*, dissipam adicionalmente a energia do processo. O valor crítico da velocidade angular, na qual os vórtices de Taylor começam a ser observados, determinam o chamado *número de Taylor* (T_a), definido na Equação (8.18).

$$T_a = \Omega_c \left(\frac{R_{ex} + R_{in}}{2}\right)^{\frac{1}{2}} \frac{\rho(R_{ex} - R_{in})^{\frac{3}{2}}}{2\eta} \tag{8.18}$$

Outro número adimensional importante em reologia é o número de Deborah (D_e), que foi introduzido para caracterizar o tempo de relaxação de um determinado material. Maxwell introduziu o conceito de que o fluxo viscoso é uma manifestação do decaimento da energia que ficou armazenada no material devido à aplicação de certa tensão. Com base nessa ideia, foi definido o número de Deborah como:

$$De = \frac{tempo\ de\ relaxação\ característico\ do\ material}{tempo\ do\ estímulo\ mecânico} \tag{8.19}$$

Desse modo, ao ser deformado, um material armazenará energia, uma vez que sua estrutura foi perturbada (a energia das moléculas aumentou). Como resposta, as moléculas podem difundir, dissipando a energia que havia ficado armazenada. O material deformado volta para a sua posição original por meio do fluxo viscoso, que possui certo tempo de relaxação característico.

O número de Deborah pode ser usado para fazer a seguinte classificação:

- Se *De* >> 1, o material se comporta como um sólido (relaxa lentamente);
- Se *De* << 1, ele se comporta como um líquido (relaxa rápido).

Pode-se considerar o caso da bola de PDMS, tratada no Capítulo 1 (veja Figura 1.4). Como mostrado na Figura 8.13 (à esquerda), a bolinha de PDMS escoará sob a ação da gravidade. No entanto, ao ser arremessada (Figura 8.14, à direita), ela saltará.

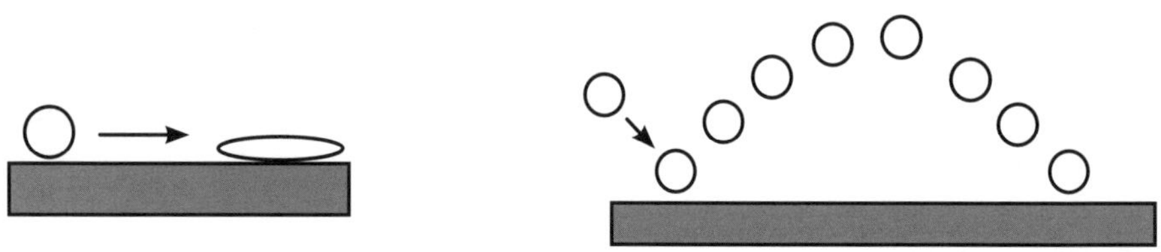

Figura 8.13 – Bola de PDMS em repouso sobre uma mesa (à esquerda) e jogada contra a superfície da mesa (à direita).

Se ela for arremessada contra o chão, receberá energia (causada pelo impacto) em um tempo muito curto. Nesse caso, as moléculas do polímero não terão tempo de relaxar (escoar), e *De* >> 1. Portanto, a bola de PDMS se comporta como um sólido elástico (Figura 8.14, à direita). Porém, se a bola é deixada sobre a mesa, ela está sob a ação do campo gravitacional por longo tempo. Isso permite que ela tenha tempo para relaxar a energia, escoando como um líquido (Figura 8.13, à esquerda, em que *De* <<1).

CAPÍTULO 9

Reologia no regime linear

9.1 .*CREEPING*

Desde a metade do século XIX, observava-se que muitos sistemas mostravam respostas elásticas dependentes do tempo. Era conhecido que certas tintas e soluções de gomas, ao serem cisalhadas, sofriam deformação instantânea, como esperado para um sistema hookeano. No entanto, em outro momento, seguia-se uma deformação contínua, como se o material estivesse "rastejando". Essa deformação contínua foi designada por *creeping*. Quando a tensão aplicada ao material era removida, parte da deformação era recuperada instantaneamente, e parte podia ser recuperada com o tempo; mas, em certos casos, a deformação era permanente. Todos os processos (tensão e deformação) podiam ser estudados usando um sistema baseado na torção produzida em um fio que prendia o rotor (do instrumento de medida). Atualmente, instrumentos modernos são capazes de aplicar tensões ou deformações complexas na amostra, como aplicar uma tensão oscilante e medir a deformação correspondente.

Na Figura 9.1, estão demonstradas as respostas típicas de materiais que apresentam comportamento newtoniano e não newtoniano após a aplicação instantânea de certa tensão. No material que inicialmente está isento de tensão, é aplicada certa tensão (τ) abruptamente. Posteriormente, a tensão máxima é mantida, e mede-se, então, a resposta observada (deformação).

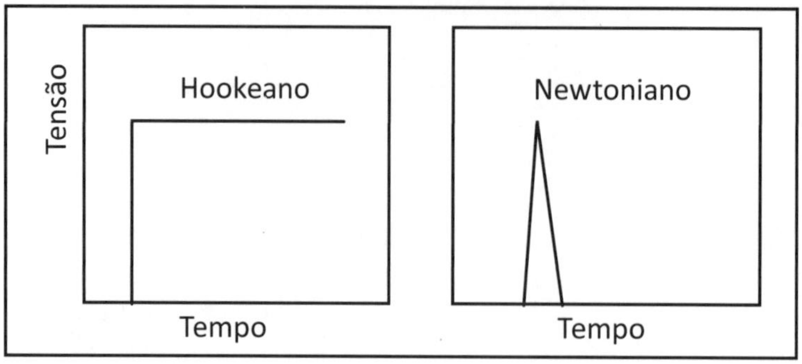

Figura 9.1 – Representações da variação da tensão em função do tempo, para materiais com características hookeana (à esquerda) e newtoniana (à direita).

Para um sólido hookeano, a deformação ocorre instantaneamente após a aplicação da tensão, e a deformação máxima é mantida enquanto a tensão estiver sendo aplicada (Figura 9.1, à esquerda). Se o fluido é newtoniano (Figura 9.1, à direita), a tensão aumenta, mas é reduzida instantaneamente, pois a relaxação é imediata, e esta se deve ao fluxo molecular (fluxo viscoso).

Para materiais viscoelásticos (que podem ter características predominantes de sólidos ou de líquidos), como mostrado na Figura 9.2, é observada uma clara tendência de relaxação em função do tempo.

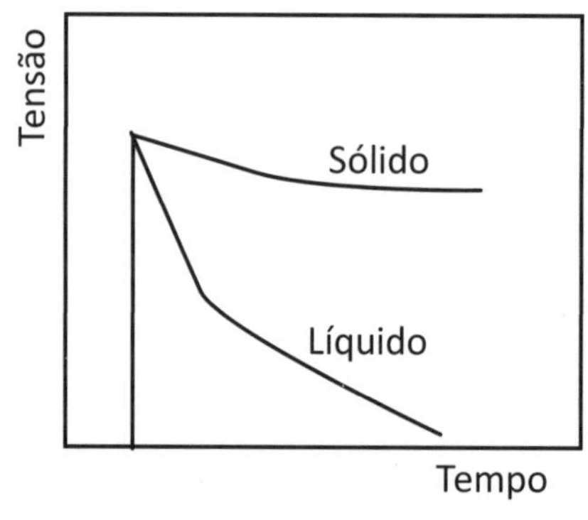

Figura 9.2 – Representação da variação da tensão em função do tempo para um sólido viscoelástico e para um líquido viscoelástico.

Se o material for um líquido viscoelástico, a relaxação da tensão tenderá a zero; já para um sólido viscoelástico, será atingida certa tensão de equilíbrio.

Outro aspecto a ser considerado está relacionado com a magnitude da deformação (amplitude) produzida no material. Na Figura 9.3a, estão mostradas curvas de relaxação dinâmica de certo material polimérico, submetido a tensões que produzem diferentes deformações (pequenas: $\gamma < 1$ e grandes deformações $\gamma = 3$ %, = 10 %). Na Figura 9.3b, estão apresentados como os módulos (*G*) para cada deformação variam com o tempo.

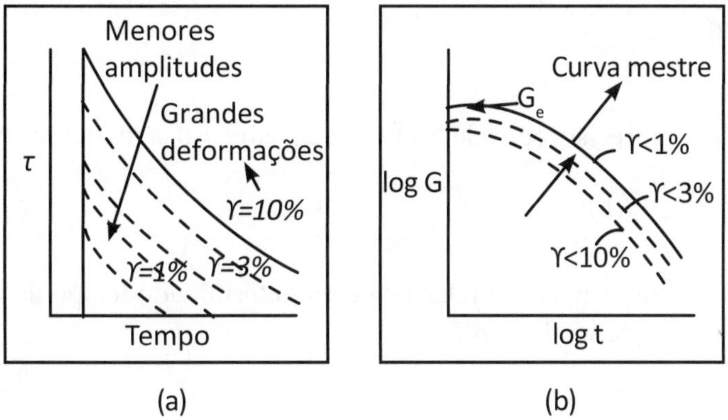

Figura 9.3 – Representações típicas para a variação da tensão (a) e do módulo (b), em função do tempo, para um material polimérico submetido a diferentes valores de deformações.

Pode-se notar pela Figura 9.3b que, para cada deformação produzida, haverá uma curva correspondente para *G(t)*. No entanto, as curvas convergem para uma única curva padrão à medida que a deformação diminui ($\gamma < 1$). Essa é uma situação particularmente interessante, na qual o módulo *G* independe da deformação imposta. Diz-se que, nessa condição, o experimento foi conduzido na região de viscoelasticidade linear. O termo linear se relaciona com o fato de que, dentro dessa região, existe linearidade entre a tensão aplicada e a deformação sofrida.

Todas as curvas mostradas (Figura 9.3b) podem ser descritas na forma generalizadaexpressa pela Equação (9.1):

$$G(t,\gamma) = \frac{\tau(t,\gamma)}{\gamma} \tag{9.1}$$

No caso de experimentos realizados dentro da região de viscoelasticidade linear ($\gamma < 1$), o módulo não depende da deformação e, portanto, $G(t) = \tau(t) / \gamma$.

A queda na tensão (conforme mostrado na Figura 9.3a) acontece monotonicamente com o tempo, sendo que a taxa de variação da tensão pode ser escrita de maneira análoga a uma expressão de cinética de primeira ordem, com indicado na Equação (9.2).

$$\frac{d\tau}{dt} = -k\tau \tag{9.2}$$

ou fazendo a separação das variáveis,

$$\frac{d\tau}{\tau} = -kdt \tag{9.3}$$

Integrando a expressão, considerando-se que, em $t = 0$, a tensão era τ_0:

$$\tau_t = \tau_0 exp\,(-kt) \tag{9.4}$$

Se a constante de tempo k se relaciona com determinado tempo de relaxação característico (λ), tal que $k = 1/\lambda$, então:

$$\tau_t = \tau_0 exp\left(-\frac{t}{\lambda}\right) \tag{9.5}$$

Relacionando as Equações (9.1) e (9.5), tem-se:

$$G(t) = G_0 \exp\left(-\frac{t}{\lambda}\right) \tag{9.6}$$

sendo que $G_0 = \tau_0/\gamma$.

De certa forma, o que se procura em um experimento dinâmico, como descrito anteriormente, é determinar como o módulo varia com o tempo para certo material. O módulo contém as respostas dos vários processos de relaxações das moléculas que o constituem.

9.2 PRINCÍPIO DA SUPERPOSIÇÃO DE BOLTZMANN

Pretende-se agora derivar uma expressão genérica que represente como a tensão varia com o tempo. Para isto, usa-se o princípio da superposição de Boltzmann. Segundo esse princípio, dentro da região de viscoelasticidade linear (γ <1), assume-se que o efeito de uma série de tensões aplicadas em uma amostra resulta em uma deformação que é relacionada com a soma das tensões. Em outras palavras, a resposta que determinado material apresenta diante da aplicação de certa tensão é independente de qualquer tensão que já tenha sido aplicada previamente nele.

No caso do *creeping*, o material se deforma quase instantaneamente quando uma tensão constante é aplicada. A razão de quanto o material deforma (em função do tempo), em relação à tensão que foi aplicada, é definida como a compliança (J) do material, representada na Equação (9.7).

$$J(t) = \frac{\gamma(t)}{\tau} \tag{9.7}$$

Suponha, agora, que certo material tenha recebido uma tensão τ, que foi aplicada em t. Em seguida, que seja aplicada uma tensão adicional τ_1 em certo tempo t_1. A resposta do material na forma de deformação para a segunda tensão aplicada se soma à da primeira, de forma que, considerando-se a definição de compliança:

$$\gamma(t) = \tau J(t) + \tau_1 J(t + t_1) \tag{9.8}$$

Para uma sequência de tensões aplicadas, pode-se escrever a Equação generalizada:

$$\gamma(t) = \sum_{t_i=-\infty}^{t_i=t} \tau_i J(t - t_i) \tag{9.9}$$

Essa soma pode ser trocada por uma integral que descreve toda a história de tensão à qual o material foi submetido:

$$\gamma(t) = \int_{-\infty}^{t} J(t - t')\tau \, dt' \tag{9.10}$$

Uma Equação análoga pode ser escrita para uma série de deformações aplicadas. Essa situação é encontrada no experimento de *creeping*, no qual a tensão vai variando à medida que o material vai relaxando por deformações sucessivas:

$$\gamma(t) = \int_{-\infty}^{t} J(t - t')\tau \, dt' \tag{9.11}$$

Substituindo-se a Equação (9.6) em (9.11), tem-se:

$$\tau(t) = \int_{-\infty}^{t} G_0 exp\left(-\frac{t-t'}{\lambda}\right)\dot{\gamma}\, dt' \quad (9.12)$$

O modelo apresentado (baseado na Equação 9.12) é bastante interessante, mas não é suficientemente flexível para ajustar aos dados experimentais, pois todo o decaimento da tensão com o tempo é aqui descrito por apenas dois parâmetros, G_0 e λ. No entanto, ele pode ser aperfeiçoado se vários tempos de relaxação (λ_i) e vários módulos correspondentes (G_i) são usados. Em outras palavras, $G(t)$ pode ser descrito pela soma:

$$G(t) = \sum_{i=1}^{N} G_{0,i} exp\left(-\frac{t}{\lambda_i}\right), \quad (9.13)$$

E, assim,

$$\tau(t) = \int_{-\infty}^{t} \sum_{i=1}^{N} G_{0,i} exp\left(-\frac{t-t'}{\lambda_i}\right)\dot{\gamma}(t')dt' \quad (9.14)$$

A Equação indica que, para cada tempo específico, haverá um módulo e um tempo e relaxação característicos. Após receberem o estímulo mecânico, os segmentos das cadeias poliméricas relaxam, ocorrendo o decaimento da tensão e do módulo, como mostrado nas Figuras 9.3a e 9.3b, respectivamente. Assim, segmentos mais longos do polímero (maiores valores de *i*) requerem mais tempo para relaxar, e os mais curtos (menores valores de *i*), menos tempo. O decaimento é complexo, sendo necessários vários módulos e tempos de relaxação para se fazer o ajuste completo da curva. Cada trecho da curva poderá ser descrito por um par $G_{0,i}$ e λ_i, os quais, no conjunto, descrevem toda a curva. Dessa forma, temos um *espectro mecânico* de relaxação do material.

Ao contrário de um espectro eletromagnético no qual se pode correlacionar determinado processo molecular à resposta espectral em dada frequência (ou tempo), é praticamente impossível, em reologia, correlacionar o tempo de relaxação medido com determinado modo de relaxação de extensões moleculares. Isso se deve ao fato de que a resposta viscoelástica surge de uma distribuição de processos de relaxações. Se dois sistemas apresentam tempos de relaxação parecidos, muito provavelmente eles são resultados de causas totalmente diferentes. Por esse motivo, a abordagem da relaxação não é feita em termos moleculares, mas, sim, usando-se elementos macroscópicos. Tais elementos são *análogos mecânicos* de molas, para representar os processos totalmente hookeanos (elásticos), e pistões, para representar os newtonianos.

Os análogos de molas e pistões, bem como suas combinações, descrevem muito eficientemente o comportamento reológico de muitos sistemas.

9.3 ANÁLOGOS MECÂNICOS

Para se descrever o comportamento elástico, utiliza-se uma mola de constante G (Figura 9.4).

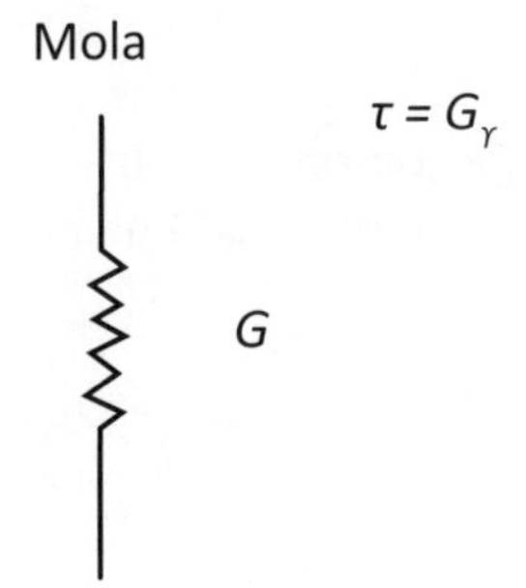

Figura 9.4 – Representação de uma mola usada para representar o comportamento hookeano do material.

A resposta puramente elástica do material é descrita pela lei de Hooke:

$$\tau = G\gamma \tag{9.15}$$

O comportamento viscoso é descrito pelo movimento de um pistão, que é "preenchido" com um fluido de viscosidade η (Figura 9.5)

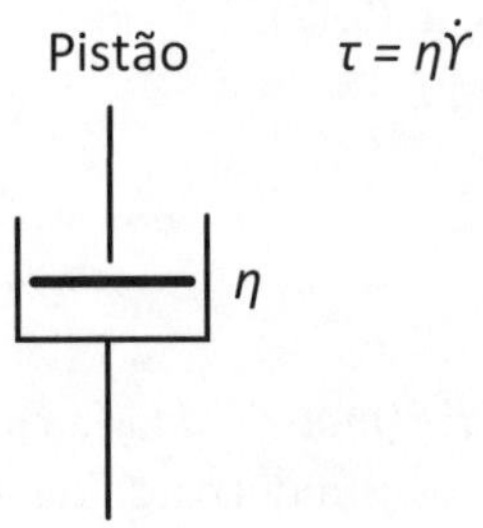

Figura 9.5 – Representação de um pistão, usado para representar o comportamento newtoniano do material.

Ao ser aplicada certa tensão ao material, ele sofre deformação no tempo, de forma que a tensão de cisalhamento varia com a taxa, de acordo com a lei de Newton (Equação 9.16).

$$\tau = \eta\dot{\gamma} \tag{9.16}$$

Pode-se considerar, agora, a combinação dos dois elementos mecânicos, arranjados em série ou em paralelo, como mostrado na Figura 9.6.

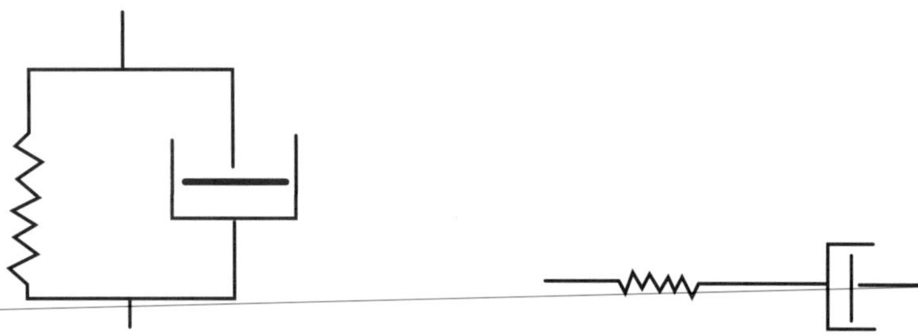

Modelo de Kelvin-Voigt Modelo de Maxwell

Figura 9.6 – Combinação de pistão e mola em paralelo (Kelvin-Voigt) e em série (Maxwell).

Quando certa tensão (τ) é aplicada aos elementos em paralelo (*modelo de Kelvin--Voigt*), ambos os elementos respondem simultaneamente. Assim, a tensão se divide entre eles, de acordo com a Equação (9.17).

$$\tau = G\gamma + \eta\dot{\gamma} \tag{9.17}$$

No caso da combinação em série (*modelo de Maxwell*), são as taxas de deformação que se somam. Portanto, como $\tau = G\gamma$, a derivada da tensão, com o tempo, resulta em $\dot{\tau} = G\dot{\gamma}$, e, assim: $\dot{\gamma} = G/\dot{\tau}$. Dessa forma, considerando-se a soma das taxas, tem-se a Equação (9.18).

$$\dot{\gamma} = \frac{\dot{\tau}}{G} + \frac{\tau}{\eta} \tag{9.18}$$

Ao se analisar a Equação (9.12) (derivada do modelo da superposição de Boltzmann), pode-se verificar que ela se relaciona com o modelo de Kelvin-Voigt (mola e pistão em paralelo). Para tratar o modelo de Maxwell (mola e pistão em série) é necessário fazer a derivada da tensão em relação ao tempo (Equação 9.19).

$$\dot{\tau} = \frac{d\tau}{dt} = -\int \frac{G_0}{\lambda} exp\left(-\frac{t-t'}{\lambda}\right) \dot{\gamma}(t')\, dt' \tag{9.19}$$

Os estudos de relaxação são executados em reologia usando-se pequenas deformações em experimentos de *creeping*, ou por meio de oscilações senoidais. O *espectro de relaxação* (decaimento da tensão com o tempo) que pode ser obtido nesses experimentos está relacionado com a distribuição de movimentos moleculares, que, muitas vezes, devido à complexidade, são representados pela combinação de múltiplas molas e pistões, como representado na Figura 9.7.

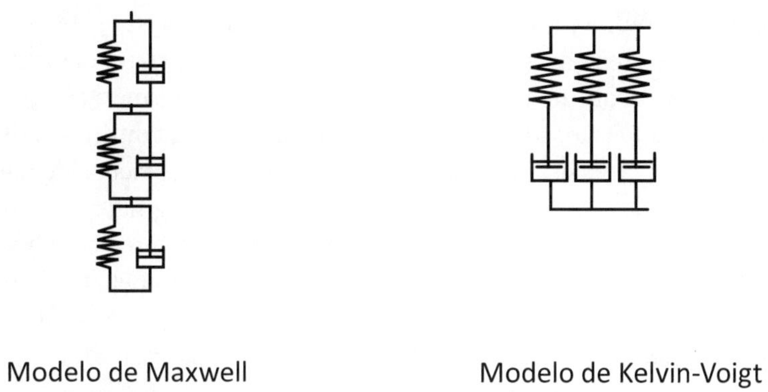

Figura 9.7 – Combinação de vários pistões e molas, segundo os modelos de Maxwell e Kelvin-Voigt.

Os experimentos de *creeping* são muito úteis no estudo de sistemas que apresentam longos tempos de relaxação. Para executá-los, a tensão aplicada é rapidamente aumentada, de 0 até τ_0, como indicado na Figura 9.8. Ao atingir o valor máximo (quase instantaneamente, com $t = 0$), a tensão τ_0 é mantida pelo intervalo de tempo t_0. Nesse intervalo de tempo, o material poderá sofrer o *creeping*. A partir desse momento, a tensão pode ser removida (após t_0) a fim de que o material procure recuperar a sua forma original (recuperação). Esse experimento completo é chamado de *creeping* e *recuperação*.

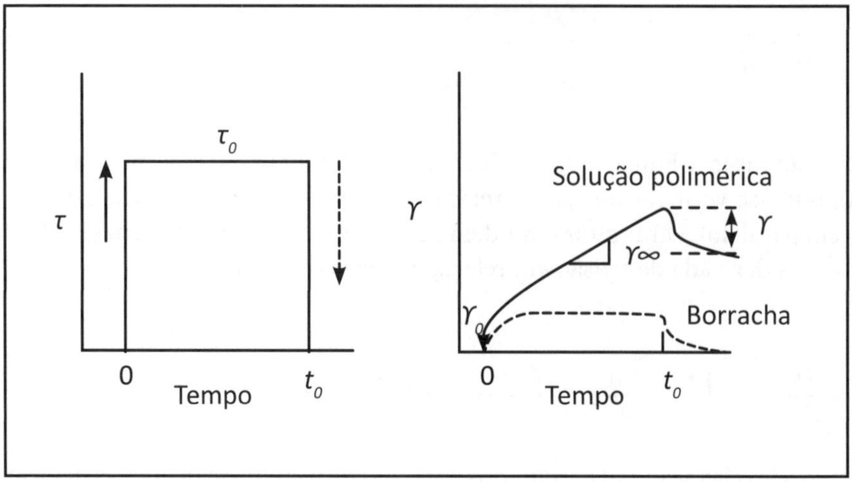

Figura 9.8 – Representações da variação da tensão em função do tempo (à esquerda) e da deformação sofrida em função do tempo (à direita) para um material que se comporta como uma borracha (curva de baixo) ou como uma solução polimérica (curva de cima).

Podemos, agora, representar como será a resposta de dois tipos de material, uma solução polimérica e uma borracha. A borracha sofre uma abrupta deformação, que é invariante se a tensão continuar a ser aplicada. A solução polimérica, após receber a aplicação abrupta de tensão, sofre uma rápida deformação e continua a deformar-se ao longo do tempo t_0. Se o sistema considerado fosse uma borracha, ele não se deformaria mais ao longo de t_0. A borracha recupera sua forma original após a remoção da tensão, isto é, após t_0. Eventualmente, no experimento de *creeping* para a solução polimérica, pode-se obter um estado estacionário, caracterizado pela taxa constante de deformação. Essa taxa, designada por $\dot{\gamma}_\infty$, é obtida da inclinação do gráfico na região linear de γ em função de t. Considerando-se a Equação fundamental, $\tau = \eta\dot{\gamma}$, define-se a viscosidade em baixas taxas de cisalhamento (em *creeping*), como: $\eta_0 = \tau_0 / \dot{\gamma}_\infty$. Note ainda que, ao contrário da borracha, que recupera sua forma original, quando a tensão é removida, no caso da solução polimérica, a recuperação completa não ocorre.

A curva de resposta pode ser representada usando-se a compliança em função do tempo, lembrando que a compliança, como definida anteriormente (Equação 9.7), relaciona a deformação sofrida em relação à tensão que está aplicada. Assim, a compliança no trecho entre 0 e t_0 pode ser expressa pela Equação (9.20).

$$J(t) = \frac{\gamma(t)}{\tau_0} \tag{9.20}$$

No gráfico da Figura 9.9, está apresentada a curva da compliança em função do tempo para o processo de *creeping* e recuperação.

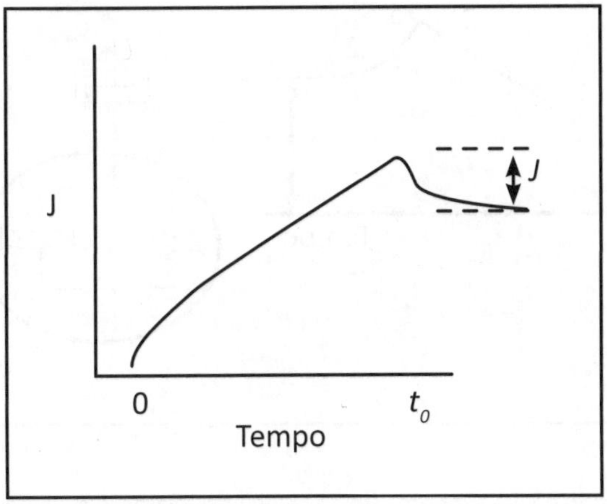

Figura 9.9 – Curva genérica para o *creeping* e recuperação para alguns materiais.

Como descrito anteriormente (veja a Equação 9.14), pode-se procurar descrever o comportamento de *J(t)* em termos de tempos de relaxação característicos. Isso pode ser feito considerando-se a contribuição discreta do espectro de relaxação mecânico, expresso pela Equação (9.21).

$$J(t) = \frac{t}{\eta_0} + \sum_k J_k\left(1 - exp\left(-\frac{t}{\lambda}\right)\right) \tag{9.21}$$

Em resumo, ao se fazer um experimento de *creeping* em determinado sistema, por exemplo, uma solução polimérica, aplica-se uma tensão τ_0, muito rapidamente (que cause baixa deformação); a seguir, mantendo-se a tensão aplicada, obtém-se a curva da deformação com o tempo e a correspondente curva da compliança. A princípio, a curva pode ser ajustada tendo-se em conta diferentes valores de para J e λ na faixa temporal considerada.

A combinação dos elementos pistão e mola pode ser compreendida em um experimento de *creeping* e recuperação. Considere a Figura 9.10, que contém um resultado genérico para um experimento de *creeping* e relaxação (à esquerda), e uma combinação de molas e pistões (à direita). Como será mostrado, esses elementos descrevem o comportamento mecânico observado em cada caso.

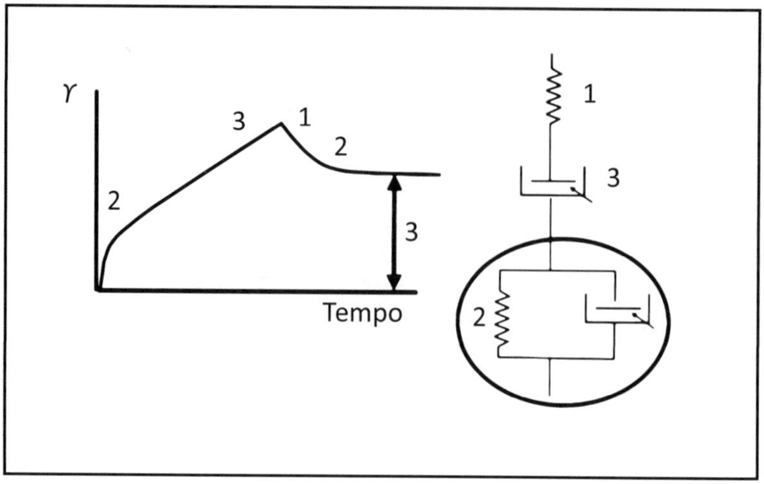

Figura 9.10 – Representação de um experimento de *creeping* e relaxação e elementos (1, 2 e 3) que, combinados, descrevem o comportamento mecânico observado (nos processos representados por 1, 2 e 3).

No momento em que a amostra (que apresentou o comportamento reológico da Figura 9.10) sofre a brusca aplicação de certa tensão, a mola 1 responde prontamente. Depois desse momento, os elementos mola e pistão, combinados em paralelo em 2, respondem. Na sequência, a mola já estará totalmente distendida, e somente então o pistão 3 passa a responder, correspondendo, assim, à deformação sofrida pela amostra em uma taxa constante. Quando a tensão é removida e inicia-se a etapa de recuperação, a mola em 1 responde rapidamente; e, depois, os elementos em paralelo em 2 completam o decaimento. Nota-se que, nesse caso, a recuperação não é total, e a perda, relacionada com o escoamento, pode ser representada pelo pistão 3 (em série com a mola 1 e com os dois elementos combinados em paralelo).

9.4 REOLOGIA OSCILATÓRIA

Outro importante experimento de relaxação envolve a aplicação de pequenas deformações oscilatórias na amostra. A tensão aplicada na amostra pode oscilar na mesma frequência (w). De forma geral, a deformação que será observada apresentará certa defasagem temporal em relação à tensão.

A deformação pode ser descrita por uma função senoidal (Equação 9.22).

$$\gamma = \gamma_0 \operatorname{sen} wt \tag{9.22}$$

A taxa de deformação será obtida da derivada da Equação (9.22).

$$\dot{\gamma} = w\gamma_0 \cos wt \tag{9.23}$$

As variações da deformação, da taxa de deformação e da tensão, em função do tempo, podem ser vistas na Figura 9.11.

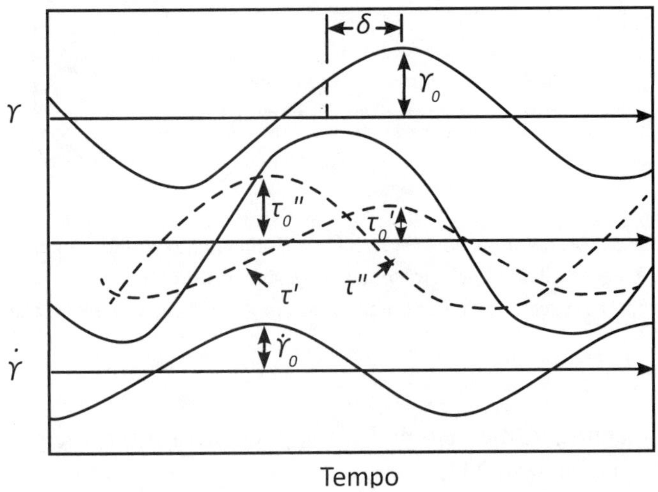

Figura 9.11 – Variação senoidal da tensão, da deformação e da taxa de deformação em função do tempo.

Note que haverá certo ângulo de defasagem entre a tensão e a deformação, que será designado por δ. Na Figura 9.12, estão indicados os casos extremos, representados por sistemas 100% sólido, 100% líquido e intermediário – nesse último caso, com uma fração sólida e outra líquida (sistema viscoelástico). Note também que nas curvas, δ = 0 e 90°, correspondem respectivamente aos sistemas sólido e líquido. Os sistemas viscoelásticos apresentam ângulos de fase com valores intermediários.

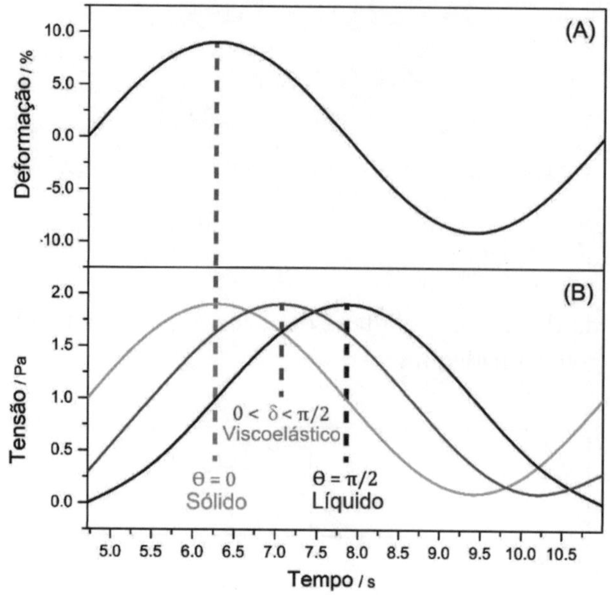

Figura 9.12 – Curvas de: (A) deformação e (B) tensão de cisalhamento, em função do tempo, obtidas em experimentos de reologia oscilatória para: materiais 100% sólidos, 100% líquidos e viscoelásticos. Na simulação usada para gerar as curvas, os valores utilizados foram γ_0 = 10%; η = 10,0 Pa s; e ω = 1,0 rad s^{-1}.

Para tratar matematicamente o problema, pode-se usar o princípio da superposição de Boltzmann (Equação 9.11):

e, assim, de acordo com a Equação (9.23),

$$\tau(t) = w\gamma_0 \int_{-\infty}^{t} G(t-t')\cos(wt')\, dt' \tag{9.24}$$

Designando-se por conveniência: $s = t - t'$ (t' representa o tempo passado desde o infinito, até o presente atual), os limites da integral podem ser mudados para o intervalo de tempo entre 0 e ∞, e, dessa forma:

$$\tau(t) = w\gamma_0 \int_0^{\infty} G(s)\cos[w(t-s)]ds \tag{9.25}$$

Considerando-se que: *cosw(t – s) = sewt senws + coswt cosws*

$$\tau(t) = \gamma_0 sen(wt)\left(w\int_0^{\infty} G(s)sen(ws)ds\right) + \gamma_0 cos\,(wt)\left[w\left(\int_0^{\infty} G(s)cos\,(ws)\,ds\right)\right] \tag{9.26}$$

O primeiro termo da Equação (9.26) se refere à parte da deformação que está em fase com a tensão, que, portanto, está elasticamente acompanhando a aplicação da tensão, e será representado por um *módulo de armazenamento*, também chamado *módulo elástico* (G'). O segundo termo da expressão está fora de fase, e será representado por um *módulo de perda* ou *módulo viscoso* (dissipação da energia de cisalhamento), designado por G". Os módulos serão definidos pelas Equações (9.27) e (9.28).

$$G' \equiv w\int_0^{\infty} G(s)sen(ws)\,ds \tag{9.27}$$

$$G'' \equiv w\int_0^{\infty} G(s)cos(ws)\,ds, \tag{9.28}$$

de forma que a variação da tensão, com o tempo, pode ser escrita como:

$$\tau(t) = G'\gamma_0 sen(wt) + G''\gamma_0 cos\,(wt) \tag{9.29}$$

A tensão está defasada da deformação por um ângulo de fase δ, de forma que pode ser escrita na forma de seno:

$$\tau(t) = \tau_0 sen(wt + \delta) \tag{9.30}$$

Se for desenvolvido o seno da soma, tem-se a Equação (9.31).

$$\tau(t) = \tau_0 cos\,(\delta)\,sen(wt) + \tau_0 sen(\delta)cos\,(wt) \tag{9.31}$$

Por comparação das Equações (9.29) com a (9.31), tem-se que:

$$G'(w) = \frac{\tau_0}{\gamma_0} cos\,(\delta) \equiv G^*(w) cos\,(\delta) \tag{9.32}$$

$$G''(w) = \frac{\tau_0}{\gamma_0} sen(\delta) \equiv G^*(w) sen(\delta) \tag{9.33}$$

Note que *G'* e *G"* se relacionam com o ângulo de fase, pois $tg\delta = \frac{G''}{G'}$.

A tensão se relaciona com a deformação por meio de uma função complexa, *G**, tal que:

$$G^* = G' + iG'' \tag{9.34}$$

Sendo que:

$$|G^*| = (G'^2 + G''^2)^{\frac{1}{2}} \tag{9.35}$$

Pode-se, agora, derivar uma importante relação, baseada no modelo de Maxwell. Se for considerada a notação complexa para a onda senoidal associada com a deformação:

$$\gamma^* = \gamma_0 exp\,(iwt) \tag{9.36}$$

Então, a taxa de deformação complexa será a derivada de (9.36) com o tempo:

$$\dot{\gamma}^* = iw\gamma_0 exp\,(iwt) = iw\gamma^* \tag{9.37}$$

A tensão responde a uma defasagem δ, de forma que a correspondente tensão complexa será:

$$\tau^* = \tau_0 exp\,[i(wt + \delta)] \tag{9.38}$$

e sua derivada:

$$\dot{\tau}^* = iw\tau_0 exp\,[i(wt + \delta)] = iw\tau^* \tag{9.39}$$

No modelo de Maxwell, a mola e o pistão estão em série, de forma que as taxas de deformação nos dois elementos se somam, como mostrado na Equação (9.18).

Combinando a Equação (9.18) com as Equações (9.39), obtém-se a Equação (9.40).

$$iw\gamma^* = \frac{iw\tau^*}{G} + \frac{\tau^*}{\eta} \quad (9.40)$$

ou na sua forma rearranjada:

$$\frac{\gamma^*}{G\tau^*} = 1 + \frac{G}{iw\eta} \quad (9.41)$$

Como a razão entre a tensão complexa e a deformação complexa é o módulo complexo, podemos reescrever a Equação (9.41):

$$\frac{G}{G^*(w)} = 1 + \frac{G}{iw\eta} \quad (9.42)$$

No modelo de Maxwell, haverá um tempo de decaimento (relaxação) característico λ, que é dado pela razão G/η (não será aqui demonstrado). Dessa forma, obtém-se a Equação (9.43).

$$\frac{G}{G^*(w)} = 1 + \frac{1}{iw\lambda} \quad (9.43)$$

Ou seja:

$$G^*(w) = G\left(\frac{iw\lambda}{1 + iw\lambda}\right) \quad (9.44)$$

Como $G^*(w) = G'(w) + iG''(w)$, é necessário separar a Equação (9.44) na parte real e na parte imaginária. Isso pode ser feito multiplicando-se e dividindo-se a Equação (9.44) por $(1 - iw\lambda)$. Lembrando que se $i^2 = -1$, obtêm-se as duas partes da função complexa:

$$G^*(w) = G\frac{(w\lambda)^2}{1 + (w\lambda)^2} + iG\frac{w\lambda}{1 + (w\lambda)^2} \quad (9.45)$$

Portanto, obtêm-se as Equações (9.46) e (9.47), que são fundamentais nos experimentos dinâmicos.

$$G'(w) = G\frac{(w\lambda)^2}{1+(w\lambda)^2} \tag{9.46}$$

$$G"(w) = G\frac{w\lambda}{1+w\lambda} \tag{9.47}$$

É interessante chamar a atenção para o fato de que, tanto no *creeping* como nas deformações oscilatórias, procura-se descrever como a relaxação decai com o tempo. Isso é o que está expresso nas Equações (9.21) (*creeping*), (9.46) e (9.47) (deformações oscilatórias). Analogamente ao usado para se descrever a relaxação nos experimentos de *creeping*, um conjunto de valores de G e λ pode ser necessário para descrever como os módulos elástico e viscoso variam com a frequência (w). Assim:

$$G'(w) = \sum_i G_i\frac{(w\lambda_i)^2}{1+(w\lambda_i)^2} \tag{9.48}$$

$$G"(w) = \sum_i G_i\frac{w\lambda_i}{1+w\lambda_i} \tag{9.49}$$

Deve-se mencionar que existe um sentido real para o módulo G". Apesar de ele integrar a parte imaginária de G^*, ele está relacionado com a dissipação de energia por ciclo de deformação, por unidade de volume.

Nas medidas reológicas, pode-se definir a viscosidade dinâmica, η^*, que pode ser obtida dos experimentos oscilatórios. Usando-se a mesma sistemática usada para G' e G", é possível mostrar que:

$$\eta' = \frac{G"}{w} \tag{9.50}$$

e que:

$$\eta" = \frac{G"}{w} \tag{9.51}$$

Note que a aparente inversão entre a descrição da parte elástica e da viscosa se deve ao fato de que, pela equação de Newton, η se relaciona com a derivada da deformação com o tempo, invertendo, assim, *seno* por *cosseno*.

A viscosidade complexa se relaciona com a parte elástica e viscosa, de acordo com a Equação (9.52).

$$|\eta^*| = (\eta'^2 + \eta''^2)^{\frac{1}{2}} = \left[\left(\frac{G''}{w}\right)^2 + \left(\frac{G'}{w}\right)^2\right]^{\frac{1}{2}} = \frac{|G^*|}{w} \tag{9.52}$$

Definidas todas as funções, é possível verificar como as G', G'' e η^* variam com a frequência, w. O comportamento de cada uma dessas funções dependerá das características reológicas do sistema investigado. No entanto, antes de se obter as curvas características de G' e G" em função da frequência (w), é preciso assegurar que o experimento será feito na região de viscoelasticidade linear. Isso significa que é necessário determinar a faixa de tensão de cisalhamento em que, ao aumentar a tensão aplicada, a deformação aumente proporcionalmente.

9.5 COMO DETERMINAR A REGIÃO DE VISCOELASTICIDADE LINEAR

A primeira etapa para se saber qual é a região de viscoelasticidade linear de um determinado sistema sob investigação consiste em realizar um experimento conhecido como *ensaio de amplitude*. Nesse ensaio, é escolhida uma certa frequência (por exemplo, de 1 Hz), e o reômetro é programado para fazer a geometria oscilar nessa frequência, mas aumentando a tensão de cisalhamento progressivamente. Digamos que, para certa amostra, a resposta da estrutura interna do sistema coloidal quando submetido à tensão progressiva pode ser representada pela Figura 9.13.

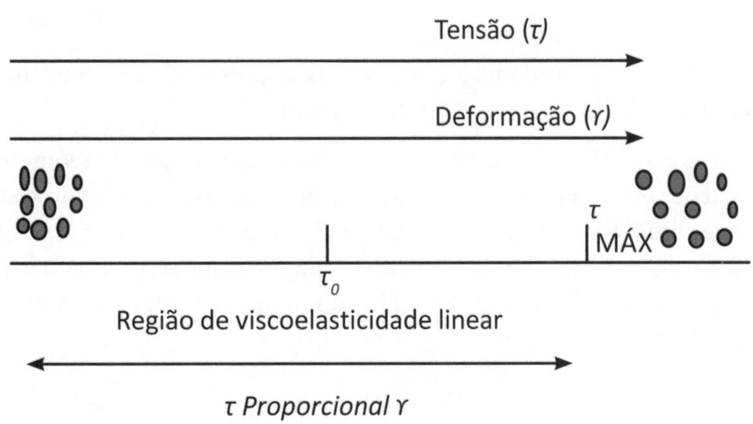

Figura 9.13 – Esquema representando a região correspondente ao comportamento da amostra no qual ela apresenta viscoelasticidade linear, isto é, a tensão, é proporcional à deformação.

Como está representado na Figura 9.13, a partir de certa tensão máxima (τ_{MAX}), a microestrutura da amostra é destruída pela tensão excessiva que foi aplicada, e o material sai da região de viscoelasticidade linear, passando a apresentar fluxo convectivo. Em outras palavras, a tensão aplicada na amostra excedeu o limite da região linear e causou deformação de grande amplitude (por esse motivo, o ensaio é chamado de *ensaio de amplitude*). Como foi mostrado anteriormente, se a deformação for pequena, haverá um único módulo (para aquela frequência) que representa a relaxação (veja Figura 9.3).

Ao se fazer o experimento de ensaio de amplitude, o reômetro registrará a dependência dos módulos (*G'* e *G"*) à medida que a tensão de cisalhamento aumenta (para a frequência que foi fixada, por exemplo, em 1 Hz). A curva típica que será observada está representada na Figura 9.14.

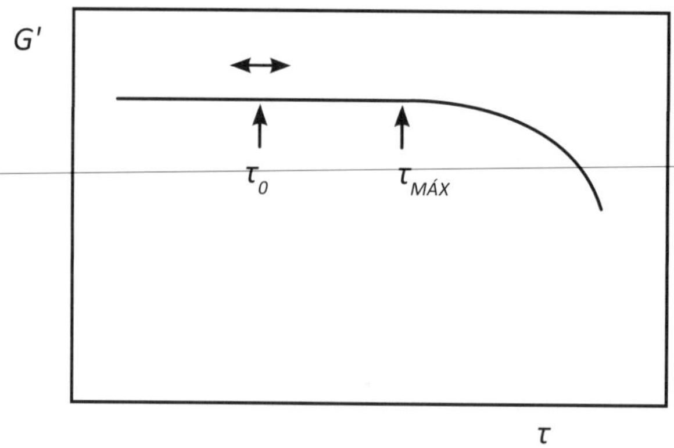

Figura 9.14 – Curva característica da variação do módulo elástico em função da tensão, representativa da região de viscoelasticidade linear da amostra.

Como pode ser observado na Figura 9.14, os valores de *G'* são constantes na região de viscoelasticidade linear (os de *G"* também são).

A próxima etapa do experimento consiste na programação do reômetro para executar oscilações em uma faixa de frequência, aplicando-se tensões ao redor do valor de τ_0, que geralmente é escolhido no meio da faixa de tensão do regime linear. Dessa forma, fica assegurado que o experimento oscilatório, que resultará no gráfico de G' e G" em função da frequência (w) foi realizado dentro da região de viscoelasticidade linear, e, portanto, $G \propto \gamma$.

9.6 REOLOGIA OSCILATÓRIA CARACTERÍSTICA PARA ALGUNS SISTEMAS

Os reogramas dinâmicos, de forma geral, contêm as curvas sobrepostas de *G'* e *G"* em função da frequência em que a geometria oscilou. Algumas vezes, a viscosidade complexa também é representada em conjunto. As curvas são características do tipo de sistema que está sendo investigado. Na Figura 9.15, está representado esquematicamente um reograma típico de como os dois módulos variam com a frequência da oscilação da geometria (consequentemente, da amostra).

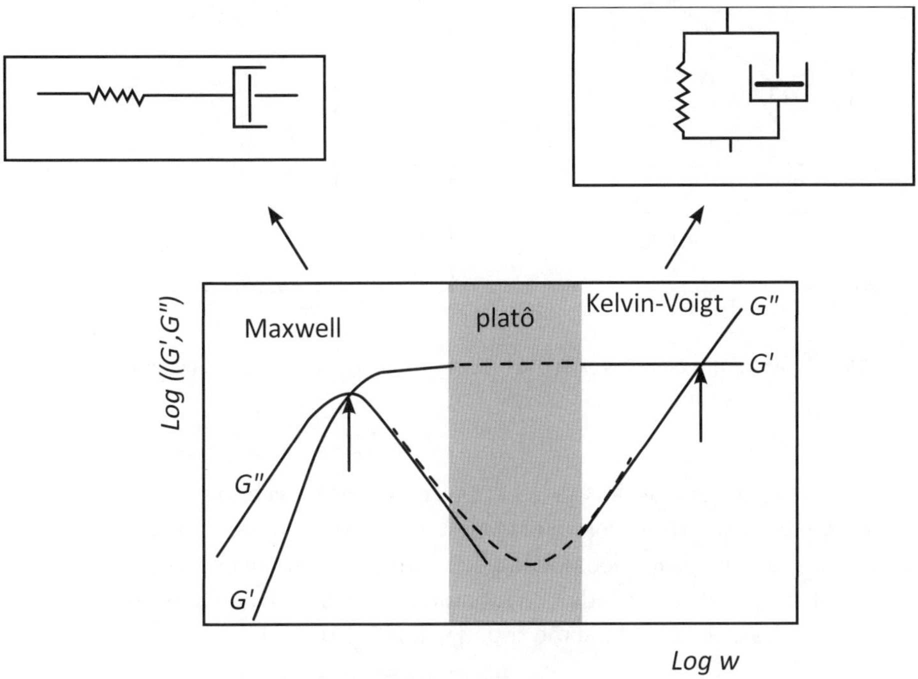

Figura 9.15 – Reograma típico representando como as variações dos módulos elástico e viscoso variam com a frequência de oscilação da geometria. As regiões de baixa e alta frequências são representadas pelos modelos de Maxwell e Kelvin-Voigt, respectivamente.

O pistão e a mola são usados para representar as respostas aos estímulos mecânicos oscilatórios. No caso do reograma apresentado na Figura 9.15, usam-se apenas um pistão e uma mola. Na região de baixas frequências, como o estímulo mecânico é aplicado lentamente (baixa frequência), os dois elementos respondem de maneira simultânea. Todavia, a contribuição do pistão é maior que a da mola, e, logo, a dissipação da energia é maior que o armazenamento (*G"* > *G'*). Essa situação é descrita pela soma das taxas de deformação dos dois elementos. Portanto, essa região se relaciona com os dois elementos combinados em série, seguindo, assim, o modelo de Maxwell.

No outro extremo, na região de alta frequência do estímulo, a resposta da mola é mais rápida que a do pistão ($G' > G''$). A tensão se divide entre os elementos posicionados em paralelo, seguindo, dessa forma, o modelo de Kelvin-Voigt.

Na Figura 9.16 estão indicadas curvas características de soluções poliméricas concentrada (9.16a) e diluída (9.16b).

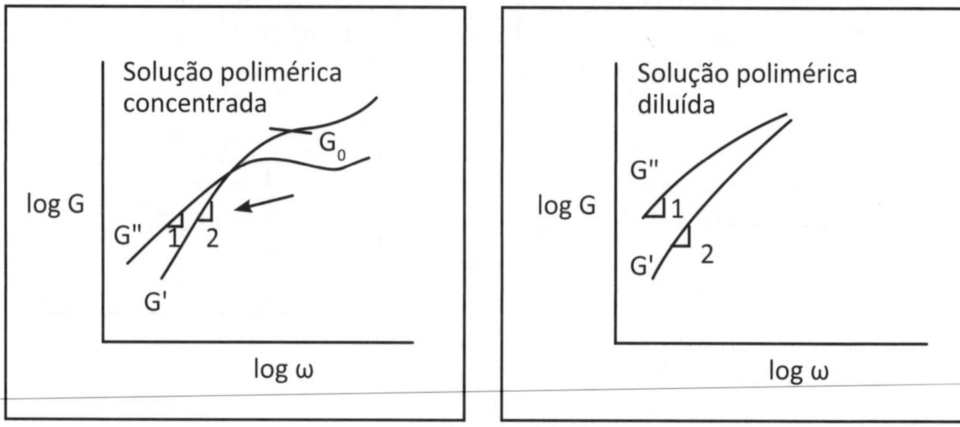

Figura 9.16 – Variações dos módulos elástico e viscoso em função da frequência para soluções poliméricas: (a) concentradas e (b) diluídas.

É possível notar que nos dois casos, em frequências mais baixas, os módulos elásticos são menores que os viscosos, mas eles aumentam proporcionalmente mais, na medida que a frequência aumenta. Uma diferença importante é a de que, no caso das soluções poliméricas concentradas, os módulos se cruzam, e isso não ocorre nas soluções diluídas. Essas tendências serão tratadas no Capítulo 11.

A viscosidade complexa, η^*, de acordo com a Equação (9.52), é obtida da combinação de G' e G''. Assim, um gráfico característico da viscosidade complexa em função da frequência de uma solução macromolecular em regime concentrado apresentará um comportamento como o mostrado na Figura 9.17.

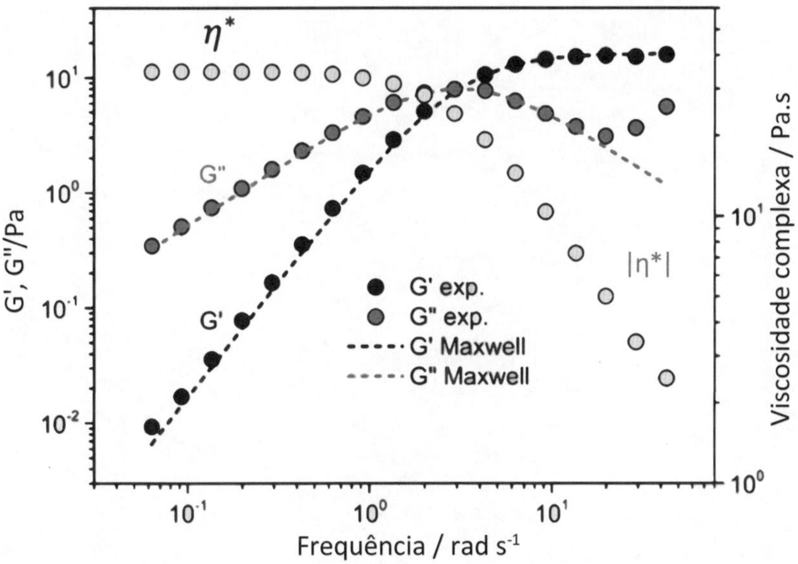

Figura 9.17 – Gráfico característico da variação dos módulos *G'*, *G"* e da viscosidade complexa em função da frequência de uma solução de micelas gigantes. As linhas tracejadas correspondem à aplicação do modelo de Maxwell.

Na Figura 9.17, os módulos foram ajustados usando-se o modelo de Maxwell (Equações 9.48 e 9.49). Como pode ser observado, o ajuste é muito bom, principalmente na região de baixa frequência. A curva da viscosidade complexa é obtida pela combinação de *G'(w)* e *G" (w)*, conforme a Equação (9.52).

CAPÍTULO 10
Reologia no regime não linear

10.1 VISCOELASTICIDADE

No Capítulo 9, foram apresentados os modelos para se descrever o comportamento reológico de fluidos dentro da região denominada linear. Neste capítulo, serão apresentados os tratamentos reológicos para sistemas dentro de regimes não lineares.

A aplicação de certas deformações a determinados sistemas pode resultar em múltiplas respostas. Dependendo das características do sistema ou das características do cisalhamento imposto, as respostas observadas podem não ser lineares, e, dessa forma, a combinação dos modelos de Hooke e Newton não descreve adequadamente o comportamento reológico observado. Parte da não linearidade da resposta (para certas condições de fluxo) deve-se à alteração na submicroestrutura do sistema. É interessante mencionar que muitos produtos e processos estão relacionados com regimes de fluxo que envolvem grandes deformações. Apesar da dificuldade em modelar as respostas reológicas no regime não linear, sua análise qualitativa é muito importante. Como mencionado por Goodwin; Hughes (2000, p. 214), " seu sistema particular é provavelmente único".

Para ilustrar essa questão, pode-se perguntar o que é mais viscoso: o mel ou a margarina? Como será apresentado, a resposta para essa pergunta não é simples, como a princípio pode parecer. A margarina não escoa do pote se ele for vertido, mas o mel, sim. Pode parecer que a margarina é mais viscosa, porém, a dificuldade de passar margarina com uma faca sobre uma torrada é muito menor do que a de esparramar o mel sobre ela. Enfim, os materiais podem se comportar de maneira diferente, dependendo da taxa de cisalhamento aplicada. Portanto, é necessário conhecer sua resposta, na medida em que o cisalhamento é imposto. Em outras palavras, obter a chamada *curva de fluxo.*

Um bom conjunto de equações foi proposto para descrever curvas de fluxo de sistemas que não respondem linearmente. Essas equações, apesar de apresentarem grande utilidade prática, não possuem interpretação (quantitativa) submicroestrutural.

Se ao cisalhar um determinado material, a sua viscosidade diminui à medida que a taxa de cisalhamento aumenta, como é o caso da margarina, ele é classificado como do tipo que afina por cisalhamento (*shear thinning*) e pode ser plástico ou pseudoplástico. Os plásticos somente escoam após certa tensão-limite ser atingida; e, se a taxa de cisalhamento é diminuída, a viscosidade aparente desses materiais é progressivamente aumentada, porém, nunca atinge um valor constante. Um bom exemplo de um material plástico é um fio metálico, que possui uma tensão-limite para começar a escoar. Um polímero fundido, como o polietileno, por outro lado, possui um comportamento pseudoplástico. Ele tem uma alta viscosidade no repouso, mas, a partir de certa taxa de cisalhamento, sofrerá um afinamento. A distinção entre um material plástico e um pseudoplástico pode ser mais bem entendida se considerarmos curvas de fluxo dos dois materiais. De fato, a distinção pode ser observada com clareza se for feita a curva log x log da tensão em função da taxa de cisalhamento.

No caso do plástico, suponha que se aplique uma tensão progressiva sobre o material. Ele se deforma linearmente à medida que a tensão aumenta (seguindo a lei de Hooke), isto é, o material responde elasticamente, sem escoar. No entanto, a partir de certa tensão-limite ele vai escoar com uma taxa de cisalhamento constante. Um pseudoplástico é um material que, ao contrário do plástico, tem sua viscosidade aparente diminuída quase que instantaneamente com o aumento da taxa de cisalhamento. A tensão varia linearmente em baixas taxas de cisalhamento e, para taxas maiores, ocorre um afinamento (diminuição da viscosidade aparente) do material. Um exemplo muito interessante de pseudoplasticidade é o ketchup, conforme mostram as curvas das Figura 10.1.

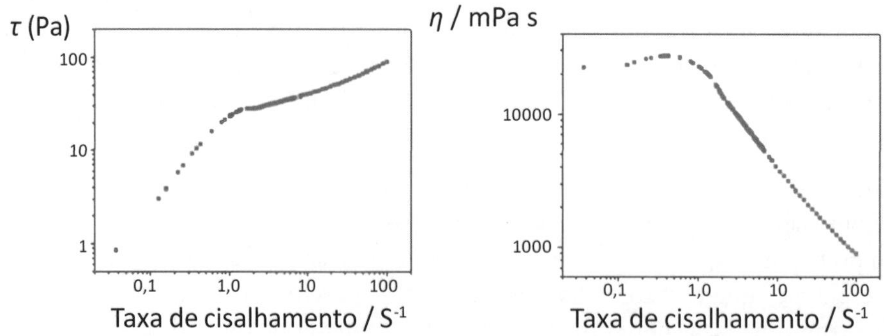

Figura 10.1 – Curvas de fluxo para um ketchup para: (esquerda) tensão, (direita) viscosidade aparente em função da taxa de cisalhamento. Note que os dois gráficos estão na escala log x log e que a viscosidade no platô newtoniano está indicada no gráfico à direita.

Observe que é possível determinar a tensão-limite (τ_y) a partir da qual o material começará a escoar. O valor de τ_y pode ser determinado pela extrapolação de quando a taxa de cisalhamento tende para zero. Observe também que, na condição de taxa de cisalhamento tendendo para zero, o ketchup apresenta certa viscosidade aparente (obtida por extrapolação), que é denominada de viscosidade no platô newtoniano, representada por η_0 (indicada pela seta).

10.2 EQUAÇÕES CONSTITUTIVAS

Algumas equações que descrevem o comportamento plástico são constituídas por dois termos, como indicado na Equações de (10.1) a (10.3). Um deles contém a tensão-limite, e o outro termo se relaciona com a viscosidade de cisalhamento.

Equação de Bingham:

$$\tau = \tau_B + \eta_{pl}\dot{\gamma} \tag{10.1}$$

Equação de Casson:

$$\tau = \left(\sqrt{\tau_C} + \sqrt{\eta_{pl}\dot{\gamma}}\right)^2 \tag{10.2}$$

Equação de Herschel-Bulkley:

$$\tau = \tau_{HB} + \left(\eta_{pl}\dot{\gamma}\right)^n \tag{10.3}$$

Os termos τ_B, τ_C e τ_{HB} estão relacionados com as tensões-limite de Binghan, Casson e Herchel-Bulkley, respectivamente, η_{pl} com a viscosidade aparente; o índice n na Equação 10.3 é conhecido por *índice de lei de potência* ou *índice de comportamento.*

Em relação aos materiais pseudoplásticos, eles podem ser descritos pela equação de Cross (Equação 10.4), que procura correlacionar a transição do regime de baixas para altas taxas de cisalhamento. Veja no diagrama da Figura 10.2 que existem dois platôs, um em baixa taxa de cisalhamento, que define a viscosidade no platô newtoniano, η_0, e outro em altas taxas, que define η_∞.

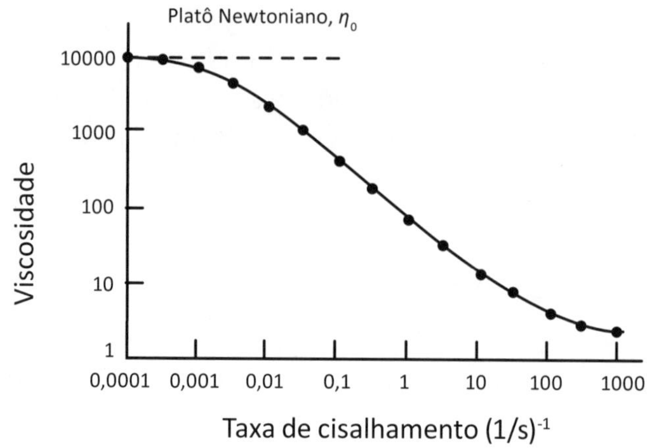

Figura 10.2 – Representação da curva de viscosidade de um material pseudoplástico, com as três regiões: o platô newtoniano, em taxa de cisalhamento tendendo para zero; a região de afinamento; e o segundo platô newtoniano, em taxa de cisalhamento tendendo ao infinito.

A equação de Cross (Equação 10.4) descreve esse comportamento:

$$\eta = \eta_\infty + \frac{\eta_0 - \eta_\infty}{1 + (C\dot{\gamma})^m} \tag{10.4}$$

C é conhecido como *constante de tempo de Cross* (ou *constante de consistência*), que possui dimensão de tempo. A recíproca de *C* fornece a taxa crítica de cisalhamento em que se inicia o processo de afinamento da amostra (*shear thinning*). O parâmetro *m* é conhecido como *constante de taxa de Cross* e está relacionado com o grau de afinamento do material, à medida que a taxa de cisalhamento aumenta. *m* é igual a zero para fluidos newtonianos e tende à unidade para fluidos em que o afinamento se intensifica. A equação de Cross é usada com sucesso para ajustar o comportamento reológico de sistemas que apresentam natureza química muito diferente, como sangue, polímeros fundidos, soluções de gomas, iogurtes etc.

A equação constitutiva mais utilizada (devido à sua simplicidade) para ajustar dados reológicos é a do modelo de lei de potência, também conhecida como *equação de Ostwald* (Equação 10.5). Veja que o modelo é praticamente o modelo de Newton, com a adição de um expoente para o termo relacionado com a taxa de cisalhamento.

$$\eta = K\dot{\gamma}^{n-1} \tag{10.5}$$

K é conhecido como *coeficiente de consistência*, e *n* é o *índice da lei de potência* que varia entre 0 e 1.

Alguns sistemas, ao contrário daqueles cujos tipos sofrem afinamento com o aumento da taxa de cisalhamento, sofrem aumento da viscosidade aparente. Eles são denominados de *dilatantes* (*shear thickening*). Esse fenômeno normalmente ocorre com dispersões concentradas, em que, a partir de determinadas taxas de cisalhamento, as partículas das formulações se movem com maior restrição imposta umas pelas outras. Uma das mais interessantes aplicações desses fluidos é em coletes à prova de balas. Com o impacto do projétil no colete, a viscosidade do material de que é feito aumenta progressivamente, reduzindo a energia cinética da bala.

10.3 HISTERESE MECÂNICA

Ao impor-se a um determinado fluido certa taxa de cisalhamento, será produzido fluxo. O estímulo mecânico pode ser feito com baixa deformação, portanto, dentro da região linear, ou com grande deformação, e nesse caso a amostra poderá apresentar afinamento (no caso de ser um sistema pseudoplástico). A tensão que seria resultante da aplicação da taxa de cisalhamento pode não ser atingida instantaneamente. Para certa taxa de cisalhamento fixa (aplicada muito rapidamente), as moléculas (partículas) que compõem o material sofrerão rearranjos de suas posições e podem:

1) opor-se ao fluxo aplicado, resultando em um progressivo aumento de viscosidade em função do tempo. Dizemos que esse processo é chamado de *antitixotrópico* (ou *reopético*);

2) rearranjar-se (minimizando a resistência ao fluxo), resultando na diminuição da viscosidade com o tempo. Esse processo é chamado de *tixotrópico*.

A Figura 10.3 mostra uma representação esquemática dos dois comportamentos: (A) antitixotrópico e (C) tixotrópico quando a amostra é submetida a certo cisalhamento. Ainda em relação à questão temporal, ao cessar o fluxo, no caso do sistema anti-tixotrópico, a viscosidade cairá com o tempo (B), enquanto no sistema com comportamento tixotrópico, a viscosidade aumentará com o tempo (D).

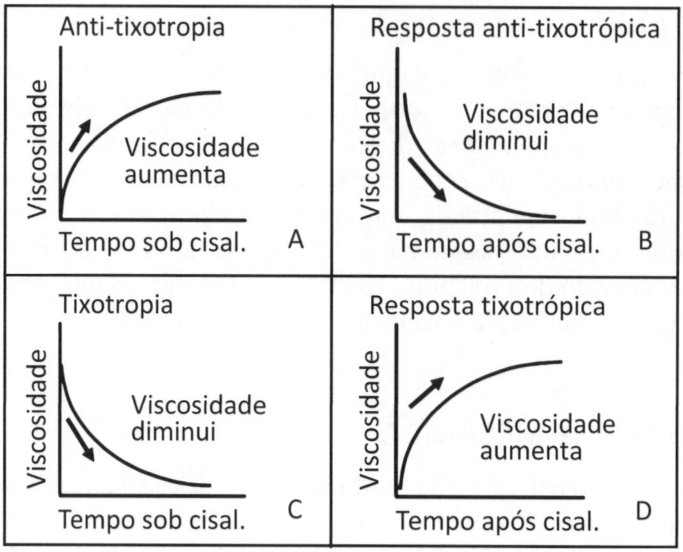

Figura 10.3 – Curvas com a variação da viscosidade de materiais que apresentam comportamento anti--tixotrópico (A) e tixotrópico (C), quando é aplicada certa taxa de cisalhamento constante por algum tempo; e as respostas anti-tixotrópica e tixotrópica, quando a aplicação da taxa de cisalhamento cess, respectivamente (B) e (D).

É interessante observar que o modelo de Maxwell (combinação em série da mola e do pistão) no regime linear é um sistema com comportamento anti-tixotrópico. Isso porque a resistência à deformação aumenta (devido à ação da mola) até que a mola fique estendida ao máximo, e somente depois é que ocorrerá o fluxo.

Uma das medidas comuns em relação à tixotropia envolve a obtenção dos ciclos (*loops* de tixotropia). Nessas medidas, que estão obviamente fora da região linear, a taxa de cisalhamento é linearmente imposta até certo valor máximo. Em seguida, a taxa é reduzida no mesmo intervalo de tempo. A resposta obtida na ida e na volta pode gerar um ciclo como o mostrado na Figura 10.4.

Figura 10.4 – representação de um *loop* de tixotropia.

A área da figura é uma medida do grau de tixotropia da amostra (histerese). A magnitude da variação da tensão na ida e na volta dependerá das taxas que fazem com que as estruturas que compõem o material se quebrem e reformem-se. Desse modo, se o experimento de ida e volta for realizado em longos períodos, de forma que seja o mais próximo da condição de equilíbrio, a tendência será de desaparecimento do *loop*.

Um dos exemplos mais interessantes sobre a tixotropia está relacionado com as tintas mobiliárias (veja uma discussão no Capítulo 16).

10.4 REGRA DE COX-MERZ

A Regra de Cox-Merz faz uma correlação empírica entre a viscosidade complexa, η^* (obtida no regime linear), e a viscosidade de cisalhamento, η. Se o gráfico da viscosidade complexa (veja Figura 9.17) for comparado com o da viscosidade de cisalhamento para um sistema pseudoplástico (Figura 10.2), pode-se notar certa similaridade das curvas. A regra se aplica razoavelmente bem para muitos casos, como soluções de homopolímeros concentrados. É interessante notar que, nos limites dos regimes lineares e não lineares, nos quais respectivamente a frequência e a taxa de cisalhamento tendem para zero, respectivamente $w \rightarrow 0$ e $\dot{\gamma} \rightarrow 0$, os valores das respectivas viscosidades se igualam, ou seja: $\eta^*(w \rightarrow 0) = \eta$ ($\dot{\gamma} \rightarrow 0$, portanto, $\eta = \eta_0$). Esse comportamento pode ser observado nos gráficos superpostos apresentados na Figura 10.5, para uma solução de micelas gigantes, em que a regra de Cox-Merz é válida.

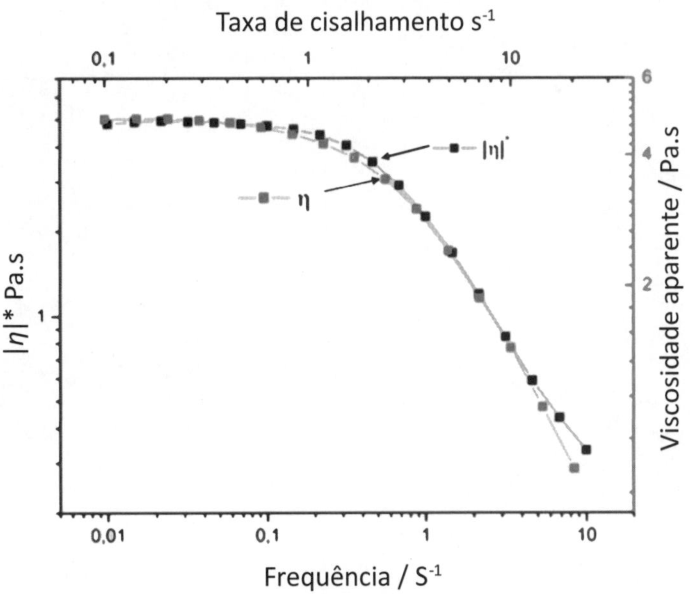

Figura 10.5 – Gráficos superpostos das viscosidades complexa e de cisalhamento em função da frequência (taxa de cisalhamento) para uma solução de micelas gigantes.

A respeito da boa correlação entre as duas curvas, deve ser salientado que $\eta^*(w)$ é medido dentro da região de viscoelasticidade linear e que, portanto, apresenta modelos matemáticos para descrever o comportamento. Por outro lado, $\eta(\dot{\gamma})$ trata-se de uma resposta reológica determinada no regime de viscoelasticidade não linear.

CAPÍTULO 11

Reologia de polímeros em solução

Os sistemas constituídos por soluções poliméricas são, certamente, os mais estudados em reologia e ajudaram muito no desenvolvimento dos modelos reológicos.

À medida que uma solução polimérica tem sua concentração aumentada, as respostas reológicas mudam de forma significativa e vão definir os regimes de concentração. Cada um dos regimes de concentração (diluído, semidiluído e concentrado) apresenta características únicas e precisa ser tratado separadamente.

11.1 SOLUÇÕES POLIMÉRICAS DILUÍDAS

O ponto de partida para tratar da viscosidade de soluções poliméricas diluídas pode ser o modelo de Einstein, que descreve a viscosidade de suspensões de esferas rígidas em um dado solvente. As partículas rígidas produzem efeitos hidrodinâmicos que resultam no aumento da viscosidade, como indicado na Figura 11.1A.

A  B 

Figura 11.1 – Interação hidrodinâmica do solvente em (A) uma partícula esférica rígida e em (B) uma partícula polimérica.

A viscosidade da dispersão de partículas rígidas é descrita pela Equação (11.1):

$$\frac{\eta - \eta_s}{\eta_s} = 2{,}5\phi \tag{11.1}$$

Em que η_s é a viscosidade do solvente e ϕ é a fração volumétrica da fase dispersa. Considerando que, em vez de esferas rígidas, tenham-se novelos poliméricos, como representados na Figura 11.1B (caracterizados pelo seu raio de giro), a Equação (11.1) pode ser reescrita como:

$$\frac{\eta - \eta_s}{\eta_s} = 2{,}5\left(\frac{n_2}{V}\right)V_{esf} \tag{11.2}$$

Na Equação (11.2), n_2 é o número de moléculas de polímero em certo volume V; V_{esf} é o volume do polímero, assumindo que ele é esférico. As relações entre a concentração c, o número de Avogadro N_A e a massa molar do polímero, M, relacionam-se com n_2 e V, por meio da Equação (11.3).

$$\frac{n_2}{V} = \frac{cN_A}{M} \tag{11.3}$$

Para correlacionar V_{esf} com alguma dimensão do polímero, pode-se usar a distância média ponta a ponta $\langle R^2 \rangle$:

$$\left(V_{esf}\right)_{novelo} = k_1(\langle R^2 \rangle_0)^{\frac{3}{2}} \tag{11.4}$$

Em que k_1 é uma constante. Combinando-se as Equações (11.2), (11.3) e (11.4), obtém-se a Equação (11.5).

$$\frac{\eta - \eta_s}{\eta_s c} = [\eta] = \frac{2{,}5k_1N_A(\langle R^2 \rangle_0)^{\frac{3}{2}}}{M} \tag{11.5}$$

Em que $[\eta]$ é a viscosidade intrínseca da solução, expressa em decilitros por grama. O valor de $[\eta]$ é obtido pela extrapolação da reta do gráfico referente à viscosidade reduzida (η/c) em função de c, quando c tende a zero. As constantes k_1 e N_A podem ser agrupadas na constante Φ, resultando na equação de Flory-Fox (Equação 11.6).

$$[\eta] = \frac{\Phi(\langle R^2 \rangle_0)^{\frac{3}{2}}}{M} = \frac{6^{\frac{3}{2}} \Phi R_g^3}{M} \quad (11.6)$$

O valor de Φ foi determinado experimentalmente, sendo Φ = 2,1 x10^{21} se a massa molar é expressa em gramas por mol, e a distância, em centímetros.

É possível mostrar que:

$\langle R^2 \rangle_0 \propto M$ e, assim, de acordo com a Equação (11.6), $[\eta] \propto M^{\frac{1}{2}}$. Isso é obedecido quando a solução polimérica está na condição Θ (como visto no Capítulo 2). Ou seja, o novelo polimérico encontra-se bastante compactado, na forma aproximada de uma esfera. Essa condição é representada pela Equação (11.7).

$$R_{g,\theta}^3 = \frac{M[\eta]_\theta}{6^{\frac{3}{2}}\,(2{,}1\ 10^{21})} \quad (11.7)$$

Fora da condição θ, existe uma relação empírica entre a viscosidade intrínseca, $[\eta]$, e *M*, conhecida como equação de Mark-Houwink-Sakurada (Equação 11.8). Essa equação é bastante utilizada para determinar a massa molar de um polímero.

$$[\eta] = kM^a \quad (11.8)$$

Sendo que *k* e *a* são constantes características do par polímero-solvente, em que *a* varia entre 0,5 e 0,8. Os valores de *k* e *a*, para muitos polímeros e em diferentes solventes, podem ser encontrados no *Polymer Handbook* (Brandup; Immergut; Grulke, 1999).

Fora da condição Θ, o novelo polimérico pode estar expandido por um fator α, que está relacionado com as viscosidades intrínsecas do polímero na condição Θ e fora dela (Equação 11.9).

$$\alpha^3 = \frac{[\eta]}{[\eta]_\theta} \quad (11.9)$$

Com o fator de expansão determinado, é possível estimar o raio de giro do polímero fora da condição Θ.

Como exemplo, veja o caso do poli(óxido de etileno), PEO, de massa molar 4 x 10^6 g mol^{-1} em água (bom solvente) e em um solvente θ (solução de K_2SO_4 0,5 mol L^{-1}), apresentado na Figura 11.2.

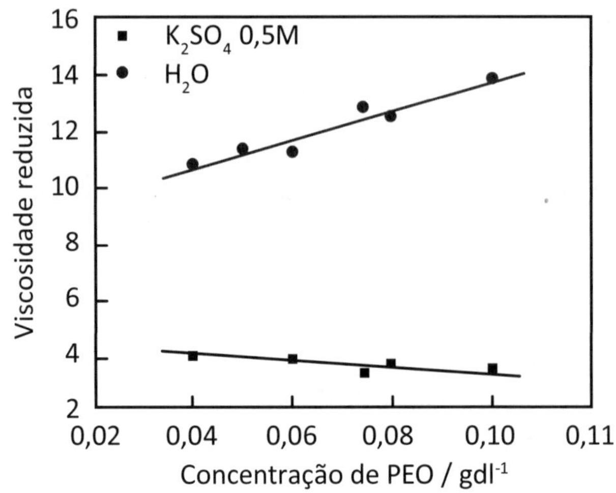

Figura 11.2 – Viscosidade reduzida de soluções aquosas de PEO (4 x 10^6 g mol^{-1}) e de PEO em solução de K_2SO_4 0,5 mol L^{-1}.

Os valores de viscosidade intrínseca para o PEO em solução de K_2SO_4 e em água, obtidos das extrapolações das retas quando as concentrações tendem a zero (coeficiente linear da reta), são, nesse caso, respectivamente 4,5 e 8,5 e dL g^{-1}. Assim, de acordo com a Equação (11.7), o raio de giro do PEO na condição Θ é de 83 nm. Usando-se a Equação (11.9), pode-se determinar o fator de expansão do PEO quando em água pura. O raio de giro nesse solvente, então, pode ser determinado, sendo obtido o valor de 103 nm.

Em baixas concentrações, os polímeros apresentam respostas viscoelásticas que estão relacionadas com a combinação de efeitos hidrodinâmicos e elásticos (entrópicos). Em estado quiescente, a cadeia polimérica está em constante movimento, mas sua configuração média é determinada pela condição de máxima entropia (veja Seção 2.3). A cadeia polimérica pode ser representada por um conjunto de bolas conectadas por molas. As bolas representam as interações hidrodinâmicas - portanto, as forças viscosas -, enquanto as molas estão associadas com as forças elásticas. Nesse modelo, certa porção da cadeia polimérica é chamada de *submolécula*, sendo representada por uma bola conectada com uma mola. De acordo com o modelo, é esperado que grandes mudanças na conformação de vários segmentos da cadeia polimérica sejam altamente cooperativas e, logo, que sejam lentos em relação a movimentos curtos da cadeia (menos cooperativos). Haverá, desse modo, um espectro de movimentos com seus respectivos tempos característicos. Para soluções poliméricas diluídas dentro do regime de viscoelasticidade linear, tanto as relaxações lentas como as mais rápidas podem ser representadas pelo modelo da bola e da mola.

Em 1953, Rouse desenvolveu um modelo para descrever o comportamento reológico de uma solução polimérica diluída. Ele considerou que cada unidade monomérica apresenta um *coeficiente de arraste*, ζ_0, relacionado com sua fricção com o solvente. Então, para x unidades monoméricas, o coeficiente de arraste total será: $x\zeta_0$.

Se a solução é cisalhada, a cadeia polimérica se deformará, e, como consequência, sua entropia diminuirá. O equilíbrio é posteriormente atingido pelo relaxamento da cadeia devido ao movimento browniano.

Para uma cadeia que apresenta N submoléculas, Rouse considerou que o movimento de uma bola da cadeia não afetará o movimento de outra bola vizinha. Isso significa que apenas a resistência friccional da bola com o solvente influencia o seu próprio movimento. Outro modelo proposto por Zimm, em 1956, considerou a influência hidrodinâmica de uma bola com sua vizinhança.

De acordo com o modelo de Rouse, a macromolécula, após estirar, devido ao cisalhamento imposto à solução, pode relaxar de vários modos (cada um designado por i).

Uma analogia com os modos de relaxação da cadeia pode ser feita considerando-se uma ola realizada pela torcida em um campo de futebol, como apresentado na Figura 11.3.

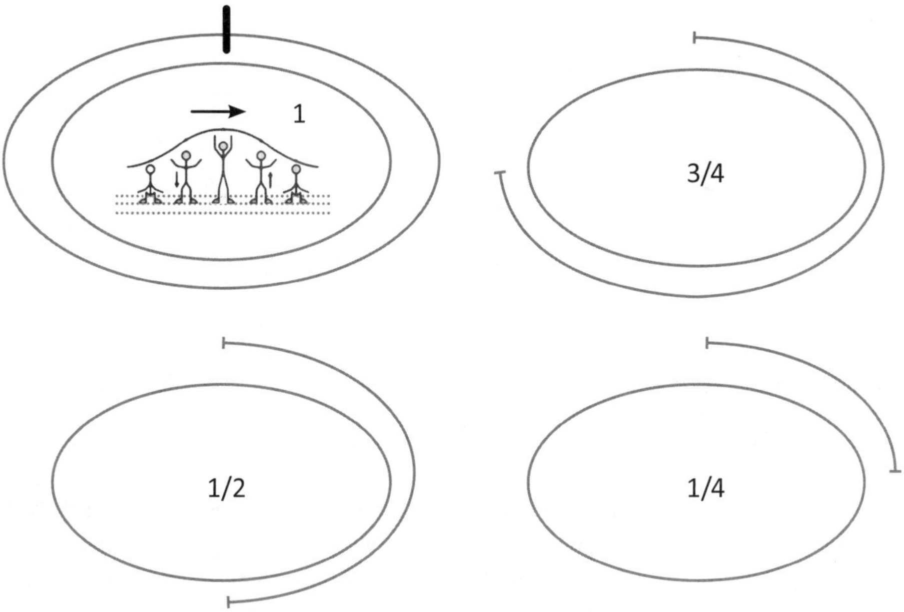

Figura 11.3 – Esquema representando uma ola performada pela torcida que está distribuída em todo o estádio (representado pela forma oval). A ola pode se iniciar em um ponto do estádio e seguir por ele, dando a volta completa representado em 1, ou de forma parcial (percorrendo apenas partes do estádio), no caso: 3/4, 1/2 e 1/4 do estádio.

Olas maiores (que percorrem maiores extensões do estádio) exigirão processos mais cooperativos entre os torcedores para serem realizadas. Portanto, para se fazer a volta completa, será exigido maior tempo. No entanto, se a ola for performada por apenas uma parte do estádio (processo menos cooperativo), menor tempo será requerido.

A analogia, agora, pode ser feita para os movimentos da cadeia de um polímero em solução. O movimento das partes da cadeia podem ser mais ou menos cooperativos. Para $i = 0$, a situação mais cooperativa de todas é manifesta. O movimento das partes é tão cooperativo que resultará no movimento das submoléculas em uma direção particular. Esse modo corresponde ao movimento de difusão da cadeia, como indicado na Figura 11.4. Tal processo requer mais tempo para ser executado. No entanto, movimentos mais curtos da cadeia polimérica exigirão menores tempos.

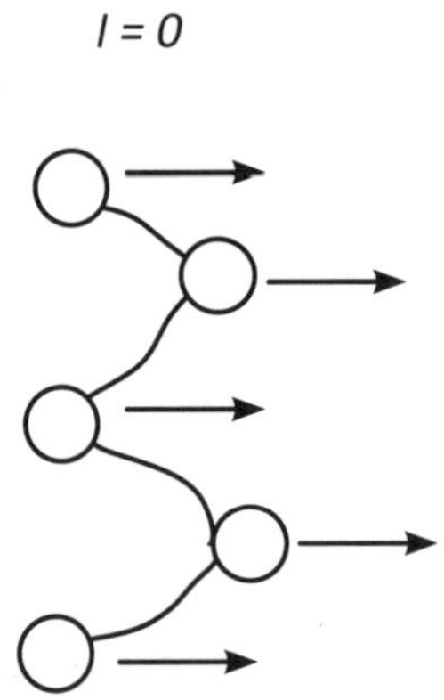

Figura 11.4 – Movimento das submoléculas para $i = 0$, de acordo com o modelo de Rouse. O número de modos de relaxação está ligado com o número de submoléculas. Valores pequenos de i estão relacionados com a relaxação cooperativa de um grande número de submoléculas.

Em um ensaio reológico, mede-se a viscosidade da solução polimérica em função da frequência do estímulo mecânico aplicado. Movimentos de grandes amplitudes das cadeias relacionam-se necessariamente com baixas frequências (ou longos períodos). À medida que a frequência do estímulo aumenta, a excitação mecânica estará relacionada com segmentos mais curtos da cadeia polimérica.

O gráfico da Figura 11.5 é bastante ilustrativo para relacionar como os diferentes modos cooperativos contribuem para a viscosidade da solução em diferentes frequências nas quais o estímulo é aplicado.

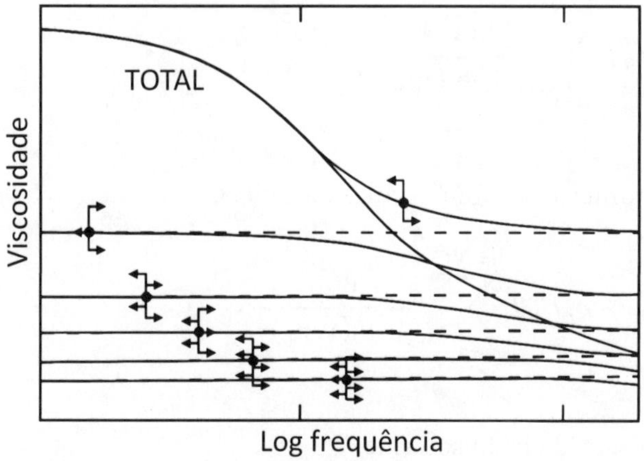

Figura 11.5 – Correlação entre os modos de relaxação da cadeia polimérica e a contribuição para a viscosidade da solução polimérica. O modo mais cooperativo (de rotação da cadeia) está em destaque.

De acordo com a Figura 11.5, nota-se que em baixas frequências os movimentos dos segmentos são mais cooperativos e contribuem mais para a viscosidade total. Veja que o movimento de rotação da cadeia é o mais cooperativo, o que causa maior resistência ao movimento e, portanto, o que mais contribui para a viscosidade (principalmente em baixas frequências). À medida que a frequência aumenta, os modos menos cooperativos passam a ser mais dominantes.

Todos os modos de relaxação apresentam tempos característicos. Os mais longos (que envolvem mais submoléculas) estão relacionados com valores pequenos de *i*. Todo o conjunto de tempos de relaxação gera um espectro mecânico. Como visto anteriormente, a dependência do módulo *G* com o tempo, *G(t)*, pode ser escrita pelo modelo de Maxwell. Assim, se considerarmos que certa solução contém uma densidade de cadeias poliméricas ρ_c (número de cadeias por unidade de volume) e a energia térmica é $k_B T$, o módulo *G(t)* varia com o tempo, de acordo com a Equação (11.10):

$$G(t) = \rho_c k_B T \sum_{i=1}^{i=N} e^{-\frac{t}{\lambda}} \tag{11.10}$$

Se forem desenvolvidos experimentos oscilatórios e de baixa deformação com frequência *w*, os módulos *G'* e *G"* podem ser escritos de acordo com as Equações (11.11) e (11.12), respectivamente.

$$G'(w) = \rho_c k_B T \sum_{i=1}^{i=N} \frac{(w\lambda_i)^2}{1 + (w\lambda_i)^2} \tag{11.11}$$

Em que N é o número de submoléculas da cadeia.

$$G"(w) = \eta_s w + \rho_c k_B T \sum_{i=1}^{i=N} \frac{w\lambda_i}{1 + (w\lambda_i)^2} \tag{11.12}$$

Em que η_s é a viscosidade do solvente.

Uma vez que: $\eta' = G''/ w$, dividindo-se G'' por w, obtém-se a Equação (11.3).

$$\eta'(w) = \eta_s + \rho_c k_B T \sum_{i=1}^{i=N} \frac{\lambda_i}{1 + (w\lambda_i)^2} \tag{11.13}$$

Rouse mostrou que o tempo de relaxação do *i*-ésimo modo é descrito pela Equação (11.14).

$$\lambda_i = \frac{b^2 f_o}{24\, k_B\, T\, sen\left(\dfrac{i\pi}{2(N+1)}\right)} \tag{11.14}$$

sendo f_0 a força de fricção com o solvente da submolécula de comprimento b e que $\lambda i = 1, 2, 3, \ldots N$. Cada modo contribuirá para a viscosidade em determinada frequência investigada. O mais longo tempo de relaxação, relativo a $\lambda_i = 1$, envolve o movimento mais cooperativo da cadeia polimérica, como indicado na Equação (11.15).

$$\lambda_1 = \frac{b^2 f_o}{24\, k_B\, T\, sen\left(\dfrac{i\pi}{2(N+1)}\right)} \tag{11.15}$$

Para correlacionar o modelo descrito até esse ponto com dados experimentais, pode-se considerar a situação em que a frequência com que a solução polimérica recebe o estímulo mecânico seja virtualmente igual a zero ($w = 0$). Nessa condição, a Equação (11.13) é reescrita considerando-se que $\eta' = (w = 0)$, e que w' é muito pequena. Nesse caso, $(w\lambda i)^2$ tende a zero. ρ_c pode ser escrito em unidades de concentração (g cm^{-3}). Com base nessas considerações, obtém-se a Equação (11.16).

$$\frac{\eta_0 - \eta_s}{c} \cong \frac{N_A\, 10^6}{M} k_B T \sum_{i=1}^{i=N} \lambda_i \tag{11.16}$$

Se a solução está muito diluída, a Equação 11.16 pode ser reescrita em termos da viscosidade intrínseca. No entanto, para isso, precisamos dividir os dois lados da Equação pela viscosidade do solvente, η_s, gerando a Equação (11.17).

$$[\eta] = \frac{\left(\frac{\eta_0}{\eta_S} - 1\right)}{c} \cong \frac{N_A\, 10^6}{M\, \eta_S} k_B T \sum_{i=1}^{i=N} \lambda_i \tag{11.17}$$

À medida que *i* aumenta, os tempos de relaxação vão ficando mais próximos.

Assim, se for limitada a contribuição para os movimentos, tal que $i < N/5$ (portanto, limitando para movimentos da cadeia correspondentes à quinta parte do número de submoléculas), obtém-se, a partir da Equação (11.14), uma expressão mais simples para λ_i (Equação 11.18).

$$\lambda_i = \frac{b^2 N^2 f_0}{6\pi^2 i^2 k_B T} \tag{11.18}$$

Substituindo-se agora λi na Equação (11.17), obtém-se a Equação (11.19).

$$[\eta] \cong \frac{N_A\, 10^6}{M\, \eta_0} k_B T \sum_{i=1}^{i=N} \lambda_i \tag{11.19}$$

Finalmente, a Equação (11.19) pode ser rearranjada para a Equação (11.20).

$$\lambda_i = \frac{6[\eta] 10^{-6} \eta_0 M}{\pi^2 i^2 N_A k_B T} \quad para\ i < N/5 \tag{11.20}$$

A Equação (11.20) mostra que, conhecendo-se a viscosidade intrínseca de um polímero de massa molar *M*, em uma solução com solvente de viscosidade η_s, pode-se saber os tempos de relaxação para os movimentos coordenados de longos segmentos da cadeia polimérica. Assim, no caso do PEO discutido anteriormente (Figura 11.2), os valores de λ para os mais longos tempos de relaxação, correspondentes a $i = 1$, seriam 2,1 e 1,1 milisegundos, para o polímero em água e em solução de K_2SO_4, respectivamente.

Com a Equação (11.20), é possível obter os valores de *G'* e *G"* nas várias frequências, *w* (usando-se as Equações 11.11 e 11.12), prevendo-se, assim, o comportamento reológico esperado para uma solução polimérica, de acordo com o modelo de Rouse.

O gráfico característico, baseado no modelo de Rouse, está apresentado na Figura 11.6, à direita. Ao considerarem-se os efeitos hidrodinâmicos que uma submolécula produz em outra, o modelo de Zimm corrige o modelo de Rouse na região de mais alta frequência, na qual esses efeitos se tornam mais relevantes (Figura 11.6, à esquerda).

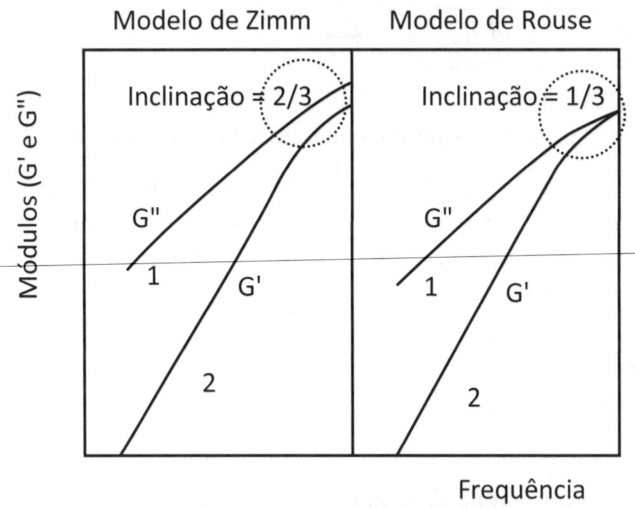

Figura 11.6 – Previsão dos módulos elástico e viscoso para uma solução polimérica, de acordo com os Modelos de Zimm (à esquerda) e de Rouse (à direita).

É interessante observar que a razão das inclinações das curvas de *G'(w)* e *G"(w)*, de acordo com os dois modelos, é: *G'(w)/G"(w)* = 2/1.

A diferença entre os dois modelos aparece quando a frequência (*w*) excede a recíproca de λ_1 (correspondente ao modo para *i* = 1). De acordo com o modelo de Rouse, o módulo de perda varia com $G^{1/2}$, e, de acordo com o Modelo de Zimm, com $G^{2/3}$.

O modelo de Rouse foi o primeiro modelo molecular que usou a distribuição dos tempos de relaxação. Ele falha na descrição de *G"* em frequências mais altas, mas é corrigido pelo modelo de Zimm. Veja na Figura 11.7 como o modelo de Zimm é muito bom para descrever o comportamento reológico de poliestireno em tolueno.

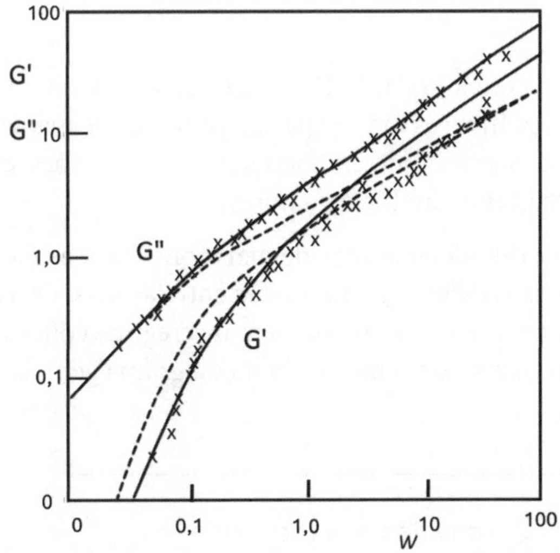

Figura 11.7 – Variação dos módulos elástico e viscoso em função da frequência (escalas adimensionais) para poliestireno de diferentes massas moleculares (associados com os diferentes tipos de pontos) em tolueno. As linhas representam os ajustes de acordo com os modelos de Zimm (linha sólida) e de Rouse (linha pontilhada). Adaptada com a permissão de Harrison; Lamb; Matheson (1964).

11.2 SOLUÇÕES POLIMÉRICAS NÃO DILUÍDAS

Como mostrado, a viscosidade intrínseca de uma solução polimérica está relacionada com uma solução infinitamente diluída. À medida que a concentração polimérica aumenta, a viscosidade pode ser descrita por uma expansão polinomial (Equação 11.21).

$$\eta = \eta_S(1 + [\eta]c + k'[\eta]^2c^2 + \cdots) \quad (11.21)$$

Nessa equação, o termo $[\eta]^2k'$ é conhecido por *constante de Huggins*, e, experimentalmente, é observado que k' é independente da massa molar do polímero e que varia entre os valores entre 0,30 e 0,40, para bons solventes, e entre 0,50 e 0,80, para solventes Θ.

A partir de certa concentração, as cadeias poliméricas começam a sofrer interpenetração, e grandes variações nas propriedades reológicas são observadas ao entrar nesse regime. Diz-se que o regime passa a ser, então, o *semidiluído*. A Equação (11.22) é utilizada para estimar a concentração (c^*) em que os entrelaçamentos começam a ocorrer.

$$c^*[\eta] = 1 \tag{11.22}$$

Note que, de acordo com a Equação (11.7), a viscosidade intrínseca está relacionada com R_g^3 e, portanto, polímeros mais expandidos (ou os de massas molares maiores) devem entrar no regime semidiluído em menores concentrações, em relação aos mais compactados (ou os de massas molares menores).

Ao sair-se do regime diluído, não se pode mais considerar as moléculas poliméricas isoladas, uma vez que as cadeias passam a estar entrelaçadas. Os entrelaçamentos aumentam com a concentração do polímero, e, em um regime concentrado, o módulo de relaxação varia com o tempo, como mostrado no diagrama genérico da Figura 11.8.

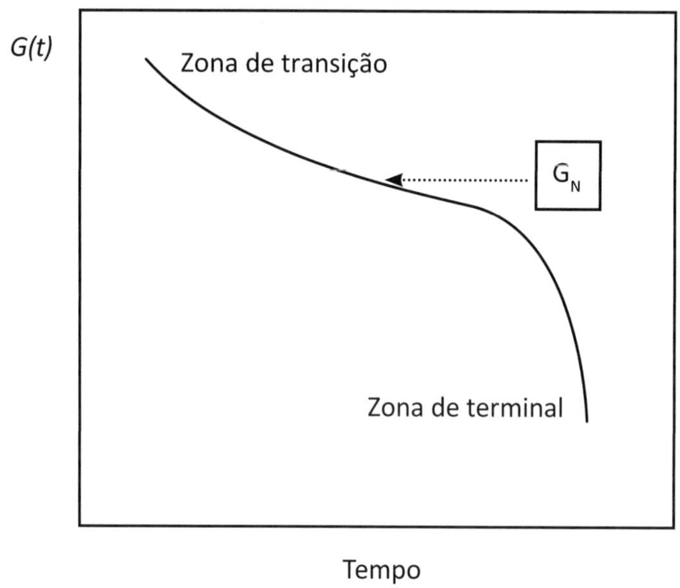

Figura 11.8 – Variação do módulo de relaxação com o tempo para uma solução polimérica concentrada, em que são indicadas as três regiões características.

No diagrama da Figura 11.8, está representado G em função do tempo (que é proporcional à recíproca da frequência, $1/w$), podendo-se distinguir três regiões distintas. Em tempos curtos (altas frequências), o módulo de relaxação decresce com inclinação = -0,5. Essa região é chamada de *zona de transição*. De forma surpreendente, apesar da alta concentração polimérica, essa região pode ser tratada usando-se o modelo de Rouse. Isso é possível, pois, como a quantidade de solvente é pequena, as interações hidrodinâmicas das partes da cadeia polimérica com o solvente podem ser desconsideradas. Assim, para altas concentrações e na região de alta frequência, os movimentos das partes da cadeia assemelham-se aos da cadeia polimérica em regime diluído. Diz-se que ocorrem movimentos *rouseanos*. A região de relaxação rouseana antecede a região do platô, que aparece em regiões de frequências intermediárias. Essa segunda região está diretamente relacionada com os entrelaçamentos das cadeias poliméricas. O platô define um módulo característico, que será designado por G_N.

Com os entrelaçamentos, haverá pontos de contato em toda a extensão da solução. Assim, estatisticamente define-se uma extensão média na qual parte da cadeia está "livre". Essa extensão corresponde a certa massa molar média (veja Figura 11.9), que será designada por M_e (o subíndice *e* foi usado para indicar entrelaçamento).

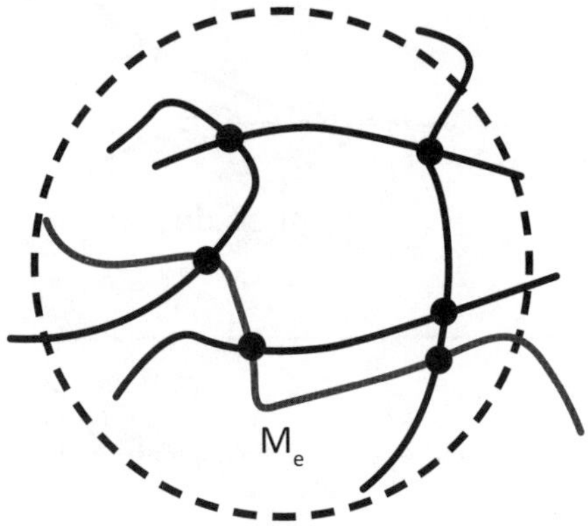

Figura 11.9 – Esquema indicando o emaranhamento das cadeias poliméricas. Os pontos de contato definem a massa molar média M_e.

Os pontos de entrelaçamento permitem que o sistema armazene a energia do cisalhamento por algum tempo (armazenamento elástico), pois eles restringem o livre deslizamento das cadeias poliméricas. Haverá certo número desses pontos, que são caracterizados por certa densidade de entrelaçamentos ρ_e, que se relaciona com a massa molar do polímero (M) e com M_e, de acordo com a Equação (11.23).

$$\rho_e \propto \frac{M}{M_e}, \tag{11.23}$$

sendo que o módulo G_N é qualitativamente descrito pela Equação (11.24).

$$G_N = \rho_e k_B T = \rho_c \left(\frac{M}{M_e}\right) k_B T \tag{11.24}$$

A terceira região do diagrama da Figura 11.7, que aparece em tempos longos (baixa frequência), indica que os entrelaçamentos das cadeias (que resultaram no platô) tornam mais lenta a relaxação nessa região. Isso se deve às restrições espaciais impostas pelas cadeias vizinhas. Essa terceira região é denominada de *região terminal*. Os efeitos de restrições produzem resultados que, até recentemente, não eram explicados. Por exemplo, se fossem feitos experimentos para medir o coeficiente de difusão de segmentos do polímero nesse regime de concentração, seria esperado que o coeficiente de difusão diminuísse à medida que a concentração aumentasse. No entanto, é observado o comportamento oposto, como mostrado no diagrama genérico da Figura 11.10.

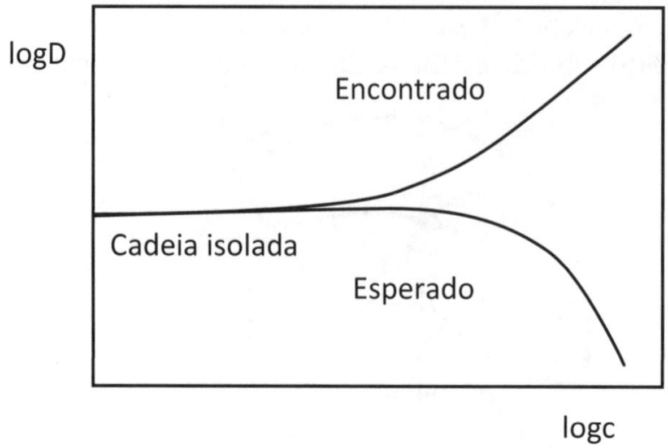

Figura 11.10 – Gráfico genérico dos coeficientes de difusão, o esperado e o encontrado, à medida que a concentração do polímero aumenta.

Seria esperado que, com o aumento da concentração, houvesse maior número de entrelaçamentos, que resultariam na restrição dos movimentos e, consequentemente, na diminuição do coeficiente de difusão. No entanto, à medida que a concentração aumenta, o coeficiente de difusão aumenta ainda mais. A explicação para esse resultado aparentemente anômalo está relacionada ao aumento dos movimentos cooperativos dos segmentos que permanecem livres entre os dois pontos de entrelaçamento (Figura 11.11).

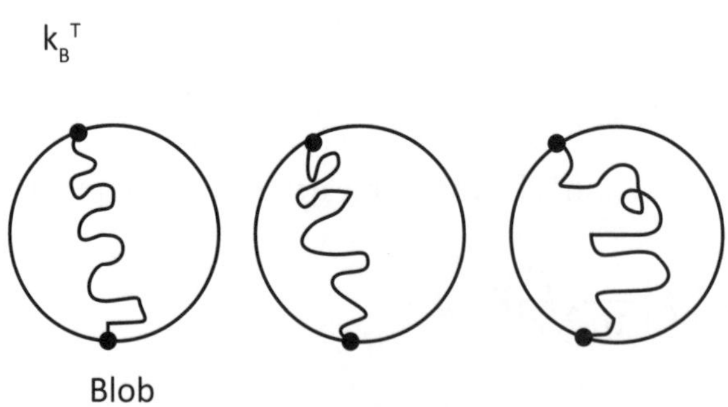

Figura 11.11 – Modelo do *blob*, usado para explicar o aumento do coeficiente de difusão para soluções poliméricas mais concentradas (que se encontram em determinada temperatura T). Os pontos de interconexão estão indicados nos círculos. Note que suas posições não mudam muito com o tempo, enquanto o pedaço da cadeia dentro do *blob* já se rearranjou bastante.

Conforme representado na Figura 11.11, os segmentos poliméricos que ficaram restritos pelos pontos de entrelaçamento (no interior do *blob*) se movimentam mais intensamente (em relação ao que seria esperado para toda a cadeia) e sem praticamente mudar os pontos de interconexão. Esse exemplo mostra a relativa complexidade para se descreverem as situações nas quais as cadeias encontram-se entrelaçadas. O comportamento reológico observado na região de viscoelasticidade linear para soluções poliméricas concentradas era difícil de ser descrito até a década de 1970. O vencedor do Prêmio Nobel de Física Pierre-Gilles de Gennes utilizou o conceito de escalonamento para descrever a dinâmica dos sistemas poliméricos nesta situação.

Para descrever como os módulos de relaxação para soluções poliméricas concentradas e polímeros fundidos variam com a frequência, de Gennes introduziu o modelo de *reptação*. De acordo com o modelo, uma cadeia que se encontra emaranhada com outras cadeias segue um caminho tortuoso, que é fundamentalmente definido pelas cadeias vizinhas. O processo se assemelha ao indicado na Figura 11.11, na qual os pontos de contato entre as cadeias restringem o movimento em determinadas direções. Considere, então, que a malha polimérica foi "congelada" e que nos guiaremos pelo movimento de uma cadeia polimérica específica, que será designada por *cadeia de referência*. Conforme apresentado na Figura 11.12, os pontos de contato das cadeias vizinhas serão representados pelos "x" indicados na Figura.

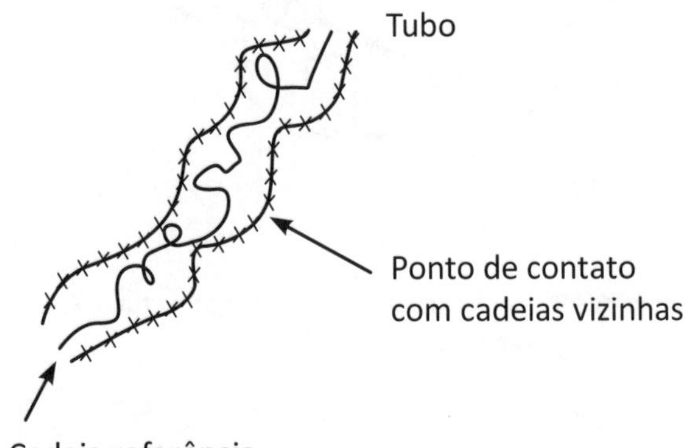

Figura 11.12 – Representação da cadeia polimérica usada como referência e seus pontos de contato (representados por x) com outras cadeias vizinhas.

A cadeia de referência está presa dentro de um tubo que possui certo diâmetro. Na verdade, pode-se dizer que existe um tubo para cada cadeia do sistema. A partir desse modelo, de Gennes fez algumas considerações:

1) Para períodos curtos (como indicado na Figura 11.13), a cadeia referência se agita dentro do tubo, como se estivesse no interior de um *blob* (região da zona de transição da Figura 11.8);

2) Para um tempo um pouco maior (região do platô indicado na Figura 11.8), a cadeia pode se mover através do tubo. O tubo, nesse intervalo de tempo, não se move, devido às várias restrições impostas pelas cadeias vizinhas (como indicado na Figura 11.11).

3) A cabeça da cadeia do polímero pode explorar outras direções. Ela pode andar para frente ao mesmo tempo que a outra extremidade deixa um espaço vazio para trás. Portanto, o comprimento do tubo não se altera. Devido ao fato de o movimento da cadeia no interior do tubo parecer com o de uma serpente rastejando, de Gennes chamou-o de *reptação.*

A cadeia pode executar pequenos movimentos no interior do tubo (movimentos relacionados à tempos curtos, denominados *rouseanos*) que definem a amplitude do calibre do tubo (Figura 11.13).

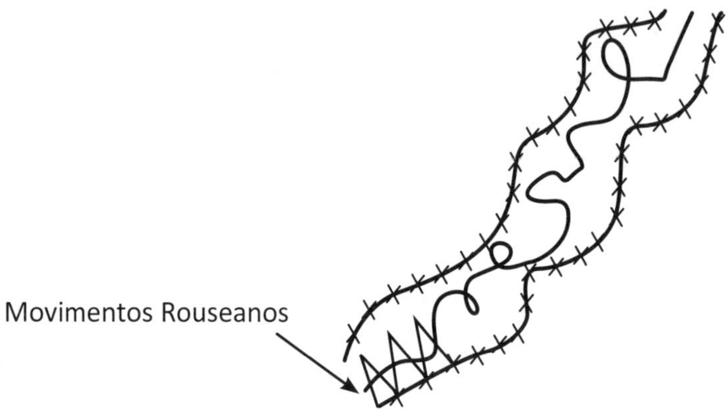

Figura 11.13 – Movimentos Rouseanos da cadeia no interior do tubo. A amplitude desses movimentos definem o "calibre" da cadeia primitiva.

Considerando esses pequenos movimentos, define-se a cadeia primitiva como uma cadeia ideal de comprimento L e calibre a, que é definido como a razão entre os comprimentos da cadeia de referência (Nb^2) e da cadeia primitiva (Equação 11.25).

$$a = \frac{Nb^2}{L} \tag{11.25}$$

O tubo pode mudar a sua forma e a sua posição à medida que a cadeia primitiva muda seu contorno (Figura 11.14). No entanto, o tubo não necessariamente volta para a sua configuração anterior, caso a cadeia reverta seu movimento (última representação da Figura 11.14).

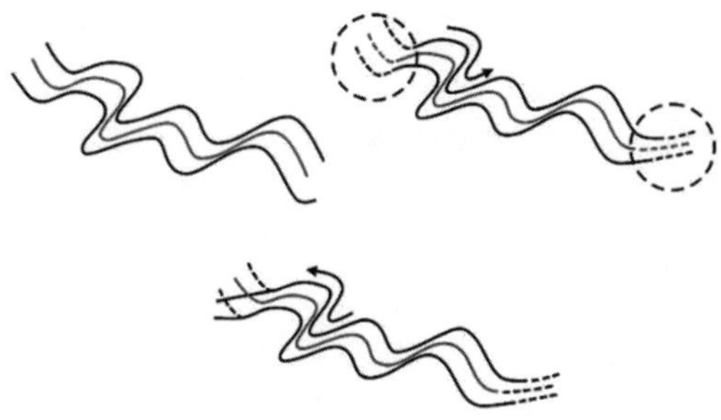

Figura 11.14 – Movimentos de reptação da cadeia primitiva para a frente e para trás no interior do tubo.

Pode-se considerar o tempo (λ_d) que é necessário para que ocorra aleatoriamente a renovação do tubo, isto é, o tempo limite para a completa perda de correlação (como ilustrado na Figura 11.15).

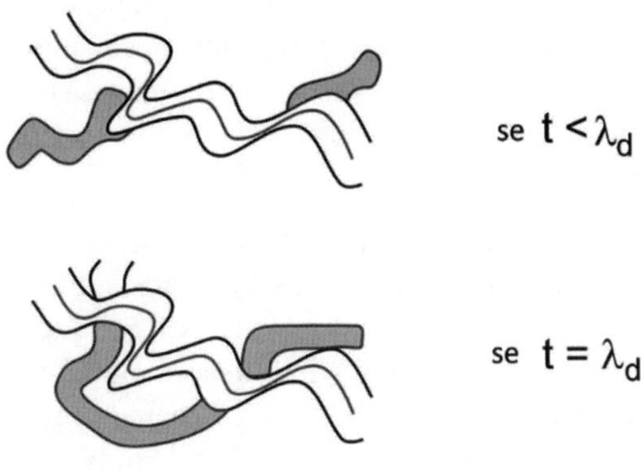

Figura 11.15 – Esquema mostrando a perda de correlação do tubo, à medida que a cadeia primitiva sofre reptação.

Para determinar λ_d, pode-se considerar coeficiente de difusão da cadeia primitiva, D_c (Equação 11.26).

$$D_C \cong \frac{k_B T}{N\zeta} \tag{11.26}$$

Em que ζ é o coeficiente de fricção da cadeia no interior do tubo. Pode-se, então, escrever que:

$$\lambda_d \cong \frac{L^2}{D_c}; \tag{11.27}$$

e, usando-se as Equações (11.25) e (11.26), obtém-se a Equação (11.28).

$$\lambda_d \cong \frac{b^4 N^3 \zeta}{a^2 k_B T} \tag{11.28}$$

Assim, o tubo se renovará muito mais rapidamente: se a cadeia polimérica for pequena (a dependência prevista é com N^3); se a fricção dentro do tubo for baixa (relacionado com ζ); e quanto mais intenso for o movimento browniano (maior $k_B T$).

Existem algumas evidências experimentais que mostram que o modelo da reptação é correto. Apresentaremos duas delas:

1) quando a cadeia está confinada em um tubo e o sistema sofre alguma deformação, as extremidades da cadeia relaxam primeiramente, e o centro dela permanece sem relaxar até o final de toda a relaxação. Essa previsão (que é derivada do modelo da reptação) foi comprovada experimentalmente usando-se polímeros com suas extremidades marcadas (por substituição isotópica). Os tempos de relaxação (para as pontas) estão de acordo com os previstos por de Gennes;

2) Wöll e colaboradores conseguiram visualizar movimento de reptação de uma única cadeia polimérica (poliisocianato) usando microscopia de fluorescência de campo amplo. Para isso, moléculas de corante fluorescente (perileno diimida) foram ligadas ao longo da cadeia do polímero em muitas posições. Posteriormente, esses polímeros foram dispersos em uma solução contendo o mesmo polímero, porém não marcados. O movimento do polímero marcado pôde ser seguido (visualizado) no tempo, conforme ilustrado na Figura 11.16.

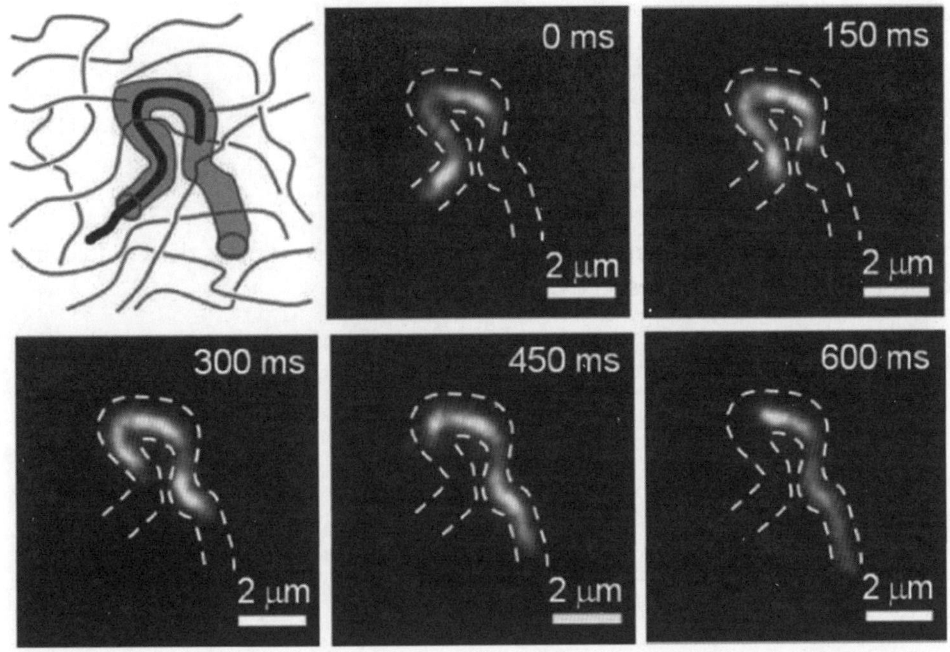

Figura 11.16 – Movimento imposto por um tubo formado por cadeias de polímero circundantes e um conjunto de imagens instantâneas que capturaram o movimento de um uma única molécula de poliisocianeto marcada com um corante fluorescente ao longo de todo o seu comprimento, que se encontra em uma solução concentrada do mesmo polímero, mas com cadeias não marcadas.

Fonte: Adaptada com a permissão de Wöll *et al.* (2009).

Doi e Edwards desenvolveram uma equação com o objetivo de descrever os módulos de relaxação para os sistemas poliméricos entrelaçados, usando o modelo de reptação de Gennes. Para isso, eles consideraram que *t* é o tempo que se passou desde o instante em que certa cadeia estava ocupando integralmente um tubo. Então, devido à reptação, apenas uma fração *P(t)* do tubo original permanece ocupada, e ela é descrita pela Equação (11.29):

$$P(t) = \sum_{i,ímpar} \frac{8}{\pi^2 i^2} exp\left(-\frac{i^2 t}{\lambda_d}\right) \tag{11.29}$$

Note que, de acordo com a Equação 11.29, o movimento no interior do tubo é restrito aos modos de Rouse, e que apenas aqueles que possuem numeração ímpar contribuem para *P(t)* (o modelo considera que os modos pares não alteram a fração ocupada do tubo).

O módulo de relaxação no tempo, $G(t)$, é dado pelo produto $P(t)G_N$, como indicado na Equação (11.30).

$$G(t) = \sum_{i,ímpar} \frac{8G_N}{\pi^2 i^2} exp\left(-\frac{i^2 t}{\lambda_d}\right) \tag{11.30}$$

Assim, os módulos de armazenamento e de perda serão escritos de acordo com as Equações (11.31) e (11.32) í respectivamente:

$$G'(w) = G_N \sum_{i,ímpar} \frac{8}{\pi^2 i^2}\left(\frac{w^2\lambda_i^2}{1 + w^2\lambda_i^2}\right) \tag{11.31}$$

$$G"(w) = G_N \sum_{i,ímpar} \frac{8}{\pi^2 i^2}\left(\frac{w^2\lambda_i}{1 + w^2\lambda_i^2}\right) \tag{11.32}$$

O modo $i = 1$ (que está associado com o mais longo tempo de relaxação) é dominante. Isso é, esse é o modo que mais contribui para G' e G'', o que se deve ao fato de que o próximo modo (ímpar) é o 3, e ele contribuirá nove vezes menos (pois a dependência é com i^2).

O modelo de Doi-Edwards se ajusta muito bem aos pontos experimentais, principalmente na região de baixa frequência. No entanto, falha quando aplicado à região de frequências mais altas. Isso pode ser explicado pelo fato de que a reptação é a única forma de relaxação considerada no modelo, o que não é verdadeiro para regiões de altas frequências.

A dissipação da tensão de cisalhamento pode ser interpretada considerando-se o jogo entre o tempo e os processos de relaxação (representadas nas três etapas indicadas na Figura 11.8). Para tempos muito curtos (elevados valores de w), a cadeia polimérica relaxa de forma rouseana (com os modos que se assemelham aos da cadeia polimérica em solução diluída). Nesse caso, o confinamento das cadeias pouco afeta essas relaxações, pois envolvem curtos pedaços da cadeia. O tempo de relaxação mais longo (λ_1) nessa condição é dado pela Equação (11.33).

$$\lambda_1 = \frac{\zeta N^2 b^2}{3\pi^2 k_B T} \tag{11.33}$$

Para tempos intermediários, ($t > \lambda_l$), o confinamento imposto pelo tubo previne as relaxações rouseanas, e a reptação torna-se dominante. Inicia-se, então, o período em que a cadeia começa a escapar do tubo. Esse tempo é descrito pela Equação (11.34).

$$\lambda_e = \frac{\zeta a^4}{k_B T b^2} \tag{11.34}$$

Considerando-se, agora, tempos mais longos ($t \geq \lambda e$), inicia-se o processo de desentrelaçamento do tubo, sendo esse tempo descrito pela Equação (11.35).

$$\lambda_d \cong \frac{b^4 N^3 \zeta}{a^2 k_B T} \tag{11.35}$$

Haverá, então, um platô, caracterizado por G_N, que está relacionado com a região temporal na qual os dois modos de relaxação (início da saída da cadeia do tubo, que é rouseano, e o desacoplamento do tubo devido à reptação) estão ocorrendo simultaneamente, sem o predomínio de nenhum deles.

Esses processos podem ser entendidos considerando-se o exemplo das curvas para o PDMS, da dependência dos módulos *G'* e *G"* em função da frequência (Figura 11.17). Como já foi apresentado (Figura 1.4), a bolinha de PMDS escorre se for deixada em repouso sobre a mesa (predomínio da dissipação viscosa), mas pula se jogada contra o chão (predomínio elástico).

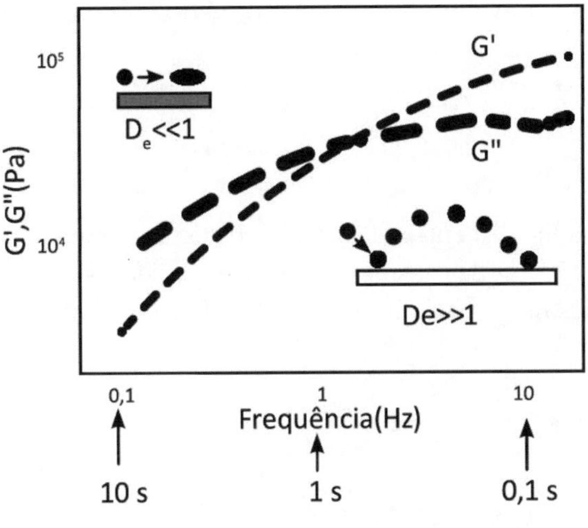

Figura 11.17 – Variação dos módulos elástico (símbolo cheio) e viscoso (símbolo vazado) para PDMS. No gráfico, estão também representadas as situações em que a bolinha de PDMS escorre sobre a mesa, devido aos movimentos de reptação (em baixa frequência), e saltitando em regiões de alta frequência.

Em baixas frequências, que correspondem à situação da bolinha deixada sobre a mesa, a tensão aplicada pela força gravitacional faz com que as cadeias deslizem umas sobre as outras por reptação. Assim, esse mecanismo de dissipação de energia faz com que o módulo de perda seja maior que o de armazenamento. No outro oposto, para a perturbação rápida (alta frequência), correspondente ao impacto da bolinha contra a superfície, as moléculas não têm tempo de reptar e, assim, a energia é armazenada, caracterizada pela resposta elástica da bolinha. Na frequência próxima de 1 Hz (caracterizado pelo cruzamento das duas curvas), nenhum dos dois processos, de reptação ou rouseano, será dominante.

Nesta faixa temporal, em que $t \cong \lambda_1 \cong \lambda_e$ (que é a região do platô indicada na Figura 11.8), pode-se obter uma correlação entre os dois processos e o módulo no platô, como indicado na Equação (11.36).

$$G_N \cong \rho_c k_B T \left(\frac{\lambda_1}{\lambda_e}\right)^{\frac{1}{2}} \tag{11.36}$$

Substituindo-se λ_1 e λ_e (respectivamente, Equações 11.33 e 11.34) na Equação (11.36), obtém-se a Equação (11.37).

$$G_N \cong \rho_c k_B T \left(\frac{Nb^2}{3^{\frac{1}{2}}\pi a^2}\right) \tag{11.37}$$

E comparando-a com a Equação (11.24), obtém-se a Equação (11.38).

$$\frac{M}{M_e} = \frac{4}{5}\left(\frac{Nb^2}{a^2}\right) \tag{11.38}$$

Essa relação é a ligação entre os parâmetros experimentais, como a densidade de entrelaçamentos, e os modelos moleculares. Na prática, ela não é completamente satisfatória, e, geralmente, o parâmetro *a* (calibre do tubo) é obtido por ajustes.

11.3 GÉIS POLIMÉRICOS

O termo *gel* é bastante geral, e muitas definições tentam responder à pergunta: "O que é um gel?". A situação é tal que Jordan Lloyd, em 1926, propôs: "um gel é um sistema mais fácil de reconhecer do que de definir". Parte da explicação para essa dificuldade está no fato de que diferentes tipos de géis apresentam diferentes estruturas. Adicionalmente, são estudados por cientistas de áreas variadas e com diferentes *backgrounds*, como físicos, químicos, engenheiros, biólogos etc. Isso explica a dificuldade em haver um consenso.

Uma das definições propõe que o termo *gel* seja limitado para sistemas que cumpram as seguintes características fenomenológicas: (a) que sejam constituídos por dois ou mais componentes, um dos quais um líquido que está presente em quantidade substancial; (b) eles são macios, sólidos ou semelhantes a sólidos; (c) em termos de propriedades mecânicas dinâmicas, devem apresentar um módulo de armazenamento, $G'(w)$, que exiba um platô pronunciado cuja extensão se dê desde frequências menores que 1 rad s^{-1} (portanto tempos longos, da ordem de 1s), e um módulo de perda, $G''(w)$, que é consideravelmente menor do que o módulo de armazenamento na região do platô.

É interessante considerar a sequência de imagens apresentada na Figura 11.18, referente ao impacto de um cubo de gelatina contra uma superfície sólida, para correlacionar com a definição anterior. Em relação a (a), de fato existe uma pequena fração de proteína na gelatina, que contém, proporcionalmente, grande quantidade de água. Em relação a (c), pode-se notar que a gelatina apresenta elevada elasticidade, pois, ao receber a energia do impacto, o cubo se deforma e oscila ao redor de sua forma original, mas sem se desmanchar. Portanto, é esperado que seu módulo elástico seja maior que o viscoso.

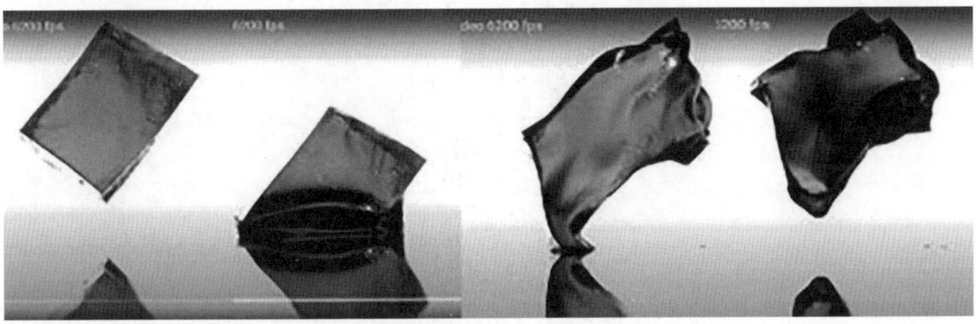

Figura 11.18 – Fotos do impacto de um cubo de gelatina (obtidas em alta velocidade) contra uma superfície sólida.
Fonte: Veja em: <http://www.youtube.com/watch?v=4n5AfHYST6E>.

Os géis são sistemas muito importantes em reologia. A gelação é a conversão de um líquido em um sólido desordenado, que envolve a formação de uma rede molecular produzida por interações físicas ou químicas. O processo de transformação é denominado *sol-gel*.

As associações físicas entre as cadeias do gel diferem das associações químicas. As associações físicas são formadas por interações de Van der Waals (principalmente ligações de hidrogênio) e interações eletrostáticas. Elas são, portanto, reversíveis (termicamente), ao contrário das interações químicas, em que são estabelecidas ligações covalentes (permanentes) entre as cadeias do gel.

As associações físicas podem ocorrer por três mecanismos:

1) Por formação de estruturas helicoidais de uma parte da cadeia com outra (Figura 11.19).

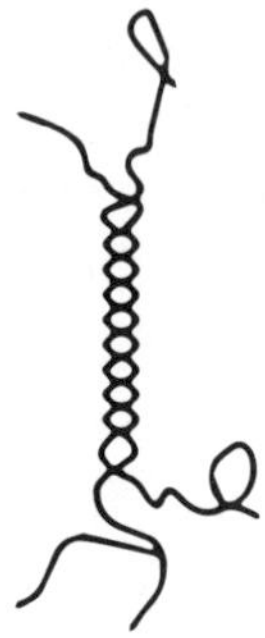

Figura 11.19 – Entrelaçamento na forma helicoidal entre duas cadeias poliméricas.

2) Por formação de regiões microcristalinas, envolvendo algumas cadeias (Figura 11.20).

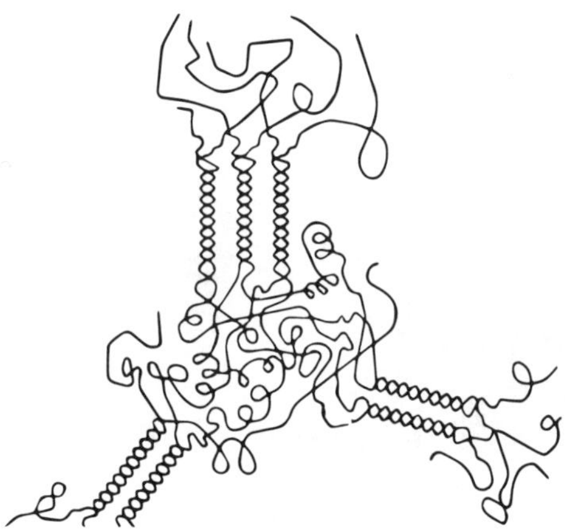

Figura 11.20 – Formação de regiões microcristalinas

3) Por formação de domínios nodulares. Como exemplo, pode-se citar os géis formados por associação em celulose hidrofobicamente modificada (veja Figura 16.15). Em baixas concentrações, essas macromoléculas se associam em água, movidas pelo efeito hidrofóbico. Por formarem sistemas altamente viscosos, esses polímeros são muito utilizados como espessantes em xampus, cremes etc.

O processo sol-gel é muito interessante do ponto de vista reológico, já que, ao iniciar-se, começa a ocorrer um aumento importante na viscosidade do meio. A partir do ponto em que começa a ocorrer a gelação, o módulo elástico aumenta rapidamente de zero até um valor no platô.

Na Figura 11.21, a cinética de gelação de uma solução 0,5 % do polissacarídeo κ-carragena em água foi investigada a partir da observação da variação do módulo elástico em função do tempo.

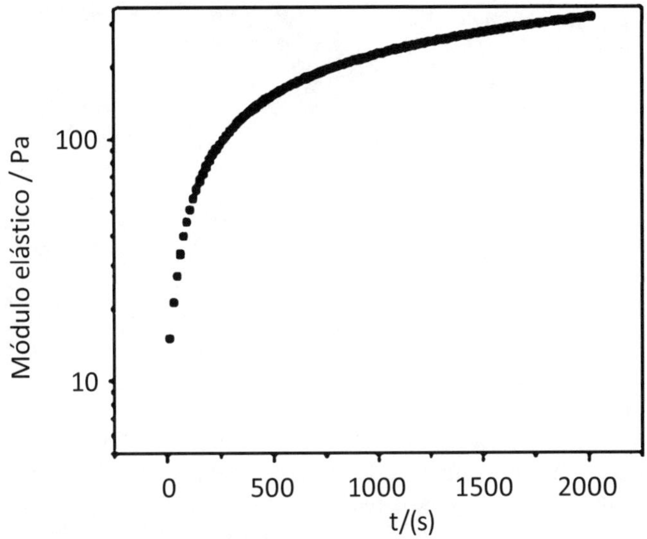

Figura 11.21 – Cinética de gelação de uma solução 0,5 % de κ-carragena em água, acompanhada pela variação do módulo elástico.

A estrutura molecular básica da κ-carragena está apresentada na Figura 11.22. O gel de κ-carragena é formado pelo entrelaçamento de cadeias (formam-se estruturas helicoidais) e, posteriormente, dependendo do tipo e da quantidade de cátions presentes (por exemplo, K^+), ocorre a blindagem parcial das cargas do polissacarídeo, resultando na microcristalização de várias duplas hélices (veja Figura 11.22).

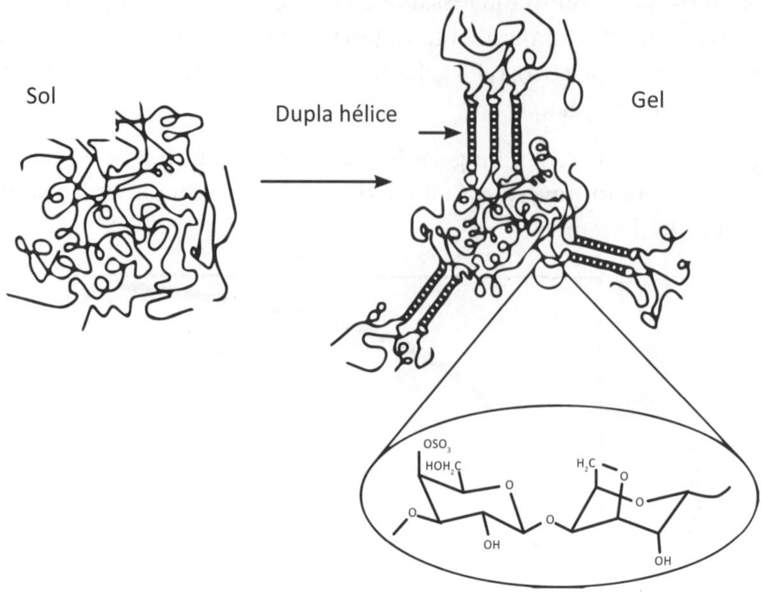

Figura 11.22 – Estrutura molecular da unidade de repetição da *κ-carragena* e o esquema de transformação do sol em gel.

A cinética mostrada na Figura 11.21 revela a evolução desses dois processos. Ao atingir o equilíbrio, os pontos de entrelaçamento e microcristalização atuam como pontos de reticulação. Na Figura 11.23 está apresentado como os módulos elástico e viscoso variam com a frequência, quando o sistema atinge o equilíbrio.

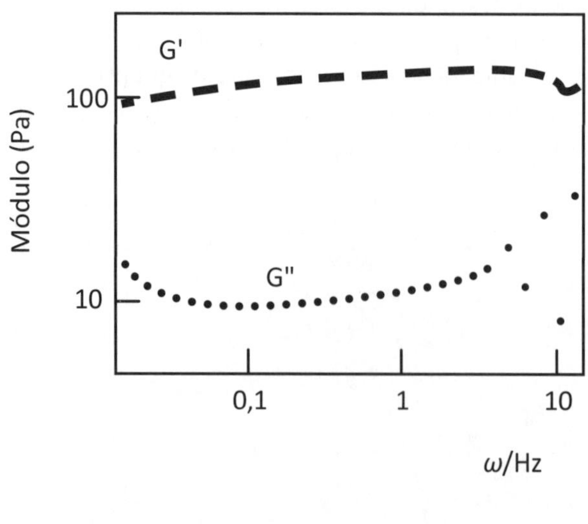

Figura 11.23 – Variação dos módulos elástico e viscoso do gel de κ-carragena (0,5 %) em função da frequência.

É interessante observar que os módulos *G'* e *G"* são praticamente constantes em toda a faixa de frequência (*w*) dentro da região de viscoelasticidade linear. Os pontos de reticulação impedem a dissipação de energia por processos de reptação, tornando o gel muito elástico (note que *G'* >> *G"*). A invariância dos módulos com a frequência é a marca característica dos chamados géis verdadeiros.

Outro polissacarídeo que forma géis é o alginato, que apresenta a unidade sacarídea demonstrada na Figura 11.24. Na presença de íons Ca^{2+}ocorre a interação entre as cadeias do polissacarídeo, mediadas pelo cátion bivalente. Assim, os íons Ca^{2+} atuam como agentes reticuladores, formando uma estrutura que se assemelha a uma caixa de ovos.

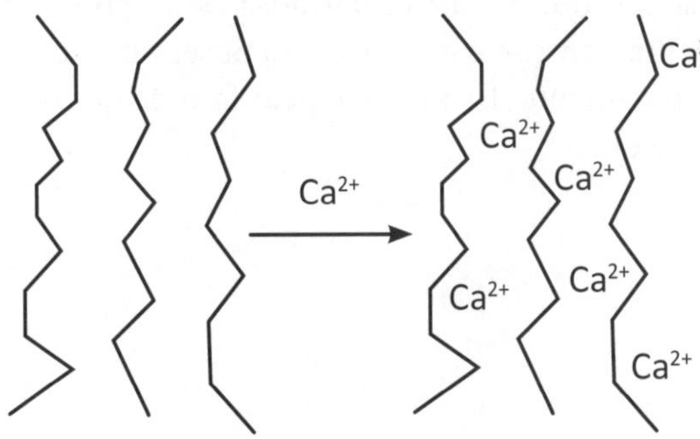

Figura 11.24 – Estrutura molecular da unidade do alginato e sua interação com íons Ca2+, formando a estrutura de "caixa de ovos".

Outro exemplo interessante envolve o poli(vinil álcool), PVA. As cadeias desse polímero em solução aquosa podem ser fisicamente reticuladas pela adição de bórax (Na_3BO_3).

O processo, que é popularmente conhecido, envolve a adição de bórax em cola à base de PVA. A massa gelatinosa se forma praticamente no momento da mistura dos dois componentes (uma receita é misturar uma solução com 4% de PVA com outra solução contendo 4% de bórax).

Ao ser dissolvido em água, o Na_3BO_3 forma o ácido bórico, H_3BO_3, originando uma solução tampão com pH ao redor de 9. H_3BO_3 reage com água desta forma:

$$H_3BO_3 + 2\,H_2O = B(OH)^{4-} + H_3O^+$$

A reticulação entre o PVA e o $B(OH)^{4-}$ é representada pela seguinte reação:

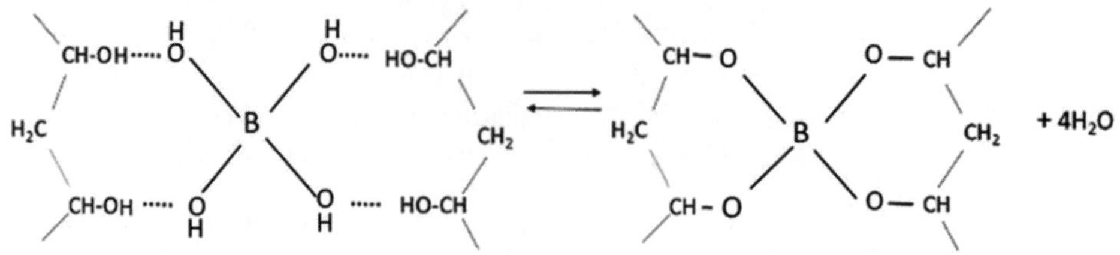

Com a reticulação, forma-se uma massa bastante elástica que pode ser modulada pela proporção entre PVA e bórax.

É interessante observar que a massa gelatinosa estica como uma borracha, caso a tensão seja aplicada lentamente. No entanto, será observada sua ruptura caso a massa seja puxada muito rapidamente. Isso ocorre pelo fato de que, nesse caso, as cadeias não terão tempo de relaxar.

CAPÍTULO 12
Reologia de dispersões

12.1 ASPECTOS GERAIS

Sistemas envolvendo dispersões coloidais estão muito relacionados com o nosso dia a dia. Eles são encontrados no sangue, em tintas, no cimento, nos remédios, em cremes, em alimentos etc.

Os sistemas dispersos são muitas vezes processados e, portanto, submetidos ao fluxo. Alguns produtos serão submetidos a ações mecânicas quando forem usados, como é o caso, por exemplo, do creme dental. Nesses casos, sua reologia precisa ser muito bem controlada, para evitar insatisfação do consumidor.

Um aspecto central envolvendo dispersões é a estabilidade. Por serem coloides multifásicos e, portanto, com grande área superficial, são termodinamicamente instáveis. No entanto, muitas dispersões podem se manter "estáveis" por longos períodos. Obviamente, nesses casos, fala-se de estabilidade cinética da dispersão. O movimento browniano acaba promovendo o encontro das partículas; assim, a partir de certa distância crítica, as interações atrativas tornam-se predominantes, resultando em sua agregação. No entanto, é interessante mencionar que o movimento browniano também ajuda a manter as partículas pequenas dispersas.

O campo gravitacional impõe taxas de cisalhamento entre 10^{-4} e 10^{-6} s^{-1}, que podem fazer com que as partículas sofram sedimentação. Obviamente, isso dependerá da viscosidade do meio e do tamanho das partículas. Pode-se estimar o tamanho-limite das partículas, a partir do qual o movimento browniano evita suas sedimentações. A igualdade das energias potencial (gravitacional) e térmica (browniana) permite a estimativa do tamanho crítico da partícula (a), de acordo com a Equação (12.1):

$$a^4 \Delta\rho g = k_B T \qquad (12.1)$$

Em que a é o raio da partícula, e $\Delta\rho$ é a diferença de densidade entre a partícula e o meio.

Se $g = 9{,}8$ m s^{-2} e $\Delta\rho = 103$ kg m^{-3}, podemos considerar que partículas com raio maior que 1 μm tendem a sedimentar em temperatura ambiente. Para partículas menores, a energia térmica do meio será maior que a energia gravitacional. Mesmo assim, ao longo do tempo, as partículas tenderão a coalescer e sedimentar se forem mais densas que a fase líquida.

Mesmo dispersões simples apresentam comportamento reológico complexo. A dispersão mais simples envolve as partículas que são rígidas. Esse será o primeiro sistema a ser abordado. No Capítulo 11, foi mostrado o efeito hidrodinâmico causado pela presença de pequenas partículas esféricas (Figura 11A). A Figura mostra de forma notável que as linhas de fluxo do solvente sofrem intensa perturbação ao interagirem com a pequena partícula. Essa perturbação aumenta a dissipação da energia do fluxo. Em outras palavras, a viscosidade aumenta.

Einstein mostrou qual seria a viscosidade final (η) devido à presença de certa fração volumétrica de partículas (ϕ) dispersas em um líquido de viscosidade η_s (Equação 12.2).

$$\eta = \eta_S(1 + 2{,}5\phi) \qquad (12.2)$$

A equação de Einstein somente é válida para dispersões muito diluídas ($\phi < 0{,}03$), pois, em concentrações maiores, o fluxo produzido por uma esfera pode afetar a sua vizinha. Isto é, uma esfera causa arraste hidrodinâmico na outra. Uma equação que considera estes efeitos foi proposta por Batchelor para $\phi < 0{,}10$ (Equação 12.3).

$$\eta = \eta_S(1 + 2{,}5\phi + 6{,}2\phi^2) \qquad (12.3)$$

Arrhenius usou o seguinte argumento para descrever o efeito do aumento da fração volumétrica das partículas sobre a viscosidade:

Para um aumento de $d\phi$, a viscosidade aumenta de $d\eta = 2{,}5\eta(\phi)d\phi$. Assim, integrando a expressão em toda a faixa de concentração, de 0 a ϕ, a viscosidade será dada pela Equação (12.4).

$$\eta = \eta_S exp\ (2{,}5\phi) \qquad (12.4)$$

Uma Equação similar (12.5) pode ser escrita para partículas de qualquer geometria.

$$\eta = \eta_S exp\ ([\eta]\phi) \tag{12.5}$$

Em que $[\eta]$ é a viscosidade intrínseca da dispersão, sendo que, para partículas esféricas, $[\eta] = 2{,}5$.

Krieger e Dougherty desenvolveram uma equação para tratar de dispersões concentradas (Equação 12.6).

$$\eta = \eta_S \left(1 - \frac{\phi}{\phi_m}\right)^{-[\eta]\phi_m} \tag{12.6}$$

Em que ϕ_m é a fração volumétrica associada com o empacotamento máximo que pode ser obtido para um sistema composto por esferas rígidas e de mesmo tamanho. ϕ_m está na faixa entre 0,63 e 0,64.

Na Figura 12.1 é apresentado um exemplo de como a viscosidade de uma dispersão de látex varia em função da tensão de cisalhamento.

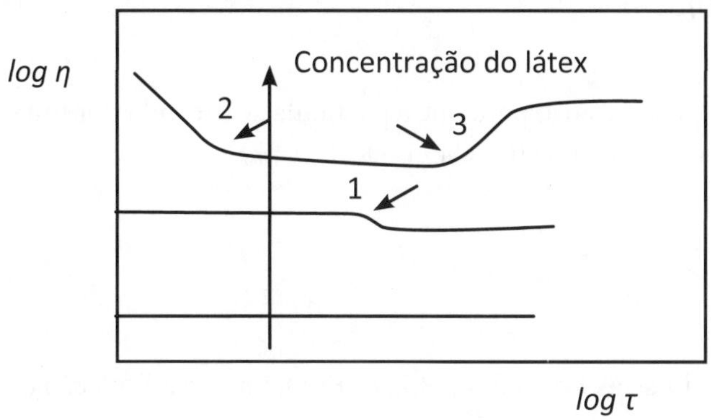

Figura 12.1 – Variação da viscosidade (η) de esferas de látex em função da tensão de cisalhamento (τ), para três concentrações diferentes. As setas indicam regiões de tensão que apresentam variações importantes nas viscosidades.

Pode-se observar que para os dois sistemas mais concentrados, há uma significativa variação da viscosidade em determinadas tensões de cisalhamento (indicadas pelas setas). Para os dois sistemas, a viscosidade da dispersão diminui quando a tensão de cisalhamento aumenta (setas 1 e 2). Isso se deve ao fato de estar ocorrendo o efeito de *shear thinning*, que se dá quando a taxa de cisalhamento é alta o suficiente para perturbar o espaçamento entre as partículas, sendo que o equilíbrio é restabelecido pelo movimento browniano (difusão).

O mecanismo pelo qual, a partir de certa tensão de cisalhamento, a viscosidade diminui, somente foi elucidado recentemente. Para isso, foram realizados estudos baseados em simulações computacionais, mostrando que, a partir de determinada tensão, a contribuição do movimento browniano torna-se desprezível diante da contribuição hidrodinâmica (relacionada com o fluxo imposto). A simulação mostra que as partículas se alinham paralelamente em relação à direção do fluxo.

Para a dispersão mais concentrada, e na faixa de tensão de cisalhamento mais alta, ocorre um significativo aumento da viscosidade (seta 3 da Figura 12.1). Nessas condições, está ocorrendo o efeito de *shear thickening*, explicado pelo fato de que as partículas não se movimentam em conjunto com o solvente. Assim, a elevada viscosidade se relaciona com a dificuldade de as partículas se moverem devido à interação entre elas.

Quando a tensão de cisalhamento é baixa, e portanto dentro do domínio dos processos brownianos, o coeficiente de difusão das partículas pode ser obtido pela equação de Stokes-Einstein (12.7).

$$D_0 = \frac{k_B T}{6\pi\eta_s a} \tag{12.7}$$

O tempo (t_D) necessário para que a partícula se difunda por uma distância equivalente ao seu raio (a) será dado pela Equação (12.8).

$$t_D \cong \frac{a^2}{D_0} \tag{12.8}$$

Combinando-se as Equações (12.7) e (12.8), tem-se a Equação (12.9).

$$t_D = \frac{6\pi\eta_s a^3}{k_B T} \tag{12.9}$$

Nessa situação, Krieger propôs que a tensão pode ser normalizada, criando uma grandeza adimensional, τ_R, como expresso na Equação (12.10).

$$\tau_R \equiv \frac{\tau a^3}{k_B T} \tag{12.10}$$

A universalidade da equação de Krieger pode ser demonstrada por meio do gráfico das viscosidades relativas de dispersões de partículas (ηrel) em função da tensão de cisalhamento normalizada (τR). Conforme indicado na Figura 12.2, uma única curva padrão é capaz de ajustar o comportamento das várias dispersões formadas por partículas que apresentam diferentes raios (a1, a2 e a3). O modelo de Krieger é tão bom para esse sistema que prevê inclusive o efeito *shear thinning*.

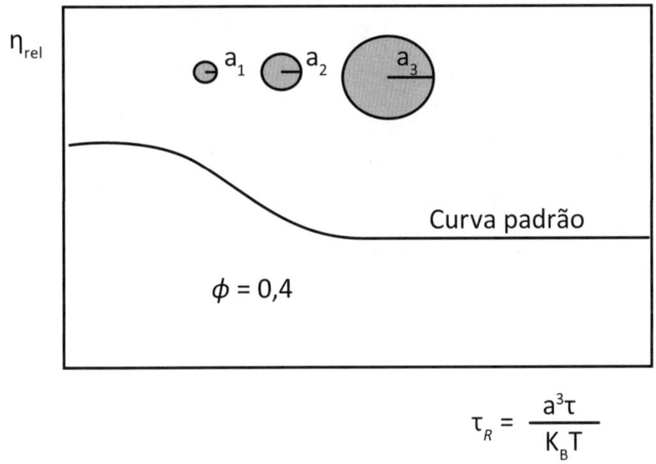

Figura 12.2 – Gráfico com o ajuste dos valores de viscosidade em função da grandeza normalizada τ_R, de acordo com a equação de Krieger.

12.2 EMULSÕES

Um sistema um pouco mais complexo que o das partículas rígidas é aquele constituído por partículas deformáveis. Ele é comum em dispersões de um líquido em outro líquido – as emulsões. Estas constituem sistemas termodinamicamente instáveis, sendo que, para tais sistemas, é necessário o uso de agentes tensoativos que diminuam a tensão interfacial, diminuindo a energia livre interfacial.

Como no caso das dispersões de esferas rígidas, as gotículas do líquido disperso também interagem hidrodinamicamente com o líquido da fase contínua, porém, ao contrário das partículas rígidas, pode ocorrer movimento do líquido no interior da gota. Taylor mostrou que uma gota de um líquido é deformada pelas forças de cisalhamento, gerando elipsóides na forma de um prolato, cuja razão entre os eixos maior e menor é função da tensão interfacial.

Na preparação de uma emulsão, uma etapa crucial envolve a aplicação de energia mecânica (batimento) para que ocorra a formação das pequenas gotas. Esse processo definirá muitas propriedades da emulsão. Sob cisalhamento, as gotículas podem se deformar, alinhar-se ao fluxo, ou mesmo romper em outras gotas menores. O que ocorrerá irá depender da razão entre as viscosidades do líquido da gota (η_g) e do líquido dispersante (η_d), conforme mostrado esquematicamente na Figura 12.3.

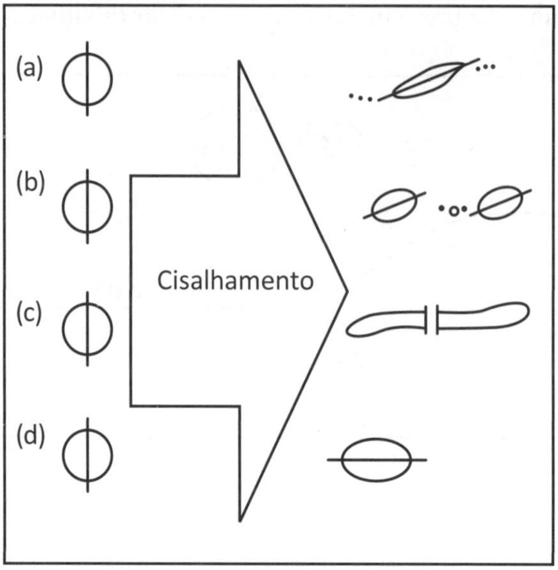

Figura 12.3 – Efeito do cisalhamento sobre a gota de um líquido imiscível no outro, sendo que a viscosidade da gota em relação à fase contínua aumenta de cima para baixo, como indicado à direita.

Se a razão η_g / η_d é muito baixa, ocorre orientação da gota em de cerca de 45°, à medida que a taxa de cisalhamento aumenta (caso a). Quando a razão de viscosidade é próxima de 1 (casos b e c), pode ocorrer fragmentação da gota. Quando a razão de viscosidade é grande (tendendo para uma partícula mais rígida), ocorrerá o alinhamento com ligeira deformação (caso d), de forma a diminuir o arraste hidrodinâmico.

Existem no mercado certos reômetros que permitem acoplar um microscópio ao equipamento, tornando possível acompanhar simultaneamente as mudanças na forma das gotas à medida que a emulsão é cisalhada.

12.3 PARTÍCULAS NA FORMA DE BASTÕES

Considerando-se ainda o caso das partículas rígidas, é comum encontrá-las na forma de bastões. Uma das características de dispersões de partículas na forma de bastões é a de que elas somente podem ser consideradas diluídas em concentrações muito menores que as formadas por partículas esféricas. Isso se deve ao fato de que as partículas estão em constante rotação. Nesse caso, apenas em regimes mais diluídos é que uma partícula não interfere no livre movimento de sua vizinha.

Pode-se fazer algumas considerações sobre o regime de concentração e o tamanho da partícula. Se L é o comprimento do bastão e d, o diâmetro seccional, então seu volume relacionado com sua livre rotação será proporcional a L^3. Assim, o número de partículas presentes em determinado volume (v), no qual ocorra a rotação livre (que o regime seja diluído), é expresso pela Inequação (12.11).

$$v < \frac{1}{L^3} \tag{12.11}$$

Veja no diagrama a seguir (Figura 12.4) como os arranjos de partículas na forma de bastões se modificam em diferentes concentrações.

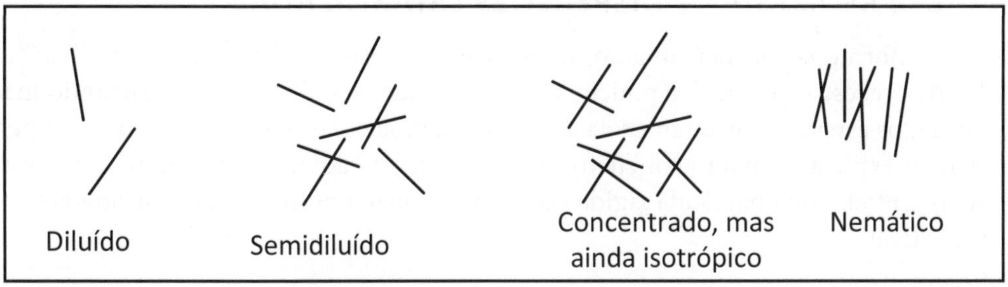

Figura 12.4 – Variações nos arranjos das partículas (bastões) à medida que a concentração aumenta.

De acordo com a teoria de Doi-Edwards, quando o produto $vL^3 \approx 30$ diz-se que ocorreu a transição do regime diluído para o semidiluído, e a fração volumétrica ϕ pode ser escrita de acordo com a Equação (12.12).

$$\phi = \frac{\pi d^2}{4L^2} \tag{12.12}$$

No regime semidiluído, a fração volumétrica ϕ será expressa pela Equação (12.13).

$$\phi \approx \frac{30\pi d^2}{4L^2} \tag{12.13}$$

Pode-se notar que, para partículas com razão de aspecto $L/d = 50$, a concentração-limite, em que o regime muda de diluído para semidiluído, será em torno de 1%. Se, no entanto, a razão $L/d = 100$, a transição de regime ocorrerá em 0,2 % (portanto, cinco vezes menor).

A característica que marca a transição entre os regimes semidiluído e concentrado se relaciona com a dificuldade em empacotar isotropicamente os bastões devido ao elevado volume excluído. O início do regime concentrado isotrópico é dado pela Equação (12.14).

$$\phi = \frac{\pi d}{4L^2} \tag{12.14}$$

Eventualmente, alguns sistemas podem formar um estado designado por *líquido cristalino* se a concentração de partículas aumentar ainda mais. O alinhamento dos bastões produz um sistema anisotrópico que é designado por *nemático* (Figura 12.4).

12.4 REOLOGIA DE DISPERSÕES ESTABILIZADAS

Conforme já foi mencionado, uma dispersão é termodinamicamente instável. Muitas vezes, as partículas podem ser estabilizadas (cineticamente), lançando mão de efeitos estéricos, resultantes da adsorção de moléculas poliméricas em sua superfície (a explicação para esse efeito será apresentada adiante). Na Figura 12.5, está representada uma partícula rígida com certa camada polimérica adsorvida em sua superfície.

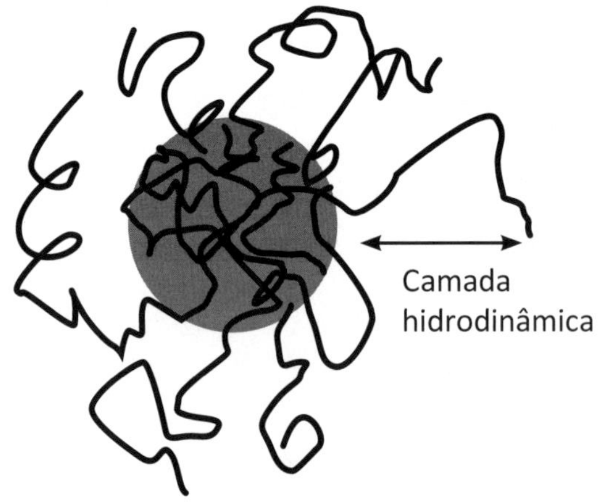

Figura 12.5 – Esquema mostrando o recobrimento de uma partícula rígida por uma camada polimérica.

A espessura da camada polimérica é muito importante, pois é capaz de manter as partículas em distâncias que evitam que as forças atrativas de Van de Waals atuem. Como foi apresentado no Capítulo 7, os experimentos de espalhamento de luz e principalmente os de nêutrons são importantes para se obter informações sobre a espessura da camada hidrodinâmica polimérica. Para esses sistemas, a fração volumétrica pode ser escrita de acordo com a Equação (12.15).

$$\phi = \phi_0 \left(1 + \frac{\Delta}{a}\right)^3 \tag{12.15}$$

Em que ϕ_0 é a fração volumétrica da partícula sem a camada polimérica, e Δ é a espessura da camada.

Dependendo da qualidade da interação das moléculas que formam a camada hidrodinâmica com o solvente, pode ocorrer seu encolhimento com o aumento da temperatura, permitindo que as partículas possam se aproximar além de certa distância crítica, levando à sua aglomeração (com eventual formação de um gel). Se o processo térmico é revertido, as camadas se expandem, e o sistema volta a formar um estado sol.

A espessura da camada hidrodinâmica requerida para esse estágio pode ser estimada considerando-se a relação entre o potencial de interação de Van der Waals na superfície das partículas esféricas (Equação 3.3, $W_{vdw} \approx \frac{-aA_H}{12D}$) e a energia térmica em que elas se encontram inseridas. Dessa forma, para se manterem separadas, a distância crítica entre as partículas deverá ser tal que: $D_{crit} \approx aA_H / 12k_BT$.

Valores típicos de A_H / k_bT estão na faixa de 2,5. Desse modo, se a espessura da camada hidrodinâmica corresponder a cerca de 10% do valor do raio da partícula, a, o efeito de sua separação pode ser obtido.

De acordo com a teoria DLVO, uma redução da distância crítica entre as partículas poderá resultar na agregação delas, como esquematizado na Figura 12.6. No entanto, a agregação pode ser revertida. Isso pode ocorrer, por exemplo, em um sistema constituído pela partícula contendo uma camada molecular adsorvida na sua superfície e que seja termicamente sensível.

Se as partículas são dispersas em um solvente que não interage tão bem com a camada hidrodinâmica, ela poderá encolher ou expandir por variação de temperatura (ao redor da condição Θ) produzindo os géis termorreversíveis.

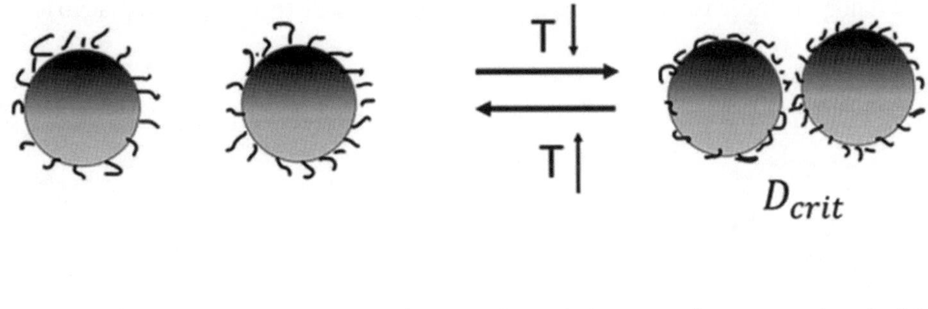

Figura 12.6 – Efeito da temperatura em uma dispersão de partículas contendo uma camada polimérica termossensível.

Considere um caso em que a camada molecular em determinado solvente está na condição Θ. Considere também que o sistema (moléculas da camada hidrodinâmica-solvente) é do tipo UCST (*upper critical solution temperature*). Assim, ao diminuir a temperatura, a qualidade do solvente piora. As moléculas sobre a superfície da partícula encolhem. As partículas podem, então, aproximar-se em distâncias menores que D_{crit}, e as interações atrativas de Van de Waals resultam na formação do gel. Se, no entanto, o sistema é reaquecido acima da temperatura θ, as moléculas da superfície voltam a expandir-se, e ocorre a redispersão das partículas (formação do estado sol).

Uma das formas mais efetivas de se melhorar a estabilidade cinética de uma dispersão é pela presença de cargas elétricas de mesmo sinal na superfície das partículas. Nesse caso, a interação coulombiana, como será mostrado, também afeta a reologia da dispersão.

Para tratar os efeitos da carga superficial sobre a eletroviscosidade, considere duas esferas carregadas com a mesma carga. A distância de equilíbrio entre elas (α) é definida pelo balanço entre o potencial repulsivo entre as duas superfícies, $w(r)$, e a energia térmica do meio, ($k_B T$), como indicado na Equação (12.16).

$$\alpha = \frac{w(r)}{k_B T} \tag{12.16}$$

A presença de cargas superficiais faz com que a distância entre as partículas (para uma determinada concentração) seja maior do que se as partículas fossem neutras (veja Figura 11.7). Pode-se definir o diâmetro efetivo da partícula, d_{ef}, pela Equação (12.17).

$$d_{ef} \cong \frac{1}{k} ln\,(\alpha / ln\,(\alpha / ln\,\alpha\ / \ldots)) \tag{12.17}$$

Analogamente, a fração volumétrica das partículas é expressa pela Equação (12.18).

$$\phi_{ef} = \phi \left(\frac{d_{ef}}{2a} \right)^3 \tag{12.18}$$

O aumento efetivo do diâmetro das esferas carregadas resulta no aumento da viscosidade da dispersão (em relação ao que é esperado para uma dispersão de esferas rígidas e, no entanto, neutras). Russel derivou a Equação (12.19) para descrever a viscosidade no platô newtoniano de uma dispersão de partículas esféricas de raio *a*.

$$\frac{\eta}{\eta_S} = 1 + 2{,}5\phi + \left[2{,}5 + \frac{3}{40}\left(\frac{d_{ef}}{a}\right)^5\right]\phi^2 \tag{12.19}$$

Para entender a Equação (12.19), considere a trajetória comparada de duas partículas de mesmo raio em um campo de cisalhamento. Em um dos casos, as partículas são neutras, e no outro, carregadas (Figura 12.7).

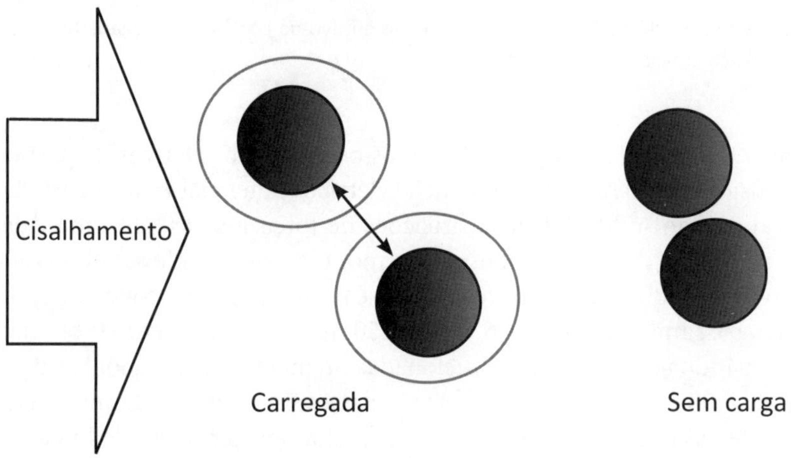

Figura 12.7 – Efeito do cisalhamento em partículas carregadas e neutras.

Em baixas taxas de cisalhamento, as interações relacionadas com o movimento browniano são dominantes e, no caso das partículas carregadas, as interações coulobianas precisam ser consideradas. Quando a taxa de cisalhamento aumenta, a contribuição relativa à força de interação hidrodinâmica aumenta e é contrabalanceada pelas forças eletrostáticas repulsivas. As partículas tendem, dessa forma, a orientar-se no campo de cisalhamento.

Para dispersões formadas por partículas carregadas, a força iônica desempenha um papel central no equilíbrio das forças, conforme mostrado no exemplo da Figura 12.8.

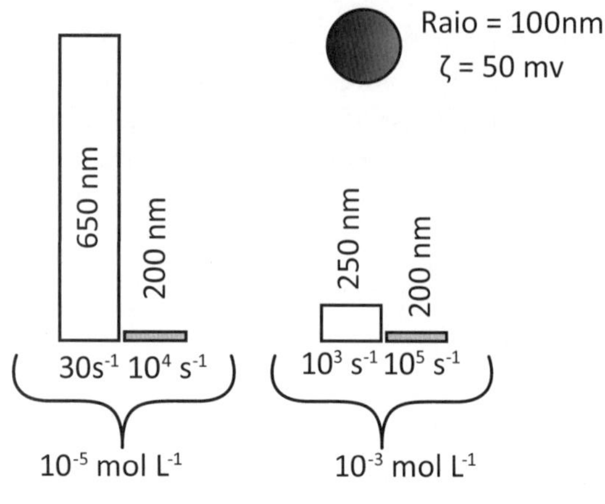

Figura 12.8 – Efeito da taxa de cisalhamento sobre o raio efetivo da partícula carregada (em nm) em duas condições de força iônica (10^{-5} e 10^{-3} mol L^{-1}).

No exemplo da Figura 12.8, são considerados os diâmetros efetivos de partículas com diâmetro físico de 100 nm e com potencial elétrico (potencial zeta) superficial de 50 mV. No gráfico, são indicadas duas situações de força iônicas: em uma delas, a concentração de NaCl é de 10^{-5}, e na outra, 10^{-3} mol L^{-1}. Como pode ser observado, o diâmetro efetivo (causado pelo potencial elétrico) é muito menor na condição de força iônica mais alta, passando de cerca de 650 para 250 nm devido ao efeito de blindagem da superfície. Quando as partículas condicionadas no meio com força iônica 10^{-5} mol L^{-1} estão em um campo de cisalhamento a 30 s^{-1}, elas apresentam um diâmetro efetivo de 650 nm. É interessante notar que, para as partículas em um meio de força iônica 10^{-5} mol L^{-1} atingirem o diâmetro efetivo de 250 nm, seria necessário aplicar taxas de cisalhamento maiores do que 10^4 s^{-1}.

Como foi mostrado anteriormente (Capítulo 2), os polieletrólitos são macromoléculas muito importantes no controle da viscosidade. Eles também podem ser utilizados para estabilizar partículas coloidais, pela sua adsorção sobre as partículas. Nesse caso, as partículas adquirem estabilidade (cinética) eletroestérica, pois as cargas superficiais mantêm as partículas em distâncias grandes o suficiente para evitar a ação das forças atrativas de Van der Waals.

No livro *Os objetos frágeis* (1997), Pierre-Gilles de Gennes descreve o efeito estabilizador da tinta nanquim, feita há uns 4000 anos por algum escriba egípcio, que adicionou na dispersão aquosa de negro de fumo (que pode ser obtida pelo depósito da fina fuligem da queima de uma vela sobre uma superfície sólida) goma arábica, um polieletrólito natural. Com isso, o escriba podia manter a tinta estável por muito mais tempo. Um exemplo comum hoje em dia, que se baseia no mesmo princípio, envolve a adição de poliacrilato (um polieletrólito sintético) nas partículas de caolinita, que é um pigmento muito usado na indústria de papel.

Para ilustrar o efeito eletroviscoso, na Figura 12.9 estão apresentadas curvas da viscosidade para uma dispersão de látex contendo uma camada hidrodinâmica de poli(ácido acrílico) em função do pH.

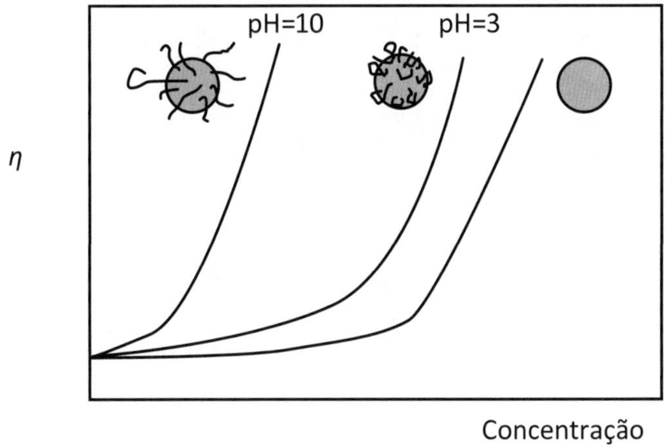

Figura 12.9 – Variação da viscosidade em função da fração volumétrica de partículas de látex, contendo camada hidrodinâmica de poliácido acrílico em diferentes pH.

Em pH maior que o pK_a do ácido poliacrílico (em pH 10), os efeitos eletroviscosos aumentam significativamente, pois a camada hidrodinâmica está bastante expandida. Já em pH 3, os efeitos eletroviscosos diminuem muito, e, para se atingirem as mesmas viscosidades que se tinha em pH 10, será necessário aumentar a concentração das partículas (a camada hidrodinâmica, nesse caso, encolhe). No caso da partícula sem camada hidrodinâmica, os níveis de viscosidade somente são comparáveis aos do pH 10 se a sua fração volumétrica aumentar significativamente. Note que a espessura da camada hidrodinâmica nos dois pH poderia ser determinada por experimentos de SANS.

Os casos discutidos até este momento se referem à reologia de dispersões no regime não linear.

De forma geral, a reologia no regime linear somente envolve dispersões mais concentradas, com $\phi > 0{,}5$. Para esses sistemas, geralmente as seguintes características são observadas:

Em toda a faixa de frequência, o módulo de perda (G'') é dominante em relação ao modo elástico (G'). Entretanto, mesmo para os sistemas constituídos por esferas rígidas, alguma elasticidade é observada. A pequena elasticidade desses sistemas é devido ao movimento browniano das partículas, que, após terem sido alinhadas pelo fluxo, retornam para as posições de equilíbrio. Esse comportamento típico é observado em uma faixa de concentração que está entre $\phi = 0{,}3$ e $0{,}55$.

As únicas mudanças observadas, à medida que ϕ aumenta, é o deslocamento do tempo de relaxação para frequências menores, devido ao efeito de empacotamento das esferas, que acabam relaxando pelos interstícios em tempos maiores, e o aumento dos módulos.

O tempo de relaxação ($\lambda_p(\phi)$) é inversamente proporcional à difusividade da partícula (*Ds*):

$$\lambda_p(\phi) = \frac{a^2}{6D_S^2(\phi)} \tag{12.20}$$

Em frequências mais altas, o comportamento viscoelástico da suspensão de partículas é principalmente dissipativo. As partículas são forçadas a mover-se pelo solvente muito mais rápido do que sua capacidade de relaxar por difusão.

Nessa condição, pode-se considerar que viscosidade em elevada frequência, $\eta'_\infty(\phi)$, é constante e dada pela Equação (12.21).

$$\eta'_\infty(\phi) = \frac{k_B T}{6\pi D_S(\phi) a} \tag{12.21}$$

Sendo que o valor de $\eta'_\infty(\phi)$ é determinado pela extrapolação do gráfico na situação na qual a condição descrita pela Equação (12.22) é seguida.

$$\eta'_\infty(\phi) = \frac{G'}{w} \tag{12.22}$$

A extrapolação para se obter $\eta'\infty$ pode ser conseguida na condição de elevada frequência (*w*).

Em frequências altas, as partículas sofrem convecção mais rápido do que difundem. As teorias que procuram descrever o comportamento reológico das dispersões mostram que, nessas frequências, os módulos são muito dependentes do potencial de interação entre as partículas da dispersão.

O fluxo pode afetar de forma complexa a estabilidade da dispersão. Em condições quiescentes, as interações de longo alcance em um sistema coloidal podem produzir um sistema que se mantém disperso ou agregado. O cisalhamento poderá induzir mudanças estruturais nesse sistema. No entanto, a previsão do efeito do campo de cisalhamento sobre as partículas é bastante complexa, pois dependerá da forma das partículas, das energias de interação e da turbulência local. Um campo de alto cisalhamento poderá vencer as forças que mantêm as partículas coaguladas e, assim, poderá dispersá-las. Por outro lado, em campos de cisalhamento baixos, as forças hidrodinâmicas podem vencer a energia que mantém as partículas separadas, produzindo a agregação.

A Figura 12.10 apresenta um diagrama característico da variação de energia em função da distância de separação entre duas partículas, em que estão indicadas a região do mínimo secundário e a barreira repulsiva.

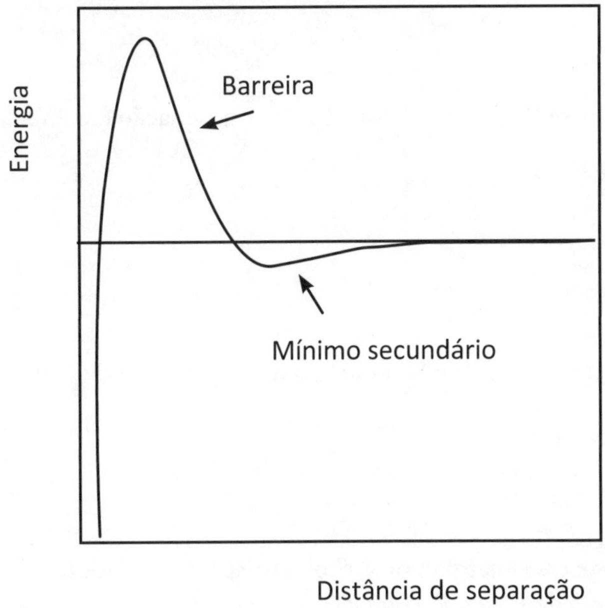

Figura 12.10 – Energia potencial em função da distância de separação entre duas partículas, com a indicação do mínimo secundário e da barreira que impede a agregação definitiva das partículas.

Tipicamente, a barreira estérica que impede a agregação irreversível está em distâncias entre 6 e 10 nm. A barreira é capaz de prevenir a agregação das partículas em condições quiescentes. Quando um campo de cisalhamento é aplicado, a energia cinética das partículas é aumentada, e as colisões entre elas são capazes de vencer o potencial estérico. Alternativamente, as partículas podem ficar presas no potencial relacionado com o mínimo secundário. Pode-se considerar, então, a situação do balanço no qual a força hidrodinâmica se iguala com as forças de interação.

A força de fricção entre as partículas pode ser escrita de acordo com a Equação (12.23).

$$F = 6\pi\eta a v \tag{12.23}$$

Em que *v* é a velocidade da partícula.

Em um processo convectivo, a velocidade da partícula é obtida por meio da multiplicação da taxa de cisalhamento pela distância movida pela partícula. Tendo como base o raio da partícula, *a*, a distância pode ser escrita como múltiplos de *a* (ξa). Dessa forma, sua velocidade é determinada pela Equação (12.24).

$$v = \dot{\gamma} a \xi \tag{12.24}$$

Correlacionando-se (12.23) e (12.24), obtém-se a Equação (12.25).

$$F = 6\pi\eta\dot{\gamma}a^2\xi \quad \text{ou} \quad F = 6\pi\tau a^2\xi \tag{12.25}$$

A energia requerida para mover a partícula pela distância *a* é obtida da Equação (12.26).

$$w = Fa \tag{12.26}$$

Normalizando-se essa energia por $k_B T$, obtém-se uma grandeza adimensional, denominada de *número de Péclet*, P_e (Equação 12.27).

$$\frac{Fa}{k_B T} = P_e\xi \cong P_e \quad \text{ou} \quad P_e \equiv \frac{6\pi a^3\tau}{k_B T} \tag{12.27}$$

Se $P_e < 1$, a situação se assemelha à quiescente, isto é, o movimento browniano ainda é dominante sobre o fluxo convectivo.

Considere um sistema formado por partículas em certa fração volumétrica, na qual forças fracas de interação mantêm as partículas agregadas, formando uma rede interconectada. Se nesse sistema é aplicado um leve campo de cisalhamento, é possível observar alguma tixotropia, devido ao rompimento da rede. Nesse contexto, Michaels e Bolger derivaram uma expressão para a taxa de energia liberada ($\frac{dE}{dt}$) durante o rompimento da rede (Equação 12.28).

$$\frac{dE}{dt} = \tau\dot{\gamma} = \left[\eta_0\left(1 - \frac{\phi}{\phi_{m(\infty)}}\right)^{-[\eta]\phi_{m(\infty)}}\right]\dot{\gamma}^2 + \tau_B\dot{\gamma} \quad (12.28)$$

O primeiro termo dessa Equação é derivado da equação de Krieger-Dougherty (Equação 12.6), e o segundo termo se relaciona com a equação de Binghan (Equação 10.1).

Usando-se essa equação, é possível mostrar que a tensão-limite, a partir da qual o sistema começa a fluir, será obtida da Equação (12.29).

$$\tau_B \cong \frac{24|W_m|\phi^2}{\pi^2 2a} \quad (12.29)$$

Em que W_m é módulo do potencial no fundo do poço secundário.

O modelo de Michaels e Bolger foi aplicado para partículas de látex contendo uma monocamada de surfactante adsorvido. O valor para W_m pode ser determinado a partir da inclinação da reta que ajusta os pontos experimentais. Na Figura 12.11, encontra-se o gráfico da tensão de Binghan em função da fração volumétrica (quadrática) das partículas.

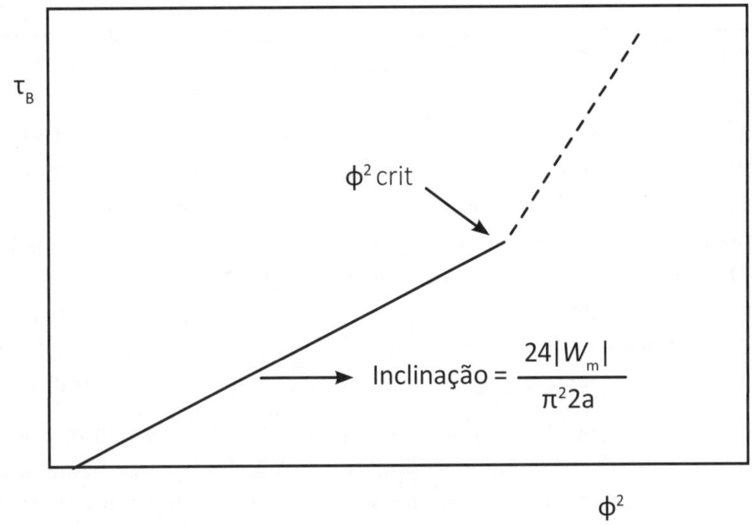

Figura 12.11 – Gráfico contendo a variação para a tensão de Binghan em função da fração volumétrica, para látex contendo uma monocamada de surfactante. A linha sólida representa o ajuste da equação de Krieger-Dougherty.

De acordo com o gráfico, à medida que a fração volumétrica das partículas aumenta, aumentam os valores de τ_B. De acordo com o modelo, τ_B varia linearmente com ϕ^2. No entanto, quando ϕ^2_{crit} é atingido, ocorre uma mudança drástica na inclinação. Essa mudança corresponde à transição ordem-desordem das partículas, que produz significativo aumento em τ_B. Obviamente, essa transição não está prevista no modelo de Michaels e Bolger. Considerando-se a validade do modelo, é interessante observar que, se fossem realizados estudos reológicos para dispersões nas quais fossem determinados os valores de τ_B para dispersões com diferentes frações volumétricas (menores que ϕ^2_{crit}), se conhecido o tamanho das partículas (a), o gráfico de τ_B em função de ϕ^2 permite determinar o valor do potencial no fundo do poço do mínimo secundário. Essa é uma interessante conexão entre os dados reológicos e microscópicos do sistema.

Dispersões concentradas, feitas com partículas que interagem fortemente, podem formar géis com características peculiares. As medidas reológicas desses sistemas são bastante complicadas, pelos seguintes aspectos:

1) pouca reprodutibilidade;
2) os sistemas são sensíveis à forma com que a amostra é preparada;
3) são sensíveis à história do cisalhamento;
4) a faixa de resposta linear é pequena;
5) para elevadas frações volumétricas pode ocorrer o deslizamento (escorregamento) do sensor, gerando artefatos.

Geralmente, os sistemas formados por partículas que interagem fortemente formam géis muito rígidos. O poço secundário relacionado com a interação entre as partículas possui energia da ordem de -20 k_BT. Dessa forma, uma vez que as partículas se agreguem, dificilmente sofrerão rearranjos por cisalhamento. Por esse motivo, é bastante difícil medir o tempo de relaxação dessas estruturas. O tempo de relaxação pode ser muito mais longo do que a janela temporal do experimento (a relaxação pode ocorrer horas após o estímulo mecânico). Por isso, os géis com interação fortes são principalmente caracterizados pela tensão-limite para o escoamento.

Um dos grandes problemas para tratar teoricamente os géis formados com partículas que interagem fortemente está no fato de que eles não se encontram em equilíbrio termodinâmico. Assim, na melhor situação, eles podem ser considerados como estando em equilíbrio estático. Portanto, se duas partículas de raio a estão separadas pela distância D_0 (a partir de seus centros), como esquematizado na Figura 12.12, e sofrem uma deformação dada por γr_0 (sendo $r_0 = 2a+D_0$), a razão entre a deformação depois/antes será expressa pela Equação (12.30).

$$\frac{\gamma(2a + D_0) + D_0}{D_0} \approx \frac{2\gamma a}{D_0} \qquad (12.30)$$

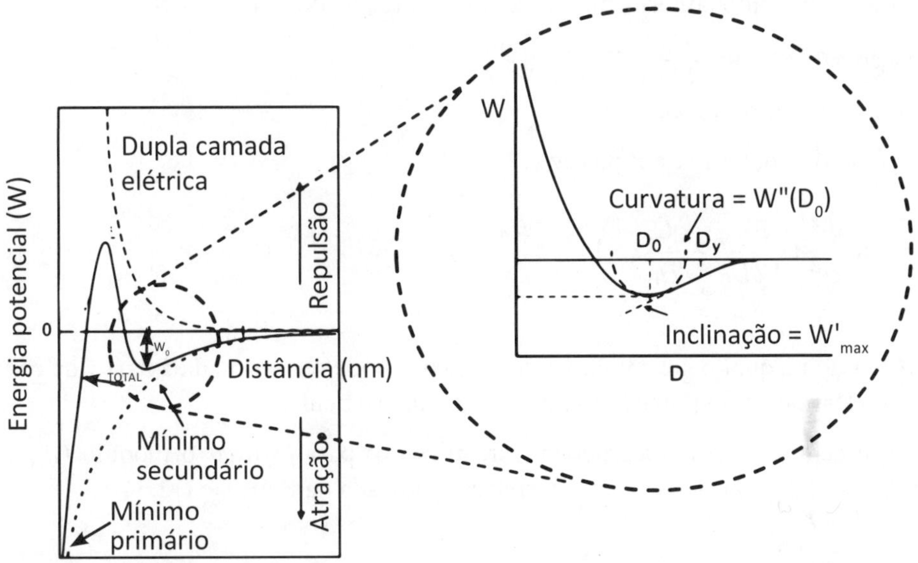

Figura 12.12 – Diagrama de energia na região do mínimo secundário, indicando a derivada (reta) *dw/dD*, que se relaciona com a força para separar duas partículas.

A força necessária para a separação das duas partículas é obtida da Equação (12.31).

$$F = -\left(\frac{dw}{dD}\right)_D \qquad (12.31)$$

Na Figura 12.13 está indicada a reta tangente à curva de potencial no ponto $y(2a + D_0) + D_0$. Se a força aplicada é tal que mantém as partículas dentro do poço potencial secundário, quando ela for removida, as partículas novamente se agruparão.

A tensão (macroscópica) medida é proporcional ao número de partículas que compõem o sistema por unidade de área, isto é, proporcional a $\frac{\phi^2}{a^2}$.

Haverá um ponto de separação das partículas em que $-\frac{dw}{dD}$ é máximo. A partir desse ponto, qualquer deslocamento adicional das partículas (devido à aplicação de tensão) resultará na quebra da estrutura do gel (entrada na região não linear). O ponto limite a partir do qual haverá o escoamento (τ_y) é dado pela Equação (12.32).

$$\tau_y \propto \frac{\phi^2}{a^2}\frac{dw}{dD} \tag{12.32}$$

Como mostrado anteriormente, a profundidade do poço é determinada pela Equação 3.6 ($W_{min} \approx -\frac{aA_H}{12D} + C\zeta^2 a$).

Assim, assumindo que:
$\frac{dw}{dD} \approx -\frac{W_{min}}{D_0}$, obtém-se a Equação (12.33).

$$\tau_y \propto \frac{\phi^2}{a^2}\left(\frac{A_H}{12D_0} - \frac{C}{D_0}\zeta^2\right) \tag{12.33}$$

A tensão na qual o gel começa a desmanchar pode ser estimada a partir da constante de Hamaker, do potencial zeta e do raio da partícula.

Argumentos semelhantes podem ser utilizados para estimar o módulo G, pois, como $G \equiv \frac{\tau}{\gamma}$, é possível fazer a correlação indicada na Equação (12.34).

$$G \approx \frac{2\phi^2}{a}\frac{d^2w}{dD^2}, \tag{12.34}$$

ou simplesmente pela Equação (12.35):

$$G \approx \frac{2\phi^2}{D_0^2}\left(\frac{A_H}{12D_0} - C\zeta^2\right) \tag{12.35}$$

Em taxas de cisalhamento consideráveis, o gel encontra-se rompido, e a curva de fluxo pode ser ajustada pela equação de Binghan (Equação 10.1). A estruturação das partículas pode resultar em grandes variações nos valores no limite de tensão de Binghan (τ_B) e da viscosidade aparente (η_{pl}).

Um caso muito interessante envolve dispersões da caulinita. Essa argila possui a forma de placas, que, em repouso, podem formar estruturas do tipo borda-face ou face-face (Figura 12.13). A forma borda-face possui uma estruturação como a de um castelo de cartas de baralho. No entanto, se um surfactante catiônico (por exemplo, brometo de hexadeciltrimetilamônio, HTAB) é adicionado na dispersão, ele adsorve na interface negativa das partículas de caulinita, desfazendo a estrutura borda-face, formando a estrutura face-face. O comportamento reológico é então intensamente modificado.

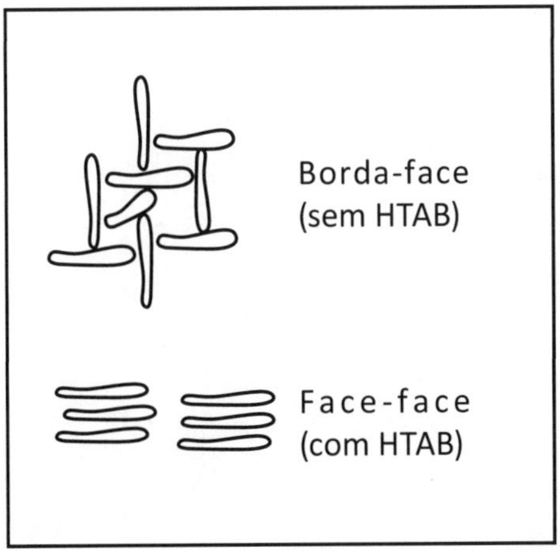

Figura 12.13 – Arranjos possíveis para dispersões de caulinita: borda-face e face-face.

Os valores de τ_B, como de η_{pl}, sofrem significativa mudança devido à reestruturação das partículas. Obviamente, basta olhar o arranjo das duas possíveis configurações para prever as possíveis respostas para as curvas de fluxo dos dois arranjos.

CAPÍTULO 13

Reologia de soluções de surfactantes

13.1 MICELAS GIGANTES

Como mencionado no Capítulo 4, a reologia de soluções de micelas esféricas é bastante "monótona" abaixo da concentração de 30%, pois as soluções apresentam comportamento próximo do newtoniano. No entanto, as *micelas gigantes*, também chamadas de *micelas vermiformes* (*wormlike micelles*), mesmo em regimes mais diluídos, apresentam comportamento reológico bastante complexo. Aspectos relacionados com parâmetros geométricos das micelas gigantes são muito relevantes para se entender a reologia desses sistemas.

A Figura 13.1 contém uma representação de uma micela gigante, com a indicação de alguns dos parâmetros geométricos característicos: seu raio de giro, R_g, sua extensão, L_c, seu comprimento de persistência, l_p e seu raio da secção, R_{cs}.

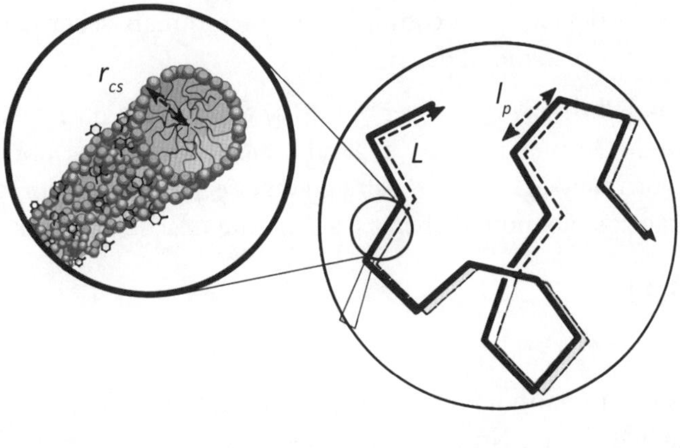

Figura 13.1 – Representação de uma micela gigante com a indicação de seus parâmetros geométricos característicos.

Experimentos de espalhamento (de nêutrons e de ondas eletromagnéticas) são fundamentais para determinação desses parâmetros. O gráfico de intensidade de espalhamento, I_q, em função do vetor de espalhamento, q (Figura 13.2), mostra com clareza as diferentes dimensões da micela gigante.

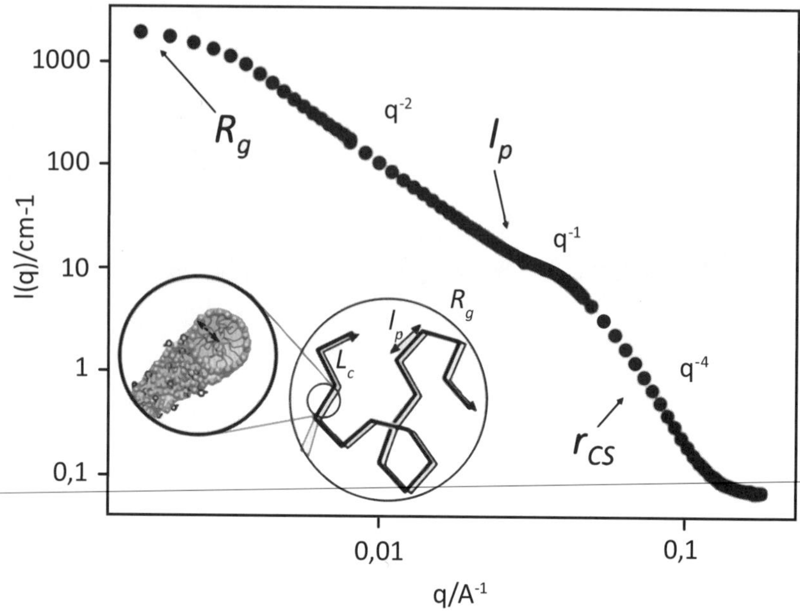

Figura 13.2 – Variação de I_q em função de q para uma solução de micela gigante, com as inclinações características e as respectivas correlações com a estrutura da micela (no detalhe da figura).

Em baixos valores de q, a intensidade de espalhamento varia com q^{-2} e está relacionada com o espalhamento da grande estrutura da micela (forma gaussiana). Em regiões um pouco maiores de q, a dependência é com q^{-1}, característica de estruturas na forma de bastões. A dependência com q^{-4} (decaimento mais acentuado) se relaciona com a dimensão da secção radial das micelas.

O raio de giro da micela poderia ser obtido se fosse usado o valor de q_{max} do platô da curva (região de Guinier), mas ele é, geralmente, difícil de ser obtido, devido aos elevados valores de raio de giro das micelas gigantes e, portanto, valores muito pequenos de q. Se as cadeias são monodispersas, a seguinte relação pode ser usada:

$$q_{max}R_g = 1{,}41 \tag{13.1}$$

Como foi visto, o tamanho da micela gigante para o surfactante iônico passa a ser significativo quando $c > c^*$. No entanto, no caso de alguns surfactantes catiônicos, como o cetiltrimetilamônio (CTA), as micelas gigantes podem ser formadas em baixas concentrações se o salicilato, por exemplo, é adicionado na solução do surfactante.

Os ânions salicilatos se agrupam próximos das cabeças positivas das moléculas do surfactante, reduzindo, entre outros fatores, a repulsão delas. O anel aromático fica inserido no interior da micela, reduzindo, assim, a exposição na água (efeito hidrofóbico). Um esquema desse agrupamento foi mostrado no Capítulo 4 (Figura 4.13).

A razão entre o surfactante e o salicilato pode ser variada, com consequente mudança reológica. Veja na Figura 13.3 como a intensidade de espalhamento de nêutrons vai variando à medida que, em uma concentração fixa de CTAB, é aumentada a concentração de salicilato.

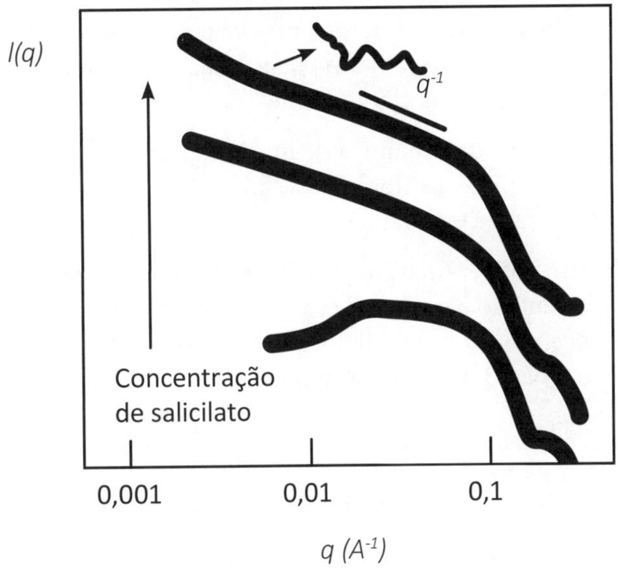

Figura 13. 3 – Variação da intensidade de espalhamento de nêutrons em função do vetor de espalhamento, para soluções de CTAB contendo concentrações crescentes de salicilato.

Para a solução sem salicilato, o resultado do espalhamento indica que as micelas são esféricas. Quando a concentração de salicilato aumenta certo valor, o decaimento q^{-1} pode ser claramente observado, revelando o crescimento micelar. As micelas apresentadas nesse exemplo possuem comprimento de persistência da ordem de (incríveis) 400 Å, portanto, com tamanho comparável ao de moléculas como o DNA. Em concentrações elevadas, o comprimento micelar pode atingir a dimensão micrométrica.

Produziram-se micelas gigantes pela combinação do surfactante cloreto de bis (hidroxietil) metil amônio com quantidades crescentes de KCl. Foram correlacionadas as viscosidades no platô newtoniano com imagens obtidas por microscopia eletrônica em baixas temperaturas (Cryo-TEM). Pôde-se verificar claramente que o aumento da concentração de KCl resulta na transição de micelas esféricas para gigantes. Notou-se também que, a partir de determinada concentração de KCl, a viscosidade diminui, e as cadeias micelares sofrem fusão (formação de ramificações). Como será discutido adiante na seção 13.2, por mais paradoxal que pareça, a formação de estruturas ramificadas no caso das micelas gigantes, resulta na diminuição da viscosidade.

13.2 REOLOGIA DE MICELAS GIGANTES

A natureza viscoelástica de uma solução contendo micelas gigantes pode ser facilmente identificada. Se o frasco contendo a solução é agitado circularmente, as pequenas bolhas gasosas que se formam giram acompanhando o movimento circular do frasco. Quando a rotação do frasco é interrompida, pode-se observar claramente que as bolhas param e, em seguida, rodam um pouco, mas no sentido contrário àquele no qual estavam indo. Portanto, uma clara manifestação de viscoelasticidade.

A descrição quantitativa da dinâmica de micelas gigantes foi feita de maneira independente pela primeira vez no final da década de 1980 e início da de 1990, por Rehage, Hoffmann, Shikata e Candau.

Rehage e Hoffmann obtiveram o curioso reograma, como o demonstrado na Figura 13.4, em que é apresentado o gráfico da variação da viscosidade no platô newtoniano em função da concentração de salicilato, que é progressivamente adicionado a uma solução fixa de cloreto de CTAB = 100 mmol L^{-1}.

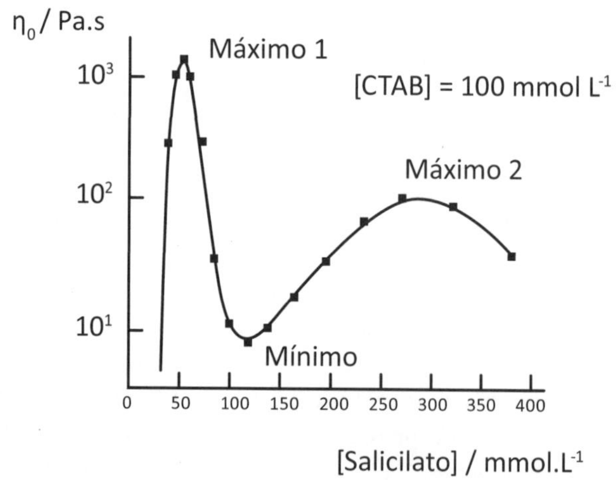

Figura 13.4 – Viscosidade no platô newtoniano em função da concentração de salicilato contendo concentração fixa de CTAB = 100 mmol L^{-1}.

Ao adicionar quantidades crescentes de salicilato de sódio na solução contendo 100 mmol L^{-1} de CTAB, a viscosidade no platô newtoniano aumenta progressivamente, atingindo um valor máximo quando [salicilato] = 50 mmol L^{-1}. Rehage e Hoffmann interpretaram corretamente que nessa proporção ocorria a transição de micelas esféricas para micelas gigantes, cujas cadeias se entrelaçavam. É interessante que um mínimo é observado para [salicilato] = 100 mmol L^{-1} e outro máximo é obtido quando [salicilato] = 250 mmol L^{-1} (será discutido adiante nesta mesma seção).

A parte mais fascinante do trabalho desses quatro pesquisadores foi a descoberta de que a viscoelasticidade das soluções em determinadas regiões do diagrama seguia quase que perfeitamente o modelo de Maxwell. Ou seja, *G(t)* tem a forma:

$$G(t) = G_0\, exp\left(-\frac{t}{\lambda}\right) \tag{13.2}$$

E seguem o modelo de Maxwell, conforme Equações (9.48) e (9.49). Em outras palavras, apenas um único tempo de relaxação é necessário para descrever como *G'* e *G"* variam com a frequência para as longas cadeias de micelas gigantes entrelaçadas que formam o sistema.

Na Figura 13.5, é possível observar como o ajuste dos dados experimentais para a reologia do 100 mmol L^{-1} de CTAB com 100 mmol L^{-1} de salicilato (1:1) é perfeito na região de baixas frequências (menores que 10 rad s^{-1}), usando o modelo de Maxwell.

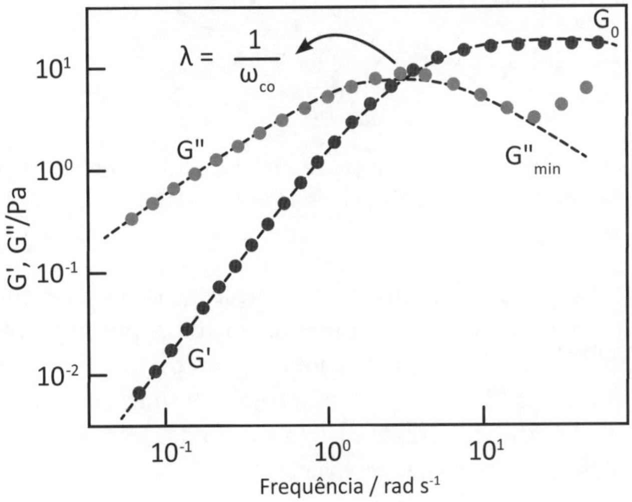

Figura 13.5 – Módulos elásticos e viscosos para micelas gigantes de CTAB e salicilato (solução equimolar contendo 100 mmol L^{-1}), em que o tempo de relaxação, λ, relacionado com o ponto de cruzamento das duas curvas está indicado. As linhas tracejadas correspondem ao ajuste de Maxwell.

Um dos problemas centrais até 1990 era a explicação da existência de um único tempo de relaxação (λ) para um sistema tão complexo. Cates (1987) sugeriu que os eventos de quebra e recombinação das estruturas micelares (o agrupamento é mantido por interações não covalentes) estão acoplados e que resultam na aceleração da relaxação da tensão. Seguindo o modelo de de Gennes, ele considerou a cadeia da micela gigante e o processo de reptação, como mostrado na Figura 13.6. A referida cadeia teria, assim, um tempo característico, λ_{rept}, para que se desvencilhasse completamente do tubo (saísse da situação apresentada na Figura 13.6a e atingisse a situação da Figura 13.6d.

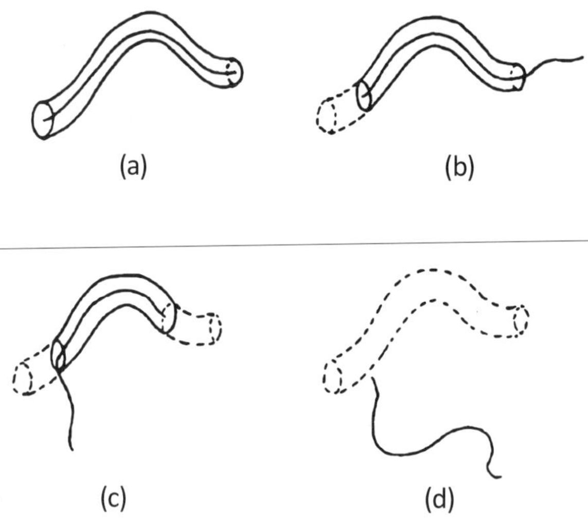

Figura 13.6 – Evolução da cadeia da micela gigantes e o tempo necessário para a perda completa de correlação com o tubo original. Obtida com a permissão de Cates (1987).

Cates considerou que, em determinadas situações (como a da Figura 13.4, em que a proporção do surfactante catiônico é a mesma do ânion, portanto, próximo da neutralidade de carga), dentro do tempo relacionado com o processo de reptação, λ_{rept}, as micelas sofrem muitas quebras e recombinações (com tempo característico λ_{quebra}), como mostrado na Figura 13.7. Nesse caso, o tempo de quebra e de recombinação é dominante para definir as respostas reológicas.

Em outras palavras, $\lambda_{quebra} << \lambda_{rept}$. Assim, o processo de quebra e recombinação passa a ser um eficiente meio de relaxar a tensão de cisalhamento aplicada (Figura 13.7). Quando a cadeia se quebra, parte da tensão de cisalhamento aplicada na cadeia irá se dissipar.

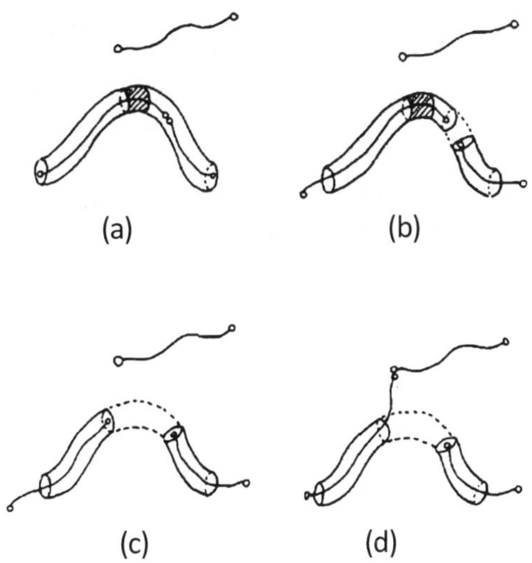

Figura 13.7 – Processos de quebra e recombinação da cadeia de uma micela gigante no interior do tubo original. Obtida com a permissão de Cates (1987).

Dessa forma, essa etapa cinética (dominada pela quebra e pela recombinação) torna-se preponderante, resultando em um único tempo de relaxação, λ. O único tempo de relaxação explica a razão de as curvas de G' e G'', em função da frequência, serem ajustadas pela equação de Maxwell. Cates propôs que λ se relaciona com os tempos de reptação e quebra, por meio da Equação (13.3).

$$\lambda \approx \sqrt{\lambda_{quebra}\lambda_{reptação}} \tag{13.3}$$

Em situações distantes da condição de neutralidade superficial, o tempo de quebra e recombinação não é tão curto em relação ao de reptação ($\lambda_{quebra} > \lambda_{rept}$). Nesse caso, o modelo de Maxwell, com um único tempo de relaxação (e mesmo a Equação 13.3), não se aplica mais para descrever o comportamento reológico das micelas gigantes.

Para se entender a Equação (13.3), pode-se considerar um segmento de um tubo que contém uma cadeia da micela gigante em reptação. Esse segmento somente relaxará de maneira completa quando uma das extremidades da cadeia sair pela extremidade oposta do tubo original, como indicado em 13.6d. No entanto, no caso em que $\lambda_{quebra} << \lambda_{rept}$, durante a reptação, a micela gigante quebra espontaneamente (como representado na Figura 13.7). Um pedaço da cadeia somente reptará se esse mecanismo ocorrer por um tempo inferior ao λ_{quebra}. Uma vez que o tempo de reptação (completo, λ_{rept}) envolve o tempo necessário para que toda a extensão $\overline{L}$ da cadeia micelar escape do tubo, dentro do tempo de quebra (λ_{quebra}), apenas uma fração de $l/\overline{L}$ reptará. Assim, l e $\overline{L}$ se relacionam com λ_{rept} e λ_{quebra} por meio da Equação (13.4).

$$\frac{l}{\overline{L}} \approx \left(\frac{\lambda_{quebra}}{\lambda_{reptação}}\right)^{\frac{1}{2}} \tag{13.4}$$

A dependência de G_0 e λ para soluções de micelas gigantes com relação à concentração de surfactante, ϕ, pode ser prevista pela teoria do escalonamento, conforme Equação (13.5) e (13.6).

$$G_0 \propto \phi^{\frac{9}{4}} \tag{13.5}$$

$$\lambda_{rept} \propto \phi^{\frac{9}{4}} \tag{13.6}$$

É interessante destacar que se assume o tempo de quebra micelar como independente da concentração do surfactante, mas dependente de $\overline{L}$, conforme Equação (13.7).

$$\lambda_{quebra} \propto \frac{1}{\overline{L}} \tag{13.7}$$

De acordo com a Equação 13.7, estranhamente, o tempo de quebra diminui à medida que a cadeia é aumentada. Isso é explicado pelo fato de que, para cadeias de micelas gigantes maiores, tanto maior será a probabilidade de quebra quanto maior elas forem.

O comportamento monoexponencial da relaxação não é obedecido para frequências elevadas (em que existem prevalências de regimes rouseanos). Uma forma de verificar esse desvio envolve a construção do gráfico *Cole-Cole*, no qual se constrói o gráfico de G'' em função de G', normalizados pelo G_0, partindo de baixas para altas frequências, como mostrado na Figura 13.8.

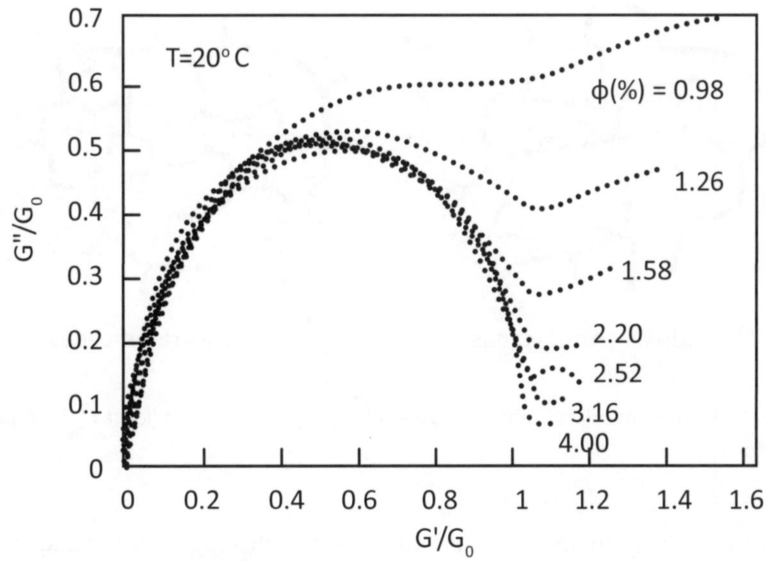

Figura 13.8 – Gráfico de Cole-Cole para um sistema de micela gigante em diversas concentrações ϕ de surfactante. Obtido com a permissão de Berret; Apell; Porte (1993).

Se não existem desvios do modelo da Maxwell, é obtido um semicírculo perfeito. Note que, de acordo com o gráfico da Figura 13.8, os desvios são mais acentuados em duas condições: em frequências maiores (portanto, maiores valores de *G*" e *G*') e para concentrações de surfactante mais baixas. O desvio é proporcional à razão entre $\lambda_{quebra} / \lambda_{rept}$.

O gráfico de Cole-Cole pode apresentar um mínimo na região de alta-frequência, que está relacionado com o número de pontos de entrelaçamento das micelas gigantes.

Em condição de alta salinidade, as micelas gigantes sofrem interconexão (ramificação), formando uma rede tridimensional dinâmica, como mostrado no esquema da Figura 13.9.

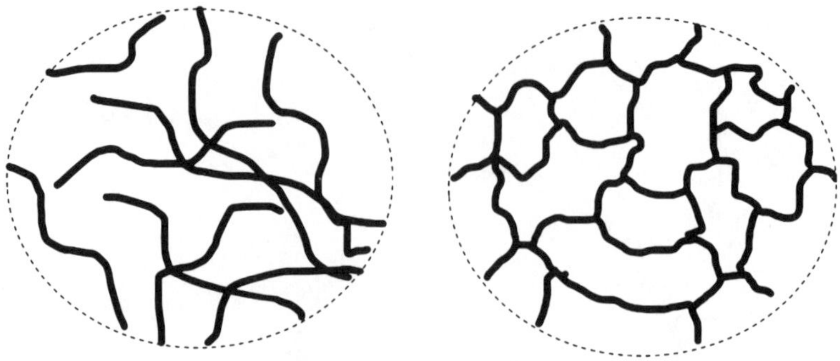

Figura 13.9 – Cadeias de micelas gigantes: entrelaçadas (esquerda) e ramificadas (direita) devido ao aumento da força iônica.

As ramificações também são observadas nas micelas gigantes formadas nas condições próximas da estequiométrica para CTAB (100 mmol L^{-1}) e salicilato (Figura 13.4). Como foi apresentado no Capítulo 4, os ânions hidrofóbicos passam a fazer parte da micela gigante, com o anel voltado para o interior da micela e a parte polar para a interface com o meio aquoso. Esse efeito é facilmente observado pelo deslocamento do sinal dos átomos de hidrogênio do anel aromático em espectros de RMN. De acordo com Hoffmann, nessa situação, as cadeias das micelas encontram-se ramificadas como está esquematizado na Figura 13.9 (à direita). As cadeias não estão mais entrelaçadas, mas sim interconectadas, pois não existe repulsão elétrica (ou a repulsão é pequena) entre elas. Paradoxalmente, é nessa condição de ramificação que a viscosidade é mais baixa (veja Figura 13.4), e a equação de Maxwell descreve perfeitamente o comportamento reológico. Nessa situação, o tempo de quebra e recombinação fica muito pequeno e dominante. Aqui, diz-se que a relaxação da tensão de cisalhamento é controlada cineticamente (ou seja, pelo processo de quebra e recombinação). A viscosidade mínima observada é explicada pela facilidade de deslizamento das cadeias nos pontos de junção. Assim, esse mecanismo torna o sistema muito fluido, pois oferece pouca resistência à tensão de cisalhamento aplicada ao sistema.

A ligação do surfactante com o ânion pode ser tão forte (no caso dos ânions aromáticos chamados de fortemente ligantes, como o salicilato) que, se a concentração do contraíon for muito elevada, pode ocorrer a mudança do sinal da carga superficial da micela de positiva para negativa. Essa mudança é a responsável pelo segundo máximo na curva de viscosidade mostrada na Figura 13.4. Se a micela gigante passa de positiva para negativa, consequentemente ela atravessa a condição de neutralidade de carga superficial. A repulsão desfaz as ramificações e as micelas voltam a ficar entrelaçadas.

Os efeitos térmicos sobre as estruturas micelares foram investigados, correlacionando tempos de relaxação com a temperatura. No gráfico de $log(\lambda / \eta_s)$ em função de $1 / T$ para o sistema formado por CTAB 0,25 mol L^{-1} e KBr em diferentes concentrações, observou-se boa linearidade das curvas, indicando que a dependência é do tipo Arrhenius. As seguintes Equações, (13.8) e (13.9), podem ser escritas:

$$\lambda \approx \eta_S exp\left(\frac{E_\tau}{k_B T}\right) \tag{13.8}$$

$$\lambda_{quebra} \approx exp\left(\frac{E_{quebra}}{k_B T}\right) \tag{13.9}$$

Em que η_s é a viscosidade do solvente e E_τ e E_{quebra}, as energias de ativação para a dissipação da tensão de cisalhamento (τ) e para a quebra micelar, respectivamente.

Os valores obtidos para as energias de ativação o caso do sistema contendo CTAB e KBr foram próximas:

$$\frac{E_\tau}{k_B T} = 42$$
$$\frac{E_{quebra}}{k_B T} = 48$$

Alguns parâmetros reológicos podem ser correlacionados com a estrutura e a dimensão das micelas gigantes. Na Figura 13.10, está apresentada uma representação de um sistema de micelas gigantes, no qual estão destacados alguns parâmetros geométricos característicos: L (comprimento de contorno), l_p (comprimento de persistência), *le* (comprimento entre pontos de entrelaçamento), ξ_M (tamanho do *mesh*) e d (diâmetro do filamento micelar).

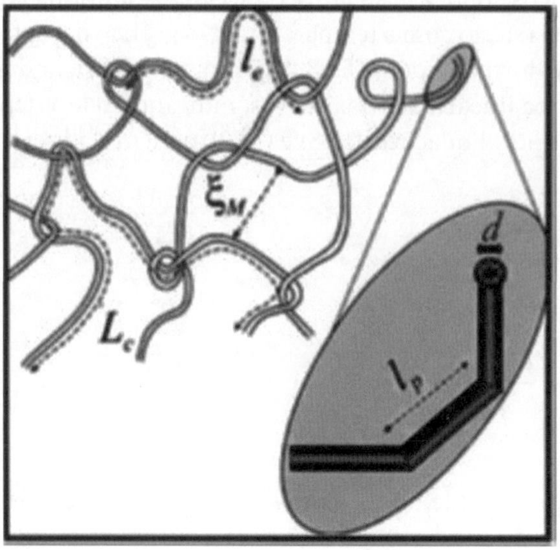

Figura 13.10 – Representação de um gel de micela gigante, com a indicação dos parâmetros característicos: *L* (comprimento de contorno), l_p (comprimento de persistência), l_e (comprimento entre pontos de entrelaçamento), ξ_M (tamanho do *mesh*) e *d* (diâmetro do filamento micelar). Obtido com a permissão de Schubert; Kaler; Wagner (2003).

A reologia (especificamente os parâmetros: G_0 e G''_{min}, como indicado na Figura 13.6) pode fornecer estimativas dos principais parâmetros estruturais dos géis formados por micelas gigantes, como indicado nas Equações (13.10) a (13.12).

$$\xi_M = \left(\frac{k_B T}{G_0}\right)^{\frac{1}{3}} \tag{13.10}$$

$$l_e = \frac{\xi^{\frac{5}{3}}}{l_p^{\frac{2}{3}}} \tag{13.11}$$

$$\frac{G_{min}}{G_0} \cong \frac{l_e}{L} \tag{13.12}$$

O valor médio típico para o comprimento de persistência, *lp*, para micelas gigantes é de 30 nm. Assim, de posse de G_0, G''_{min}, todos os parâmetros característicos da micela gigante, como *L* e l_e, podem ser determinados.

13.3 BANDAS DE CISALHAMENTO (*SHEAR BANDING*)

A reologia de micelas gigantes é bastante complexa, pois a energia mecânica aplicada para se investigar o comportamento reológico também pode causar alteração na estrutura micelar, criando um padrão reológico característico. O efeito pode ser facilmente observado, como mostrado na Figura 13.11, na qual é apresentada a dependência da viscosidade com o tempo quando a amostra fica submetida a uma determinada taxa de cisalhamento. No experimento, foi utilizada uma concentração de CTAB de 100 mmol L^{-1} combinada com 400 mmol L^{-1} de salicilato.

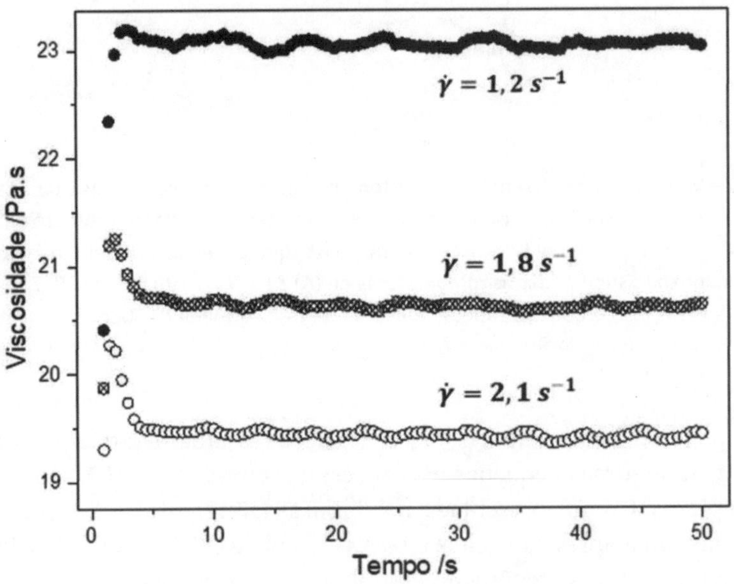

Figura 13.11 – Variação da viscosidade em função do tempo, quando diferentes taxas de cisalhamento são aplicadas em uma solução contendo micelas gigantes formadas por 100 mmol L^{-1} de CTAB e 400 mol L^{-1} de salicilato. A temperatura foi mantida em 25 °C.

Curiosamente, como se pode ver observado na Figura 13.11, ocorre uma oscilação no padrão da viscosidade, que não está relacionada com problemas no reômetro, mas sim, com mudanças estruturais que ocorrem no interior do sistema.

Oscilações semelhantes podem ser vistas na Figura 13.12, em que estão apresentados reogramas para uma solução de micelas gigantes formadas por tosilato de cetiltrimetilamônio, CTAT 2 wt %, e 100 mmol L^{-1} de NaCl. No estudo, a tensão de cisalhamento aplicada à solução é medida em função do tempo, mantendo a taxa de cisalhamento fixa em 25 s^{-1}. No experimento, os autores avaliam como a variação de temperatura afeta a tensão de cisalhamento. Na Figura 13.12 à esquerda, estão apresentadas as curvas associadas com a solução, quando ela está submetida às temperaturas de (A) 31,5 °C, (B) 28,8 °C e (C) 27,2 °C.

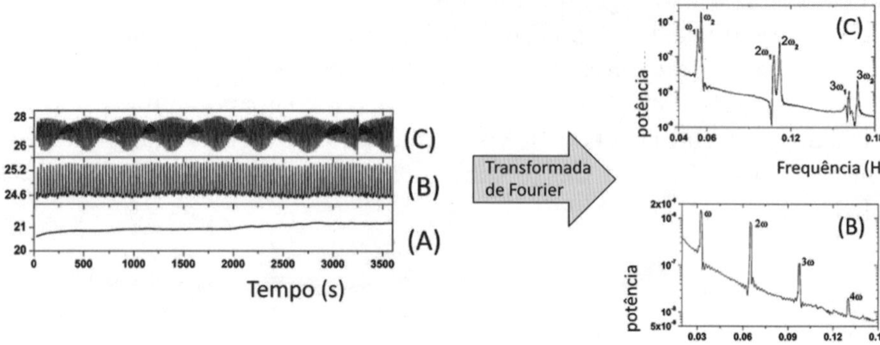

Figura 13.12 – Variação da tensão em função do tempo, para amostras cisalhadas a uma taxa de cisalhamento fixa de 25 s^{-1}. A solução é composta por micelas gigantes, formadas por tosilato de cetiltrimetilamônio, CTAT 2 wt %, e 100 mmol L^{-1} de NaCl. Na figura à esquerda, estão apresentadas as curvas aplicadas à solução, quando submetidas às temperaturas de (A) 31,5 °C, (B) 28,8 °C e (C) 27,2 °C. Nas figuras à direita, estão as curvas produzidas após a aplicação da transformada de Fourier.
Fonte: Adaptada com a permissão de Ganapathy; Sood (2006).

Como pode ser observado, em (A) a tensão de cisalhamento sofre aumento progressivo e com algumas pequenas oscilações; nas curvas (B) e (C), são formados padrões complexos. Como apresentado nas Figuras (13.11) e (13.12), sob cisalhamento, as curvas passam a apresentar altas e baixas taxas de cisalhamento (oscilações) para uma mesma tensão. Esse fenômeno é também caracterizado por regiões (no *gap* da geometria) em que se observa afinamento e espessamento da solução Essas regiões podem ser visualmente observadas se o experimento for realizado em um sistema que permita observar anisotropia ótica. Diz-se que está se formando no interior do gap bandas (de maior e menor viscosidades), designadas por *shear banding* (bandas de cisalhamento).

Na Figura 13.12, à direita, são apresentados os espectros de potência, aplicando-se a transformada de Fourier. Pode ser observado que, para a curva (B), existe uma frequência primária centrada em torno da frequência de 0,03 Hz e seus harmônicos mais altos (0,06; 0,09,...H z), revelando que o padrão complexo se origina da combinação de oscilações da frequência primária de 0,03 Hz. A uma temperatura ligeiramente mais baixa, de 27,2 °C, as oscilações da tensão tornam-se bem mais complexas (Figura 13.12c). Com a aplicação da transformada de Fourier, pode-se observar que, agora, o padrão é originado da combinação das frequências primárias centradas em torno de 0,053 e 0,055 Hz.

Imagens obtidas por microscopia eletrônica de amostras resfriadas bruscamente (crio-TEM) mostram que as micelas submetidas ao fluxo se apresentam altamente alinhadas. Esse aspecto será discutido adiante, quando forem considerados experimentos de espalhamento de nêutron e de luz, realizados simultaneamente ao cisalhamento.

Para explicar o aumento e diminuição da viscosidade com o tempo, é necessário considerar que o regime de fluxo que as micelas gigantes seguem não é o tipo estacionário, mas com bandas de cisalhamento (*shear banding*). A banda de cisalhamento está relacionada com a transição de um estado de fluxo homogêneo para um não homogêneo. A instabilidade, nesse caso, é atribuída ao fato de que a curva de fluxo não é monotônica. Isso significa que a tensão aumenta linearmente com a taxa de cisalhamento, passa por um máximo, decresce até um mínimo e volta a crescer. Entre essas regiões, haverá uma região instável na qual o sistema vai se separar em duas bandas macroscópicas: uma em baixa e outra em alta taxa de cisalhamento. Esse comportamento pode ser observado por imagens do interior do *gap* de uma cela transparente do reômetro, usando-se luz polarizada. Nesse caso, é possível observar padrões de anisotropia se movendo através do *gap*.

Os modelos para se explicar o fenômeno de *shear banding* utilizam argumentos da termodinâmica de não equilíbrio para tratar da transição de fase nas proximidades de mudança da fase isotrópica para a nemática (cadeias alinhadas). O modelo é baseado no alinhamento de bastões dispersos que se encontram inicialmente em um estado desordenado. Com a aplicação de fluxo, o potencial de interação entre as partículas se modifica devido ao alinhamento dos bastões. Com isso, é induzida a formação da fase nemática, conforme indicado na Figura 13.13.

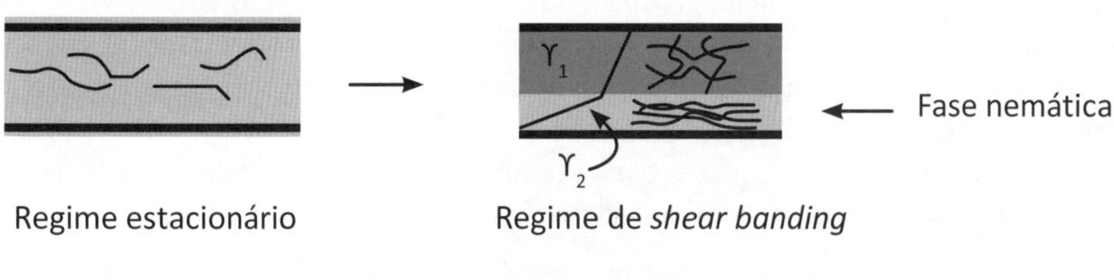

Figura 13.13 – Representação de como o modelo explica a formação das bandas de cisalhamento.

O modelo consegue quantificar a influência do cisalhamento na transição. Acima de certa taxa de cisalhamento, a fase nemática torna-se mais estável que a fase desordenada.

Na Figura 13.14 está representada uma cela de Couette, na qual três direções são indicadas: a da velocidade (v) em um dos eixos; o gradiente de velocidade (Δv) em outro eixo; e a vorticidade (w), no terceiro eixo.

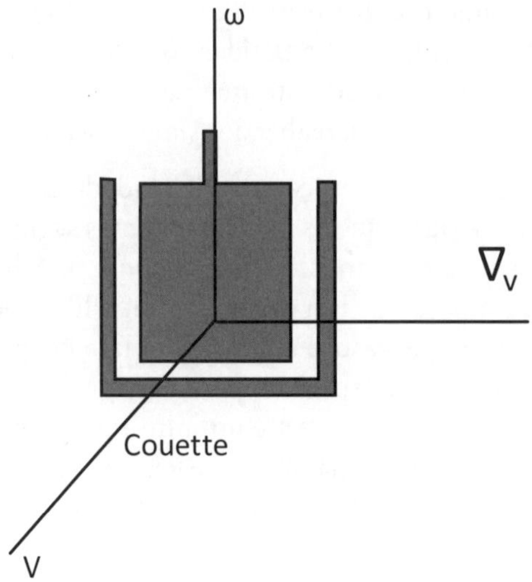

Figura 13.14 – Cela de Couette com as indicações dos eixos relativos à velocidade (*v*), ao gradiente de velocidade (∇v) e à vorticidade (ω).

Nas medidas de birrefringência, o feixe de luz polarizado incide na cela de Couette, na direção da vorticidade.

O acoplamento de um reômetro em um experimento envolvendo SANS permite observar padrões anisotrópicos à medida que a amostra está sendo cisalhada. Nesse caso, o feixe de nêutrons incide ao longo do eixo relacionado com o gradiente de velocidade (∇v). Nas medidas de reologia e de birrefringência realizadas simultaneamente, dois parâmetros podem ser obtidos: a intensidade de birrefringência e o ângulo de extinção da luz, χ (ou de nêutrons). Se um detector bidimensional para nêutrons for utilizado para detectar nêutrons espalhados por uma amostra de micelas gigantes sob cisalhamento, o grau de orientação micelar pode ser medido com grande precisão.

O alinhamento das micelas gigantes, devido ao fluxo, pode ser claramente observado em um experimento em que o espalhamento de nêutrons é obtido simultaneamente com a reologia (Figura 13.15). Nesse caso, o referido sistema é formado por uma solução de 4.5 wt% de cloreto de eurucil bis(hidroxietil)metillamônio (EHAC), e 6 wt% de KCl.

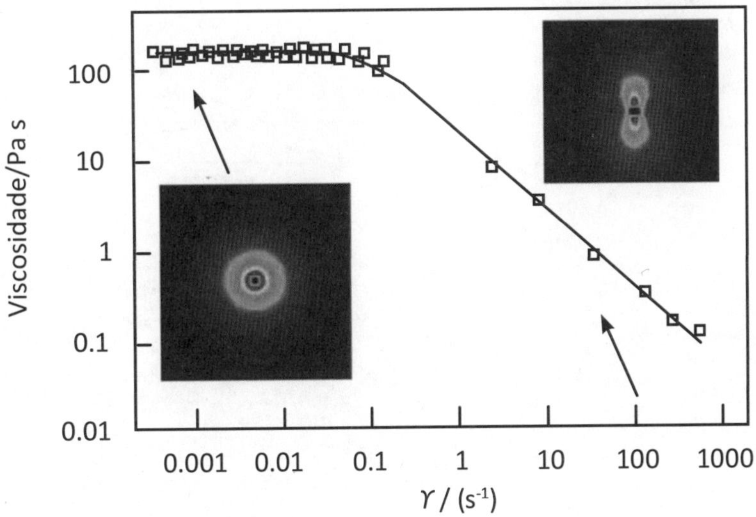

Figura 13.15 – Variação da viscosidade em função da taxa de cisalhamento, com medidas simultâneas de SANS, para um sistema formado por micelas gigantes. Adaptada com a permissão de Croce *et al.* (2005).

Observa-se com clareza que o afinamento (diminuição da viscosidade), à medida que a taxa de cisalhamento é aumentada, ocorre simultaneamente com a perda da isotropia, causada pelo alinhamento das micelas gigantes.

CAPÍTULO 14

Reologia de organogéis supramoleculares

Como mencionado no Capítulo 5, de forma geral, os organogéis são sistemas metaestáveis, isto é, estão fora do equilíbrio termodinâmico. A estrutura do gel é formada pelo crescimento de fibras cristalinas que se entrelaçam e são capazes de reter grandes quantidades de solvente. Normalmente esses géis apresentam o módulo *G'* maior que *G"* *e* independem da frequência do estímulo mecânico. Como exemplo, considere os organogéis formados em xileno que apresentam estrutura molecular mostrada na Figura 14.1.

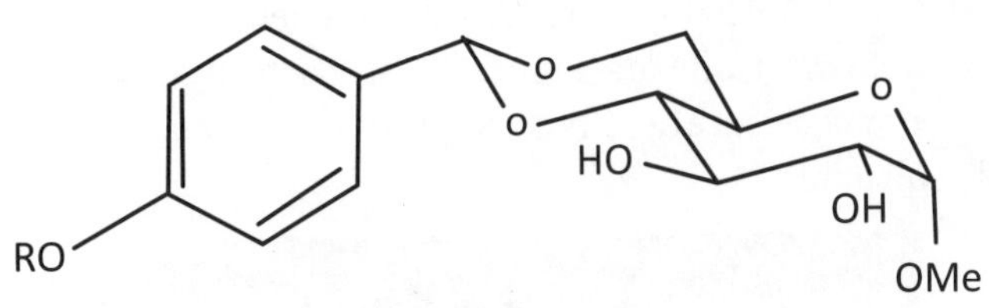

$R=C_nH_{2n+1}$ (n=3, 4, 8)

Figura 14.1 – Organogelador para hidrocarbonetos aromáticos.

A polaridade da molécula organogeladora pode ser balanceada pela variação do grupo alquila (R). A reologia oscilatória dos géis formados com o derivado com R = 8 foi realizada em para-xileno em diversas concentrações. A variação de *G'* com a frequência para os diversos géis está apresentada na Figura 14.2.

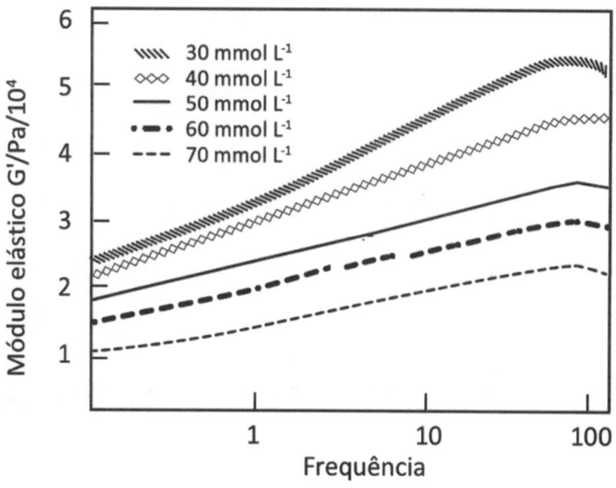

Figura 14.2 – Dependência do módulo elástico (*G'*) em função da frequência de oscilação, em Hz, para as concentrações de 30, 40, 50, 60 e 70 mmol L^{-1} para o organogelador da Figura 14.1, em que R = 8. A temperatura foi mantida a 25 °C.

Como pode ser notado, os géis formados são bem elásticos, com certa dependência de *G'* com a frequência. Esse resultado pode ser claramente entendido quando se considera a microscopia eletrônica de varredura do xerogel (estrutura obtida após a eliminação do solvente), mostrada na Figura 14.3. Ao formar-se o xerogel, pode-se perceber a formação das estruturas fibrosas, resultantes do colapso da malha do gel, devido à saída do solvente.

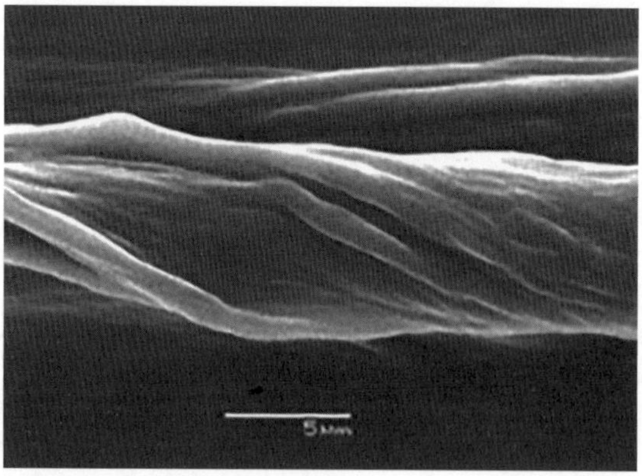

Figura 14.3 – Microscopia eletrônica de varredura do xerogel do organogelador da Figura 14.1, em que R = 8, formado a partir da evaporação do para-xileno.

Em geral, um organogel físico é formado pelo resfriamento de uma solução aquecida (estado sol) do sistema contendo moléculas denominadas organogeladoras. Ao atingir-se a temperatura de gelificação, a supersaturação é a força motriz termodinâmica para o processo. A supersaturação (da concentração do organogelador), σ, é definida pela Equação (14.1).

$$\sigma(T) = \frac{x - x_{eq}(T)}{x_{eq}(T)} \tag{14.1}$$

Em que x e $x_{eq}(T)$ são as frações molares do organogelador, total e no equilíbrio, em dada temperatura.

A reologia pode ser usada para investigar a formação de géis que seguem caminhos diferentes. Como exemplo, considere o caso do processo de gelificação de ácido n-lauroil--L-glutâmico di-n-butilamida (estrutura mostrada na Figura 14.4) em propileno glicol.

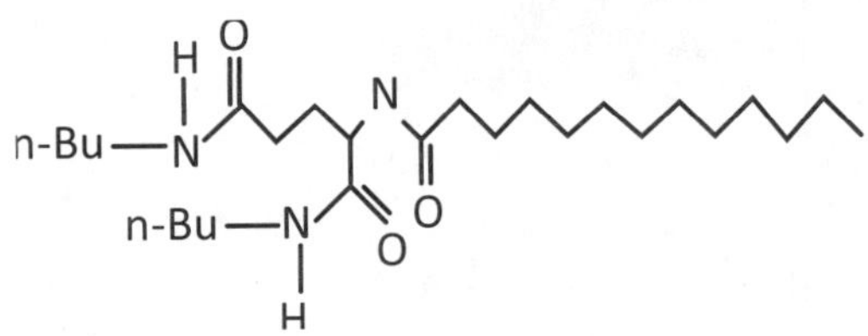

Figura 14.4 – Estrutura molecular da molécula de ácido n-lauroil-L-glutâmico di-n-butilamida.

Foi demonstrado que a supersaturação é um dos principais fatores que governam a estrutura topológica de uma rede de gel. Em particular, a criação das junções acaba sendo dependente da supersaturação, como é mostrado no esquema da Figura 14.5.

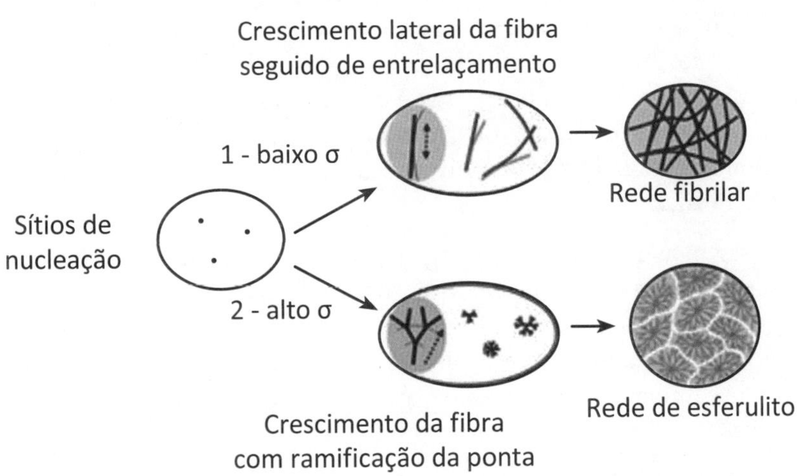

Figura 14.5 – Esquema representando a formação de géis entrelaçados pela junção de rede fibrilar, quando a saturação é baixa, ou pela rede de esferulito, quando a saturação é alta. Adaptada com a permissão de Wang *et al.* (2006).

A diferença de comportamento pode ser observada nos experimentos de ensaio de amplitude (*G'* em função da tensão de cisalhamento aplicada), como mostrado na Figura 14.6.

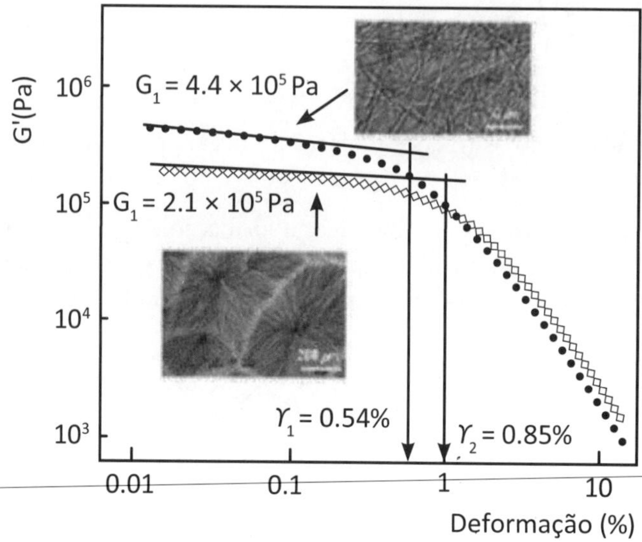

Figura 14.6 – Ensaios de amplitude dos géis formados pela rede fibrilar e de esferulitos. Adaptada com a permissão de Wang *et al.* (2006).

Como pode ser observado na Figura 14.6, com base nos valores de *G'* para os dois tipos de géis, conclui-se que a rede fibrilar resulta na formação de um sistema com maior módulo de elasticidade. No entanto, a região de tensão em que a estrutura do gel começa a quebrar-se (relacionada com a saída do sistema da região de viscoelasticidade linear) é menor que a observada para o gel formado pela rede de esferulito. A quebra da rede esferulítica, que ocorre em uma tensão maior, sugere que as junções que ocorrem nas fronteiras poderiam ser mais fortes do que os emaranhados formados na rede fibrilar.

Certos sistemas podem formar organogéis quirais. Uma das maneiras de se expressar a quiralidade molecular no nível supramolecular é por meio do princípio denominado "sargentos e soldados". Esses termos foram criados para justificar a amplificação da quiralidade em estruturas dinâmicas automontadas. Nessa analogia, uma molécula "sargento", presente no organogel, seria capaz de organizar os soldados da estrutura.

Um exemplo interessante envolveu a formação de géis de derivados de pireno (veja a estrutura molecular na Figura 14.7), formados em iso-octano e dodecano.

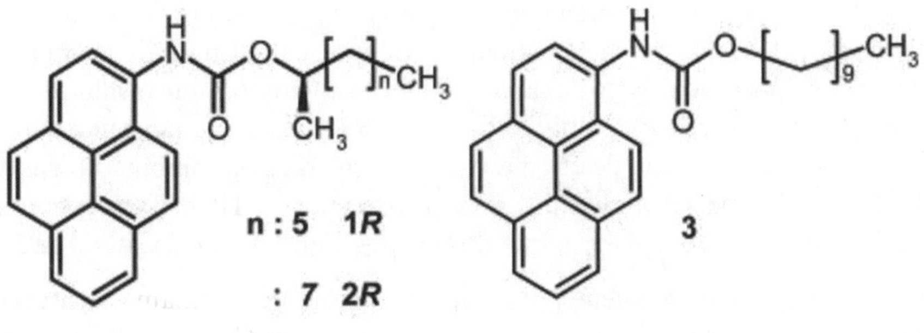

Figura 14.7 – Estruturas de derivados de pireno, sendo 1R e 2R quirais e 3 não quiral (molécula à direita).

Foi investigada a formação de estruturas supramoleculares quirais nos organogéis derivados de organogeladores quirais ("sargentos") 1R (ou 2R) e suas misturas com um análogo aquiral ("soldados"), identificado pelo número 3, em dodecano. Em determinadas temperaturas, as moléculas de 1R e 2R na concentração de 30 mmol L^{-1} se organizam, formando uma estrutura supramolecular helicoidal. As fibras produzidas resultam na formação de géis nos quais os correspondentes valores dos módulos para *G'* e *G"* foram obtidos em 1 Hz. A partir dos resultados, foram determinados os valores da tensão (indicados na Tabela 14.1) na qual os géis saem da região de viscoelasticidade linear. Pode-se, então, analisar os efeitos da quiralidade e da presença de sargentos nos géis formados com a molécula aquiral (3).

Tabela 14.1 – valores dos módulos elástico, viscoso e da tensão limite de escoamento para géis das substâncias 1R, 2R e 3, puros e combinados. Adaptada com a permissão de Das *et al.* (2010)

Géis em dodecano	*G'* (Pa)	G" (Pa)	Tensão limite de escoamento (Pa)
1R (30 mmol L-1)	40.200	2100	780
2R (30 mmol L-1)	43.100	2200	350
3 (30 mmol L-1)	4.600	900	100
3 (27 mmol L-1)/1R (3 mmol L-1)	290	20	25
3 (27 mmol L-1)/2R (3 mmol L-1)	17.400	870	560

Os estudos reológicos fornecem informações sobre a resistência mecânica e fragilidade dos géis. Como indicado na Tabela 14.1, experimentos de varredura de frequência dinâmica nos géis 1R e 2R em dodecano mostraram que esses géis exibiram elevados valores de módulos de armazenamento (~ 40.000 Pa). No entanto, o gel 2R é mais frágil, como pode ser observado pelo seu menor valor de tensão de escoamento

(≈ 350 Pa) em comparação com o gel 1R (≈ 800 Pa). Esses valores são significativamente maiores que os obtidos para o gel aquiral, formado pela molécula 3. Em contraste com esse gel, os géis dopados 3/2R, ou 3 /1R apresentaram significativa redução dos valores dos dois módulos. No entanto, é interessante notar que o valor da tensão limite é muito baixo para a combinação de 3/1R (25 Pa), mas não tão baixo para 3/2R (560 Pa). Isso leva à conclusão de que a estrutura formada pela combinação das moléculas 3 e 2R é muito mais favorável do que a formada por 3 e 1R, o que provavelmente é devido ao comprimento mais próximo dos grupos alquil de cadeia lateral de 3 e 2R.

Como explicado anteriormente, alguns organogeladores formam estruturas que são estáveis termodinamicamente. Como apresentado no Capítulo 5, derivados de bis-ureias são capazes de formar géis termodinâmicos em solventes orgânicos.

Conforme a Figura 14.8, o EHUT (veja a estrutura molecular na Figura 5.6) em tolueno forma um polímero supramolecular (designado por tubo, T), que foi caracterizado por espalhamento de nêutrons (SANS), como mostrado na Figura 14.8.

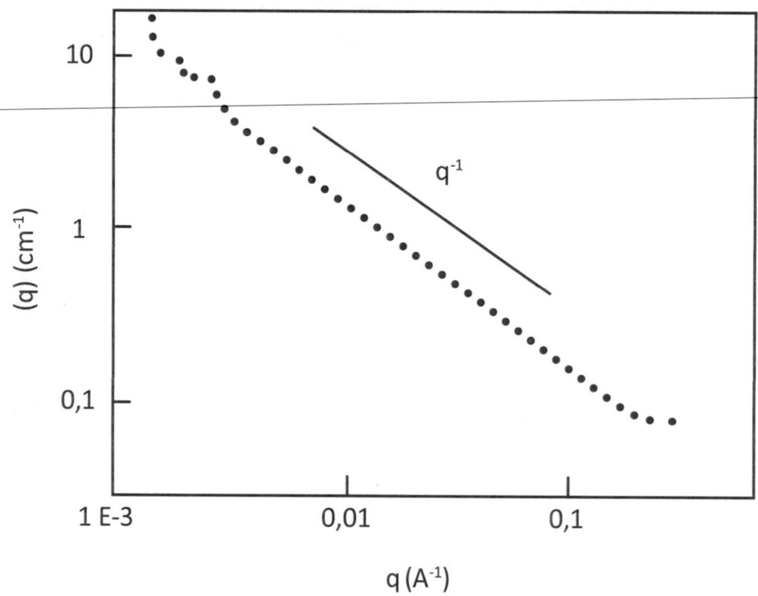

Figura 14.8 – Intensidade de espalhamento de nêutrons (SANS) do polímero supramolecular de bis-ureia em tolueno, na temperatura de 25° C.

Como pode ser observado na Figura 14.8, a estrutura alongada do polímero supramolecular de EHUT é claramente evidenciada, uma vez que a inclinação do gráfico segue a lei de potência q^{-1}, sendo que o raio de giro dessa da secção transversal do tubo foi estimado em 1,3 nm. O entrelaçamento das cadeias do polímero supramolecular é capaz de formar géis em tolueno ou octano, mesmo em concentrações baixas.

Na Figura 14.9, está apresentado um reograma de duas soluções em concentrações 5 e 10 mmol L^{-1} da bis-ureia em tolueno.

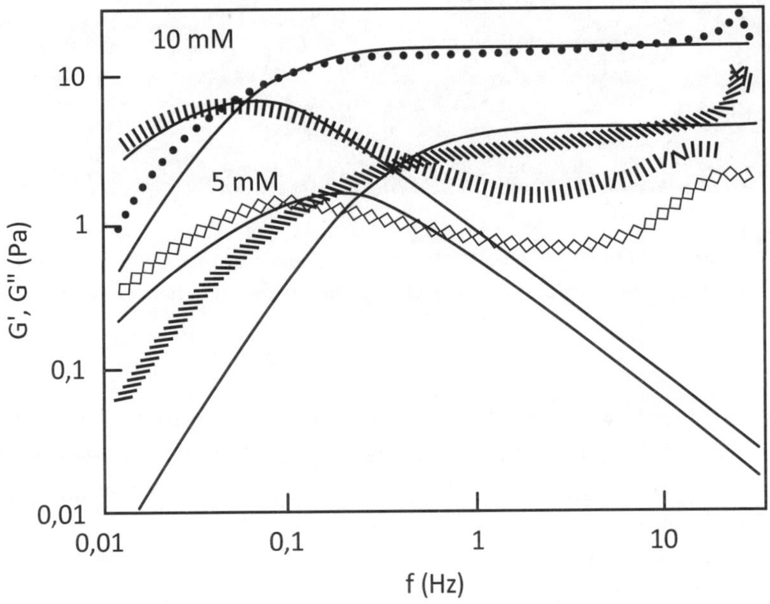

Figura 14.9 – Reograma de um gel de bis-ureia em tolueno em duas concentrações diferentes. As linhas cheias correspondem ao ajuste pelo modelo de Maxwell.

Pode-se observar que o gel polimérico apresenta as características de uma solução polimérica concentrada, sofrendo reptação em baixas frequências (*G'* < *G"*) e grande armazenamento em altas frequências. Nota-se, no entanto, que o sistema não segue perfeitamente o modelo de Maxwell, como observado para as micelas gigantes. É provável que isso se deva ao fato de que o tempo de quebra e recombinação, no caso das cadeias de bis-ureia é muito longo se comparado com o das micelas gigantes.

O comportamento reológico das soluções de EHUT é muito dependente do solvente envolvido. Como exemplo, na Figura 14.10 é apresentada uma fotografia de dois frascos contendo 20 mmol L^{-1} de EHUT em tolueno e em dodecano. É possível notar que o escoamento é muito mais lento na solução do polímero em tolueno.

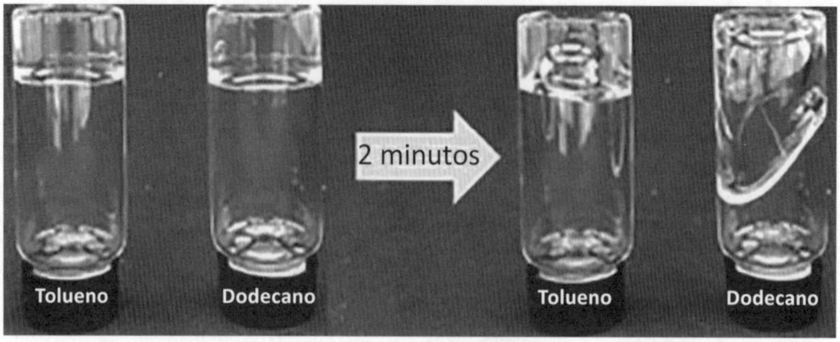

Figura 14.10 – Frascos contendo 20 mmol L^{-1} de EHUT em tolueno e em dodecano. À direita, está a foto dos frascos obtida após dois minutos de sua inversão. Adaptada com a permissão de Alvarenga *et al.* (2017).

O comportamento reológico das soluções contendo 20 mmol L^{-1} de EHUT em hidrocarbonetos alifáticos e aromáticos foram estendidos para a série homóloga (C_7 a C_{12} para os alifáticos) e (C_1, tolueno a C_5, pentilbenzeno), para os aromáticos. Na Figura 14.11, são apresentadas as fotografias dos frascos após inversão, em tempos diferentes. Como pode ser observado, existem tendências muito claras em relação ao escoamento das soluções.

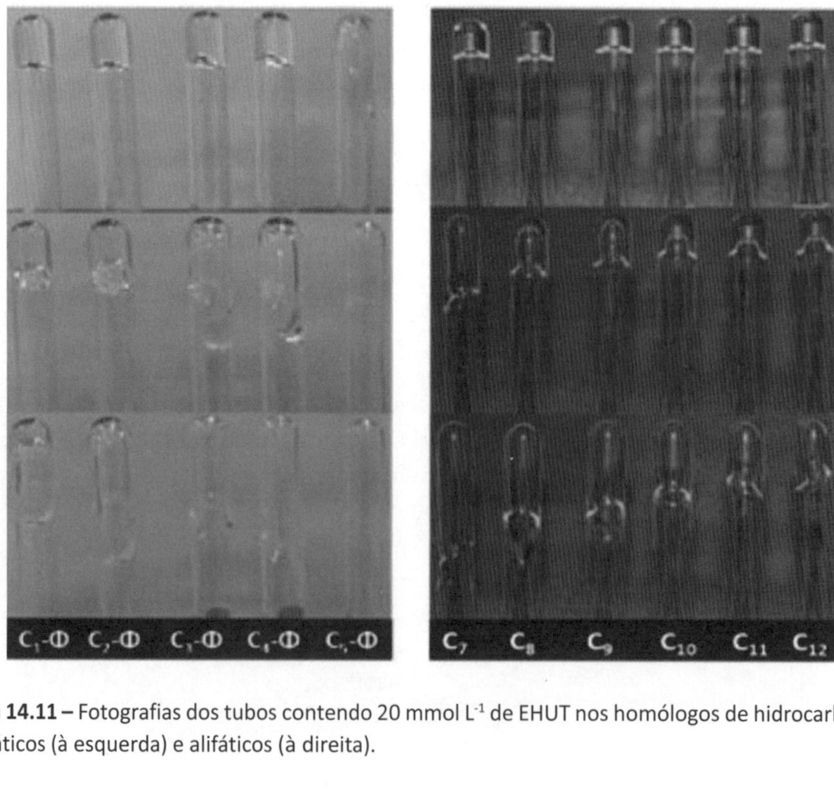

Figura 14.11 – Fotografias dos tubos contendo 20 mmol L^{-1} de EHUT nos homólogos de hidrocarbonetos aromáticos (à esquerda) e alifáticos (à direita).

Na Figura 14.12, são apresentados os reogramas das soluções contendo 6 mmol L^{-1} de EHUT em tolueno e em dodecano. Como pode ser observado, em nenhum dos casos o modelo de Maxwell (um único tempo de relaxação) ajusta perfeitamente as curvas.

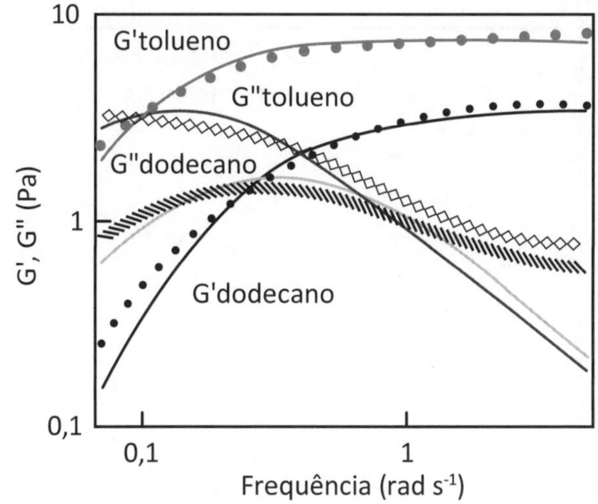

Figura 14.12 – Experimentos reológicos oscilatórios fitados com o modelo de Maxwell de soluções 6 mmolL^{-1} de EHUT em tolueno e dodecano.

Os tempos de relaxação, τ, obtidos do inverso da frequência em que os dois módulos se cruzam, foram tomados para representar a situação em que os processos dissipativos (reptação) e de armazenamento se equivalem. No gráfico da Figura 14.13, os tempos de relaxação foram expressos em função do número de átomos de carbono alifáticos (sp^3) dos solventes.

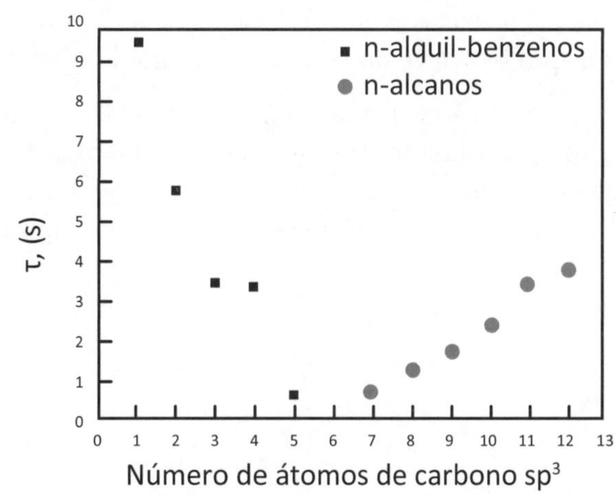

Figura 14.13 – Tempos de relaxação obtidos por meio do modelo de Maxwell de soluções 6 mmolL^{-1} de EHUT em n-alquil-benzenos e n-alcanos, a 20 °C. Adaptada com a permissão de Alvarenga *et al.* (2017).

É muito interessante a comparação do gráfico da Figura 14.13 com o da Figura 14.14, em que os valores dos parâmetros de Hildebrand para os solventes foram expressos em função do número de carbonos alifáticos dos solventes.

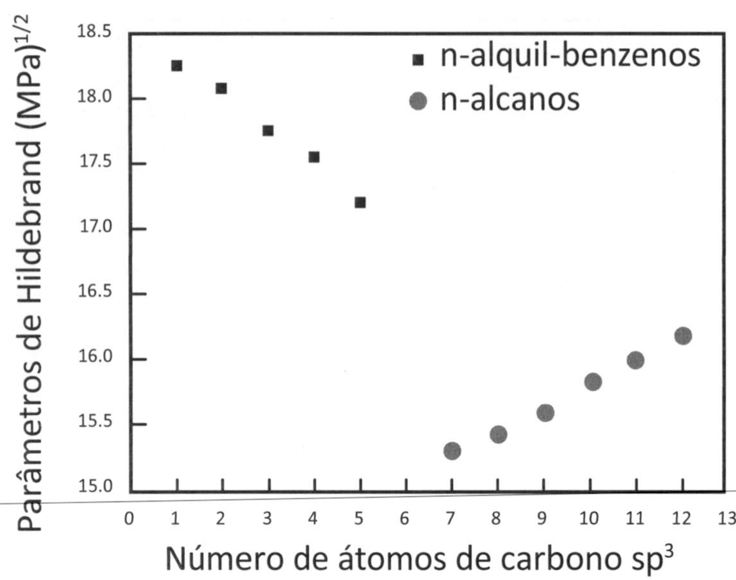

Figura 14.14 – Parâmetro de solubilidade de Hildebrand (δ) do solvente em função do número de átomos de carbono sp^3 de n-alquil-benzenos e n-alcanos. Adaptada com a permissão de Alvarenga *et al.* (2017).

Conforme visto, pequenas variações na molécula de solvente possuem um forte efeito nos processos de autoassociação de EHUT. Pela similaridade das curvas das duas figuras, aparentemente existe uma correlação entre a energia coesiva dos solventes com o comportamento reológico do polímero supramolecular formado.

A complexidade da interação entre os polímeros de EHUT pode ser avaliada na comparação de dois solventes alifáticos com o mesmo número de átomos de carbono, mas que se diferenciam por serem lineares ou cíclicos, como mostrado para soluções contendo 6 mmol L^{-1} de EHUT em octano e em ciclo-octano (Figura 14.15).

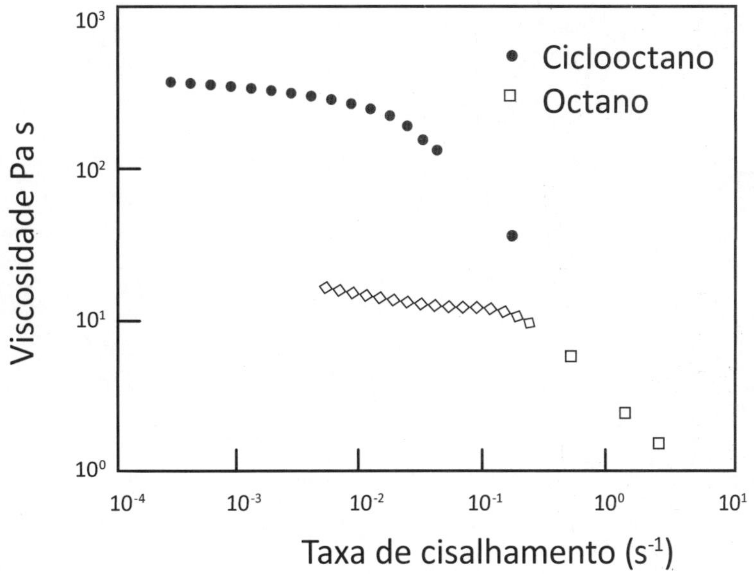

Figura 14.15 – Curva de fluxo obtida a 20 °C contendo 6 mmol L^{-1} de EHUT em solução de octano e em ciclo-octano.

Pode-se observar claramente o comportamento pseudoplástico das duas soluções. Curiosamente, nota-se que a solução em ciclooctano é muito mais viscosa que em octano. Como os valores dos parâmetros de Hildebrand para esses solventes são próximos, a diferença de viscosidade das soluções, nesse caso, deve estar associada com o arranjo dos polímeros de EHUT no retículo dos dois solventes.

CAPÍTULO 15

Reologia de cristais líquidos

Várias teorias foram desenvolvidas para descrever as propriedades de fluxo de cristais líquidos. Como os cristais líquidos nemáticos são compostos de moléculas que apresentam a forma de bastões, e que formam arranjos aproximadamente alinhados, as teorias sobre eles procuram explorar aspectos relacionados com suas propriedades anisotrópicas. Para descrever a anisotropia, define-se um vetor unitário adimensional *n* chamado *diretor*, que representa a direção da orientação preferencial das moléculas na vizinhança de qualquer ponto (Figura 15.1).

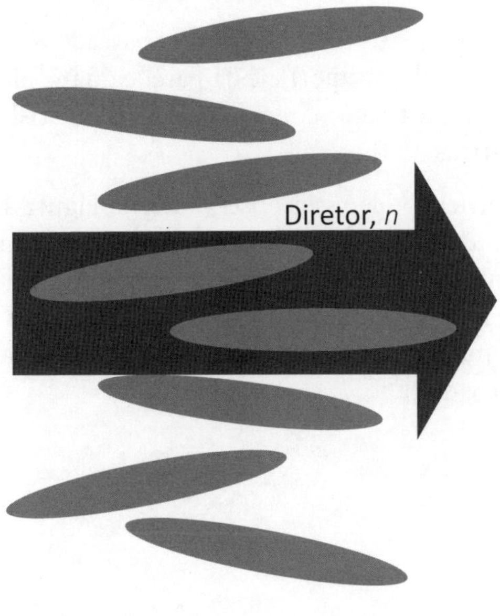

Figura 15.1 – Indicação do vetor diretor em relação à orientação média dos bastões que formam a fase nemática.

Fonte: Adaptada de: <https://en.wikipedia.org/wiki/Liquid_crystal#cite_note-b1-19>.

Como no caso de fases nemáticas não é possível distinguir as duas extremidades do diretor, as duas das possíveis orientações de *n* no plano de cisalhamento serão redundantes. Em outras palavras, *n* equivale a -*n*.

De forma geral, a descrição dos cristais líquidos envolve uma análise da ordem dos sistemas, ou seja, um parâmetro que descreve a ordem de orientação das moléculas que formam a fase nemática. Um parâmetro quantitativo (*S*) relacionado com a ordem está expresso na Equação (15.1).

$$S = \langle \frac{3\cos^2\theta - 1}{2} \rangle \tag{15.1}$$

Em que θ é o ângulo formado entre o eixo molecular do cristal líquido e o diretor local.

O arranjo das moléculas da fase nemática muda espacial e temporalmente. Assim, na Equação (15.1), o colchete indica que *S* está relacionado com a média. Para uma amostra completamente aleatória e isotrópica, $S = 0$, enquanto, para uma amostra perfeitamente alinhada, $S = 1$. Para uma amostra típica de cristal líquido, *S* é da ordem de 0,3 a 0,8 e pode ser determinado a partir de experimentos variados, baseados em propriedades diamagnéticas, birrefringentes, espalhamento Raman, NMR e EPR do sistema.

Alguns efeitos moleculares tornam os sistemas baseados em cristais líquidos ainda mais complexos. Por exemplo, a superfície da parede do recipiente (como a geometria da cela do reômetro) pode interagir com as moléculas do cristal líquido, podendo influenciar as características do fluxo.

Os efeitos de superfície podem ser observados na Figura 15.2, na qual está apresentado um resultado que mostra como a viscosidade de um sistema formado por cristal líquido varia quando a medida é feita em tubos de diferentes calibres. Pode-se notar que, no tubo de menor diâmetro, a viscosidade medida é maior. Este comportamento é explicado como associado com a maior interação das moléculas do cristal líquido com a superfície do tubo.

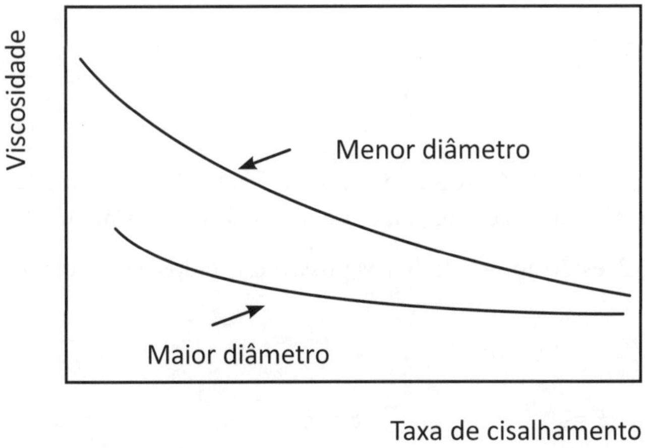

Figura 15.2 – Variação da viscosidade em função da taxa de cisalhamento para um sistema formado por cristal líquido nemático, para tubos de diferentes calibres.

O resultado da interação entre as moléculas do cristal líquido com a superfície (denominada ancoramento) pode afetar a orientação do diretor. O ancoramento pode ser ortogonal à superfície, como observado no caso de um filme fino de lecitina sobre o vidro. No entanto, no caso de a superfície do vidro ser modificada, recoberta por um fino filme de poliimida, a lecitina passa a interagir de forma diferente com a superfície, e o diretor passa a ser paralelo à superfície.

Em fluxo, a interação leva à produção de um gradiente no campo diretor (a orientação varia ao longo do gradiente de velocidade). Esses gradientes, ou distorções no campo diretor, são energeticamente menos favoráveis e acabam resultando em tensões elásticas, conhecidas por *tensões de Frank.*

Em relação à reologia de cristais líquidos, a tensão de cisalhamento global (da amostra como um todo) não é proporcional à taxa de cisalhamento global (como poderia se esperar). No entanto, a tensão local (pontual) varia linearmente em relação ao gradiente local (isto é, $\tau \propto y$).

A não linearidade da tensão de cisalhamento global se relaciona ao fato de que o diretor é influenciado pela interação das moléculas do cristal líquido com a superfície da geometria. Dessa forma, a orientação das moléculas na superfície é geralmente diferente da induzida pelo fluxo no interior da amostra. Portanto, existe um gradiente de orientação do diretor, desde a superfície até o centro.

A competição entre a indução de fluxo com a orientação superficial é quantificada pelo chamado *número de Ericksen* (adimensional), definido na Equação (15.2).

$$E_r \equiv \frac{\eta \dot{\gamma}}{\frac{K}{h^2}} = \frac{\eta V H}{K} \tag{15.2}$$

Em que η é a viscosidade; K a constante de Frank; V a velocidade do fluxo; h é a escala de comprimento da geometria; e, γ é a taxa de cisalhamento média (efetiva).

Na Figura 15.3, estão apresentados os possíveis estados para o diretor, em situações de diferentes E_r.

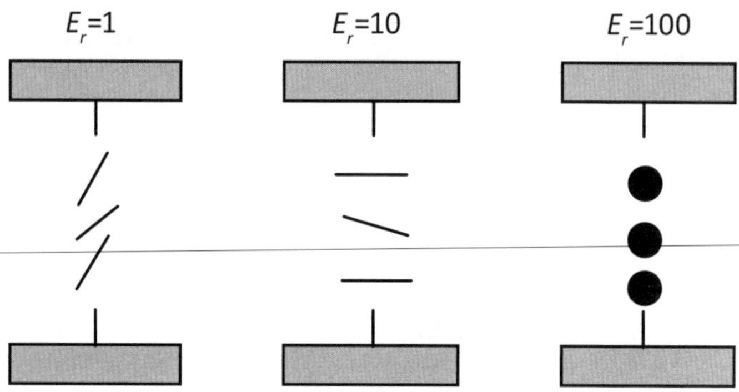

Figura 15.3 – Variações do diretor em diferentes números de Ericksen. Para E_r próximo de 100, o diretor está praticamente normal ao plano de deformação.

Para E_r próximo de 1, o diretor roda moderadamente na direção do fluxo; mas quando E_r é próximo de 10, o ângulo de rotação é próximo de 90°. Ao se atingir E_r > 10, passa-se a observar certa instabilidade, associada com certa deformação do diretor; e quando $E_r \approx 100$, o diretor encontra-se alinhado em posição normal ao plano de deformação (exceto próximo da superfície).

A variação de E_r produz padrões de birrefringência que podem ser facilmente observados se for usada uma geometria transparente de placas paralelas. É possível verificar múltiplos anéis concêntricos (claros e escuros) que correspondem ao aumento da ordem de birrefringência (devido à orientação do diretor), causados pelo aumento da velocidade angular da geometria. Os anéis escuros estão relacionados com a extinção de birrefringência.

As propriedades de fluxo dos polímeros líquido-cristalinos são extraordinárias. Nesses materiais, a transição da fase isotrópica para a fase nemática é caracterizada pela diminuição da viscosidade de cisalhamento. Pode parecer estranho, mas isso é explicado pelo fato de que, quando o polímero está no estado nemático, suas cadeias podem deslizar mais facilmente umas em relação às outras. A dificuldade de deslizar é maior no estado isotrópico, devido ao maior grau de entrelaçamento. Esse efeito pode ser facilmente observado na Figura 15.4.

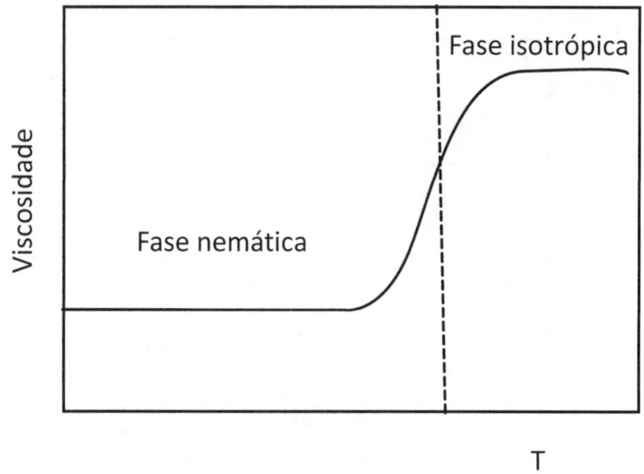

Figura 15.4 – Mudança da viscosidade de um polímero líquido-cristalino, ao sofrer a transição de fase de nemática para isotrópica.

Uma vez que os polímeros líquido-cristalinos são anisotrópicos, devido à sua natureza polimérica, eles podem conter alguma elasticidade, que está associada com duas contribuições: uma associada com o vetor diretor, e a outra, à cadeia polimérica. Nessa última, a elasticidade passa a ter importância quando o fluxo é suficientemente elevado para induzir alterações nas conformações de equilíbrio da macromolécula. No caso de uma fase nemática, formada por moléculas pequenas, isso somente ocorre quando a taxa de cisalhamento é elevada. No entanto, para sistemas poliméricos, isso é observado quando a taxa de cisalhamento está entre 0,1 e 1000 s^{-1}, que se correlaciona com os tempos de relaxação da cadeia polimérica, que estão na faixa entre 1000 e 1 ms.

Em resumo, quando a taxa de cisalhamento na qual o cristal líquido polimérico está sendo cisalhado é baixa, a elasticidade molecular é desprezível, e a elasticidade de Frank é importante. Quando a taxa de cisalhamento é alta, a elasticidade de Frank torna-se desprezível frente à elasticidade da cadeia polimérica.

A mistura de cloreto de cetilpiridínio e hexanol em fração volumétrica de 0,36, contendo 0,2 mol L^{-1} de NaCl, forma micelas gigantes, estruturadas em uma fase nemática. Este é outro caso em que sob fluxo são verificadas bandas de cisalhamento, como observado para micelas gigantes (Figura 13.11).

No caso de cristais líquidos baseados em surfactantes que formam fases esméticas, o comportamento reológico é bem complexo. Na Figura 15.5, encontra-se apresentado um reograma típico para um sistema nemático, constituído por surfactante e água, um álcool de cadeia longa e um alcano.

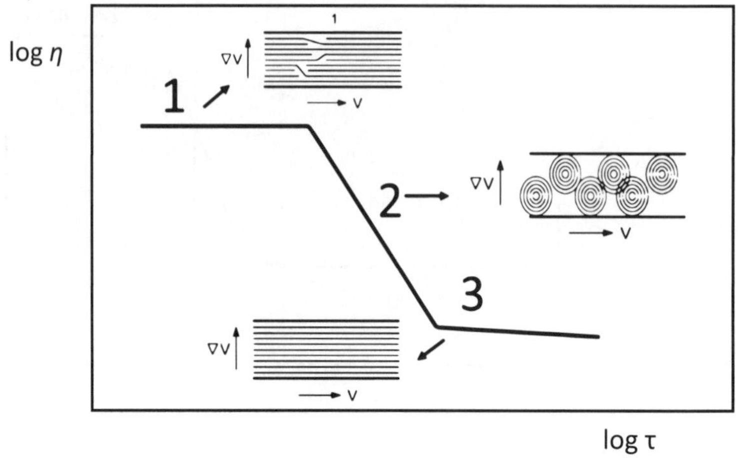

Figura 15.5 – Variação da viscosidade em função da tensão de cisalhamento para um sistema nemático.

Pode-se observar no reograma da Figura 15.5 que existem três regimes de fluxo. Em baixas taxas de cisalhamento (região 1 do diagrama) ocorre o alinhamento das lâminas (fase esmética), sendo que alguns defeitos ainda estão presentes. As lâminas cisalham paralelamente em relação à superfície, conforme indicado na Figura 15.5.

Em taxas de cisalhamento intermediarias (região 2), ocorre uma grande queda na viscosidade do sistema (afinamento). Ela se relaciona com a formação de estruturas do tipo “cebola”, que são constituídas por vesículas multilamelares.

Uma característica desse sistema é que as estruturas na “forma de cebola”, apesar de serem termodinamicamente instáveis (devido à elevada curvatura), podem durar meses. Por essa razão, tais estruturas têm sido utilizadas como encapsulantes de produtos farmacêuticos e de cosméticos. Na região de menor viscosidade (3) as lâminas se encontram perfeitamente alinhadas, resultando na menor viscosidade.

Não existem muitos estudos reológicos envolvendo a fase bicontínua, mas um exemplo interessante envolve o sistema constituído por brometo de dodecil dimetilamônio em água (deuterada) e octano, cujo reograma está mostrado na Figura 15.6.

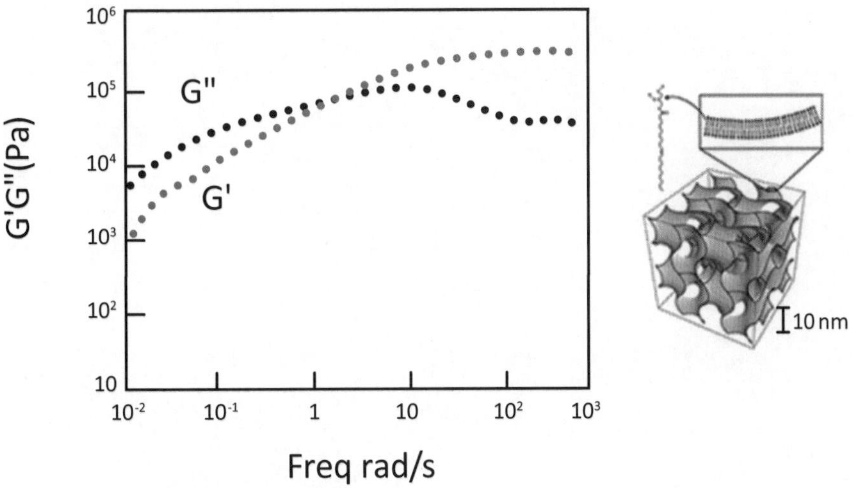

Figura 15.6 – Variação de *G'*, *G"* em função da frequência para uma fase bicontínua. Adaptada com a permissão de Radiman; Toprakcioglu (1994).

Como mostrado na Figura 15.6, observa-se que, em elevadas frequências, *G'* excede *G"*, que é consistente com a elasticidade esperada para uma estrutura que se apresenta bem entrelaçada (rede), que caracteriza a fase bicontínua. Em baixas frequências, é observada considerável dissipação (*G"* > *G'*), atribuída principalmente ao transporte das moléculas do surfactante pela superfície da bicamada. Esse complexo processo permite, dessa forma, alguma relaxação da tensão de cisalhamento.

CAPÍTULO 16

Reologia de alguns produtos coloidais do dia a dia

Neste capítulo, serão apresentados alguns ensaios reológicos realizados com amostras (de sistemas coloidais) que são usadas no dia a dia. Não são mencionadas as marcas/fabricantes dos produtos e não será apresentada uma análise dos resultados baseada na composição dos produtos. No entanto, como poderá ser observado, o comportamento dos sistemas segue padrões reológicos que permitem classificá-los e entendê-los. Por exemplo, é interessante observar que produtos de diferentes naturezas (ketchup, maionese, creme de barbear, tintas etc.) apresentam curvas de fluxo que permitem agrupá-los em uma mesma classe (pseudoplásticos).

16.1 PRODUTOS DE HIGIENE PESSOAL E COSMÉTICOS

16.1.1 Emulsão corporal

Foi realizado o experimento reológico de uma amostra de um creme corporal, no qual foi obtida a variação da deformação, γ, em função da tensão de cisalhamento aplicada (Figura 16.1).

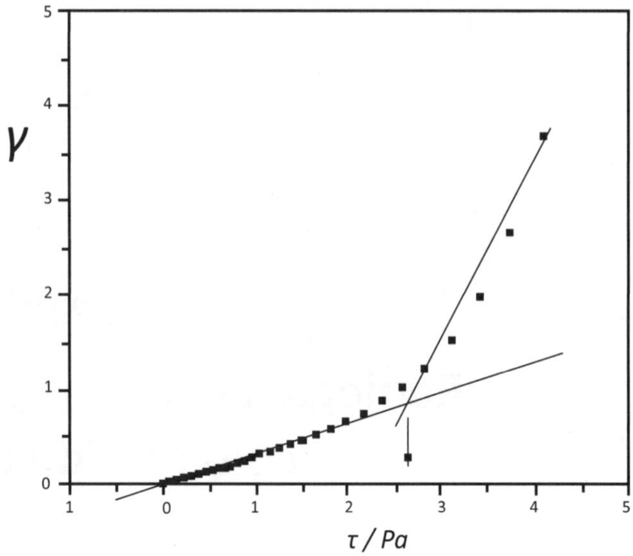

Figura 16.1 – Variação da deformação em função da tensão de cisalhamento para a emulsão corporal. O experimento foi realizado a 25 °C.

Como pode ser observado na Figura 16.1, o creme apresenta dois regimes de deformação, à medida que a tensão de cisalhamento aumenta. A deformação é pequena, até cerca de 2,5 Pa, mas sofre uma busca mudança a partir desse valor.

O comportamento na região de viscoelasticidade linear do creme também foi estudado. Inicialmente, obteve-se a região em que ele se apresenta dentro do regime de viscoelasticidade linear, ou seja, ao dobrar a tensão, dobra-se a deformação. Na Figura 16.2 está apresentado o ensaio de amplitude.

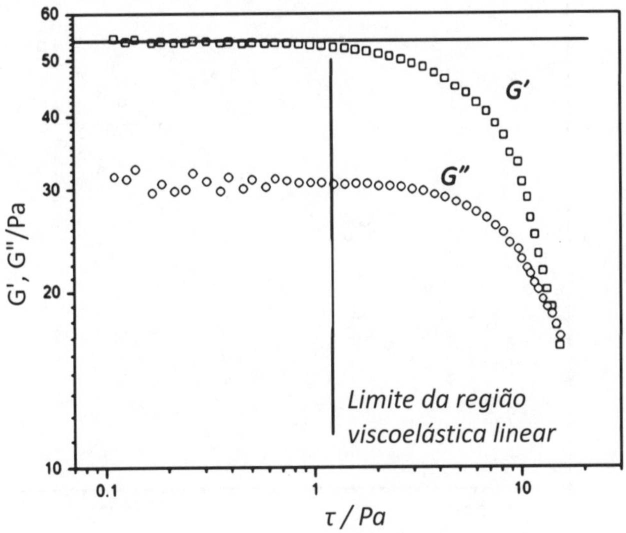

Figura 16.2 – Variação dos módulos elástico (*G'*) e viscoso (*G"*) em função da tensão de cisalhamento aplicada para a emulsão corporal. O experimento foi realizado a 25 °C.

Pelo ensaio de amplitude (Figura 16.2), é possível observar que a reologia da loção deixa de estar na região do regime de viscoelasticidade linear quando a tensão aplicada é ligeiramente superior a 1 Pa. Esse valor concorda com o resultado obtido na curva de deformação em função da tensão (Figura 16.1). Assim, a partir de certa tensão aplicada, a loção passa a apresentar fluxo convectivo. No caso da aplicação sobre a pele, a emulsão começa a deslizar a partir da referida tensão. Portanto, ao se saber a tensão limite em que o produto começa a deslizar, é possível ajustá-lo, de forma que ele atinja a textura mais agradável ao consumidor.

Na Figura 16.3 está apresentado o ensaio de frequência, em que foi aplicada tensão de 0,5 Pa (aproximadamente na metade da região de viscoelasticidade linear).

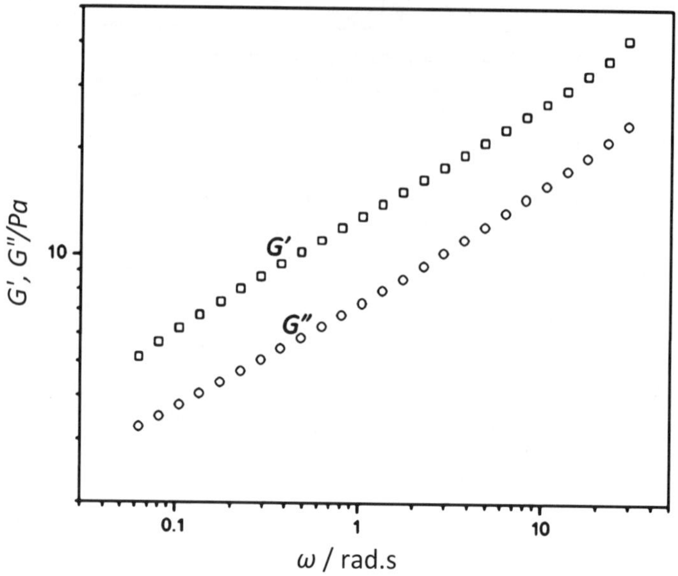

Figura 16.3 – Variação dos módulos elástico (*G'*) e viscoso (*G"*) em função da frequência aplicada para a emulsão corporal. O experimento foi realizado a 25 °C.

Nota-se pelos resultados das Figuras 16.2 e 16.3 que a loção apresenta caráter mais elástico que viscoso, muito provavelmente devido à presença de aditivos poliméricos.

Álcool gel

O processo de preparação do álcool gel envolve inicialmente a dissolução de um derivado de ácido poliacrílico (Carbopol®) em água, seguida da adição de etanol, tal que a concentração final do álcool seja de 70%. A etapa final da preparação do álcool gel envolve o ajuste do pH para 7, normalmente usando-se uma substância de caráter básico, como o AMP (amino metil propanol). Instantaneamente após a adição do AMP, a solução torna-se viscosa. Isso ocorre pelo fato de que os grupos carboxílicos do ácido poliacrílico se ionizam. A repulsão entre os grupos carboxilatos resulta na expansão e no entrelaçamento das cadeias do Carbopol®. Como mostrado na Figura 16.4, o álcool gel comporta-se como um pseudoplástico, e atende à especificação da Anvisa que exige que a viscosidade mínima seja superior a 8 Pa s.

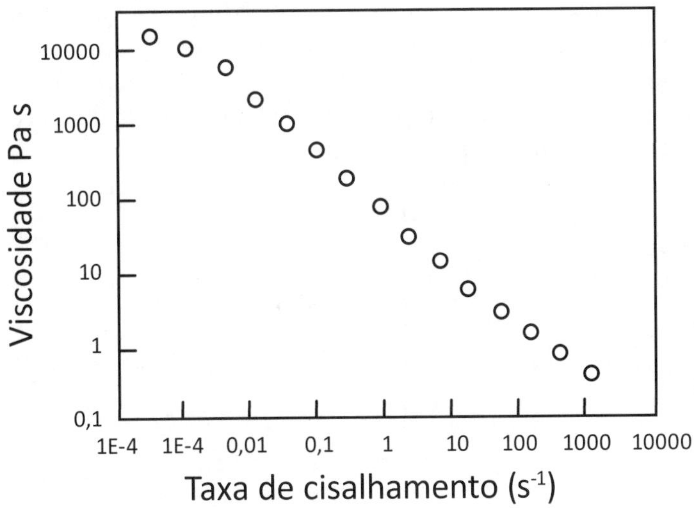

Figura 16.4 – Curva de fluxo de uma amostra de álcool gel, obtida a 25 °C.

Creme de barbear

A espuma de barbear é um coloide que envolve a dispersão de um gás em um líquido. Para estabilizar a espuma, é necessário o uso de surfactantes, pois é necessário diminuir a tensão superficial. Na espuma, as bolhas se tocam, formando um fino canal, denominado de *canal de Plateau*, como mostrado na Figura 16.5, pelo qual o líquido que gerou a espuma sofrerá drenagem.

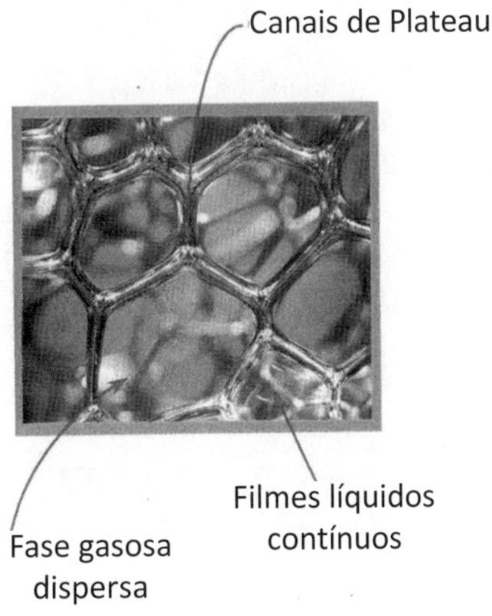

Figura 16.5 – Fotografia de um conjunto de bolhas que se tocam formando os canais de Plateau.

Mas, afinal de contas, o que é uma bolha? Existe um delicado arranjo molecular que se forma espontaneamente quando uma ou mais bolhas são produzidas e que resulta na formação dessa bela estrutura. Na Figura 16.6, está representada a estrutura de uma bolha formada por uma solução de surfactante, indicando o arranjo da monocamada que conterá o filme líquido da bolha.

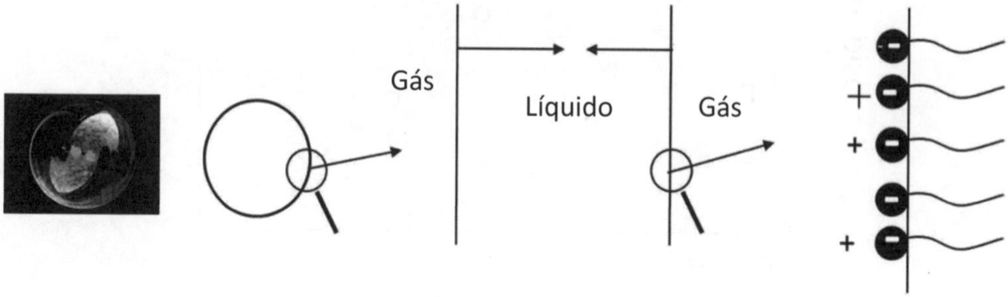

Figura 16.6 – Esquema representando a formação de uma bolha de sabão do ponto de vista molecular.

A curva de fluxo de uma amostra de creme de barbear está apresentada na Figura 16.7. Como pode ser observado, trata-se de outro sistema coloidal que apresenta caráter pseudoplástico.

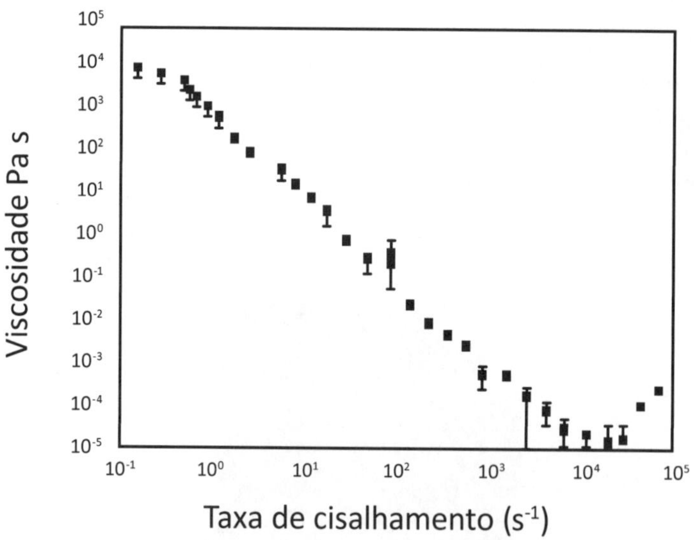

Figura 16.7 – Curva de fluxo de uma amostra de creme de barbear, obtida a 25 °C.

Na Figura 16.8, está apresentado o reograma relativo à região linear da espuma de barbear. Como pode ser observado, a espuma apresenta o módulo elástico acima do módulo viscoso.

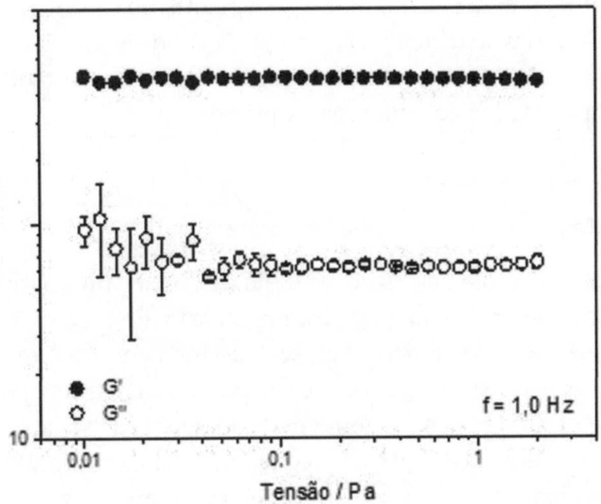

Figura 16.8 – Varredura de tensão para espuma de barbear em que foi aplicada uma frequência constante de 1,0 Hz em 25 °C.

A seguir foi obtido o reograma referente à variação dos módulos elástico e viscoso em função da frequência (Figura 16.9). Nesse experimento, a tensão aplicada foi de 0,1 Pa.

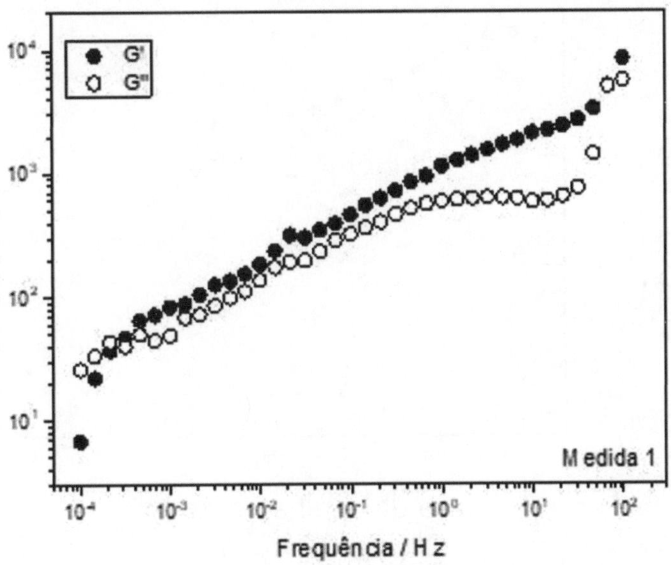

Figura 16.9 – Varredura de frequência da espuma de barbear. O experimento foi realizado na temperatura de 25 °C.

Como pode ser observado na Figura 16.9, a espuma apresenta caráter mais elástico que viscoso em ampla faixa de frequência. O mecanismo de armazenamento de energia no caso das espumas se relaciona com o processo de avanço e retrocesso das células (gasosas) da espuma. Ao saírem do regime de viscoelasticidade linear, as células passam a ser transportadas por maiores amplitudes.

Creme dental

O comportamento reológico do creme dental é relevante para evitar que, ao se apertar o tubo com determinada pressão, não ocorra a ejeção de grande quantidade da pasta sobre a escova. Por outro lado, se o creme dental for muito "viscoso", sua transferência para a escova pode ser dificultada. Também é desejável que aquele pequeno excesso de pasta que fica na ponta do tubo depois de ser aplicada a quantidade desejada na escova, volte para dentro do recipiente tão logo a pressão aplicada nas suas paredes seja removida. Esse último aspecto está diretamente relacionado com o componente elástico do creme dental. Na Figura 16.10, encontra-se apresentada a curva de fluxo de uma amostra de creme dental, obtida na temperatura de 25 °C. Como pode ser observado, trata-se de um outro sistema que apresenta comportamento pseudoplástico, que é atribuído à presença de polímeros na sua composição.

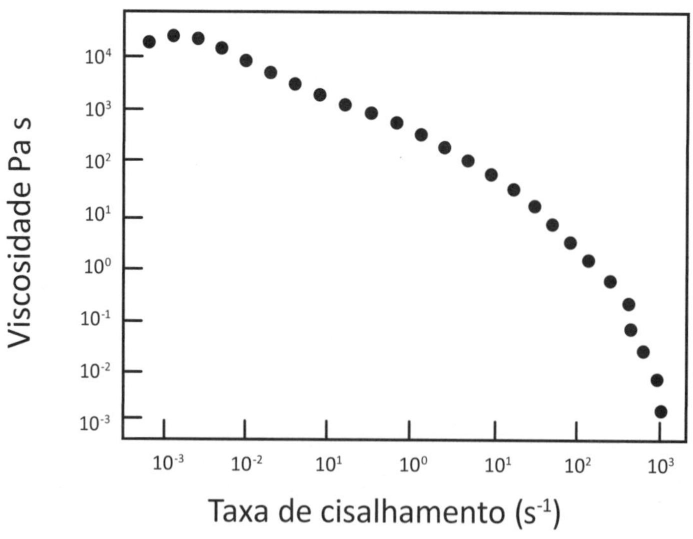

Figura 16.10 – Curva de fluxo do creme dental.

ALIMENTOS

Chocolate

No experimento apresentado na Figura 16.11, desejou-se avaliar como o teor de cacau (de 41 a 85%) afeta a reologia do chocolate. Os experimentos foram realizados com as amostras de chocolate fundidos.

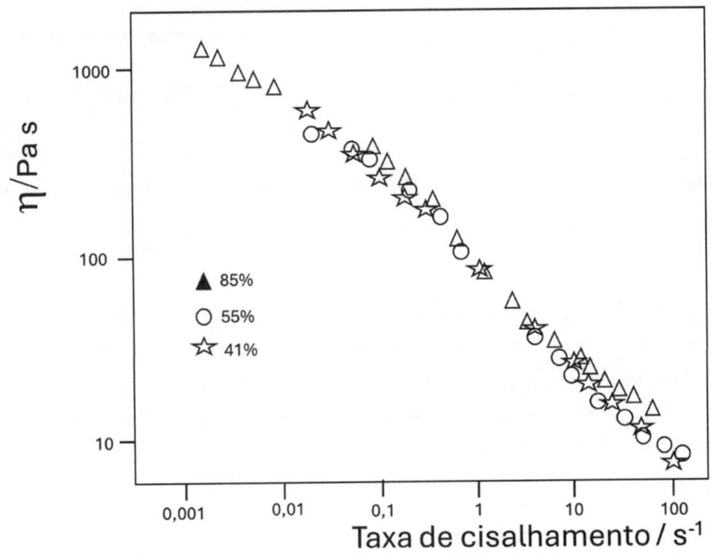

Figura 16.11 – Curva de fluxo (viscosidade em função da taxa de cisalhamento) para amostras de chocolate fundido com diferentes teores de cacau.

As amostras de chocolate apresentam comportamento pseudoplástico, e, como pode ser observado, o efeito da quantidade de cacau na reologia do chocolate é pouco significativo nas curvas de fluxo.

Ketchup

Um exemplo muito interessante de pseudoplasticidade é o ketchup, conforme mostram as Figuras 16.12a e 16.12b.

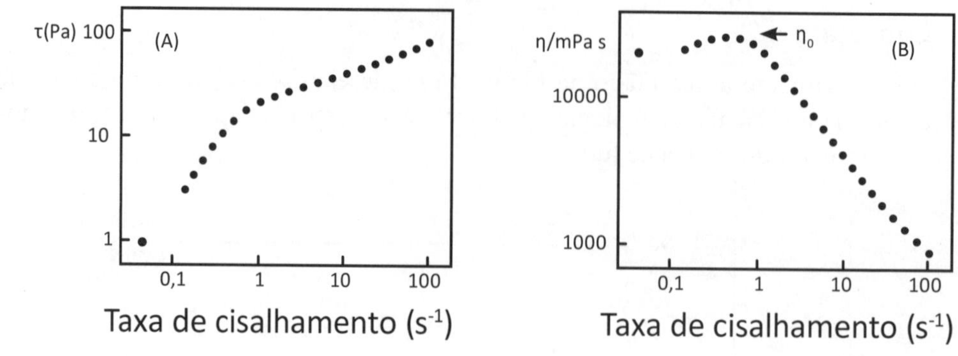

Figura 16.12 – Curvas de fluxo para um ketchup: (A) tensão e (B) viscosidade, em função da taxa de cisalhamento.

Observe que, usando-se a curva da Figura 16.12b, é possível determinar a tensão limite (τ_y) a partir da qual o ketchup começará a escoar. O valor de τ_y pode ser determinado pela extrapolação de quando a taxa de cisalhamento tende para zero. Observe também que o ketchup apresenta o platô newtoniano, em que pode ser determinado o valor de η_0, que é um parâmetro característico para a amostra de ketchup na temperatura investigada.

Quando usamos uma embalagem de ketchup, temos de aplicar certa pressão nas paredes do frasco para que o produto escoe. Obviamente, dependendo das suas características reológicas, o resultado pode ser indesejável. A curva de fluxo pode ser útil para se avaliar a consistência do produto, pois pode-se determinar o valor de τ_y (veja na Figura 16.13).

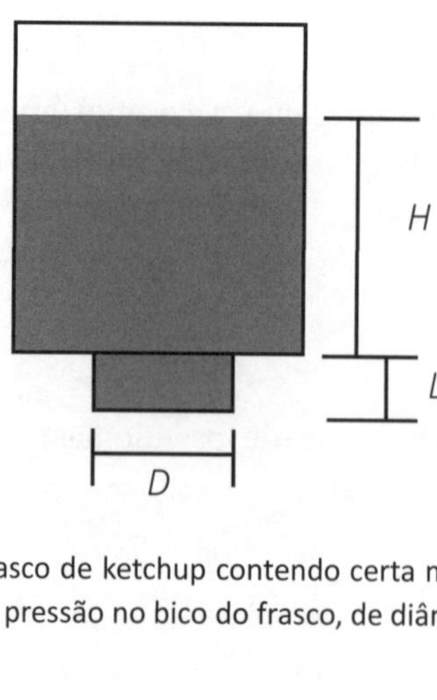

Figura 16.13 – Esquema de um frasco de ketchup contendo certa massa do produto (que ocupa uma altura *H* dentro do frasco), que faz pressão no bico do frasco, de diâmetro *D* e altura *L*).

Considerando-se o balanço de forças, o limite para o escoamento espontâneo do produto de dentro do frasco (causado apenas pela ação da gravidade) é definido na condição de que a força na parede do bico do frasco, f_w, se equaliza com a força peso do ketchup, f_p, aplicada na área do bico. A força na parede do bico é dada pelo produto entre a tensão de cisalhamento na parede, τ_w, e a área da parede, que corresponde à área de um retângulo de altura L e diâmetro D (raio r). Assim, $f_w = \tau_w 2\pi rL = \tau_w \pi DL$. A força peso do ketchup na área do bico será: $f_p = \rho gH\pi D^2/4$, sendo ρ a densidade do ketchup, e H, a altura do produto no interior da embalagem. Pode-se agora fazer a correlação entre as duas forças (parede do frasco e na área do bico) para saber a condição limite em que o ketchup sairia pelo bico do frasco, apenas impulsionado pelo seu peso:

$\tau_w \pi DL = \rho gH\pi D^2/4$. Assim, se: $\tau_w > \rho gHD/4L$, então, a consistência do ketchup é suficiente para que a tensão aplicada na parede do frasco seja superior à tensão imposta pela força peso e ele não escoará.

16.2.2 Maionese

Na Figura 16.14 é apresentado um outro coloide alimentício que apresenta características pseudoplástica, a maionese.

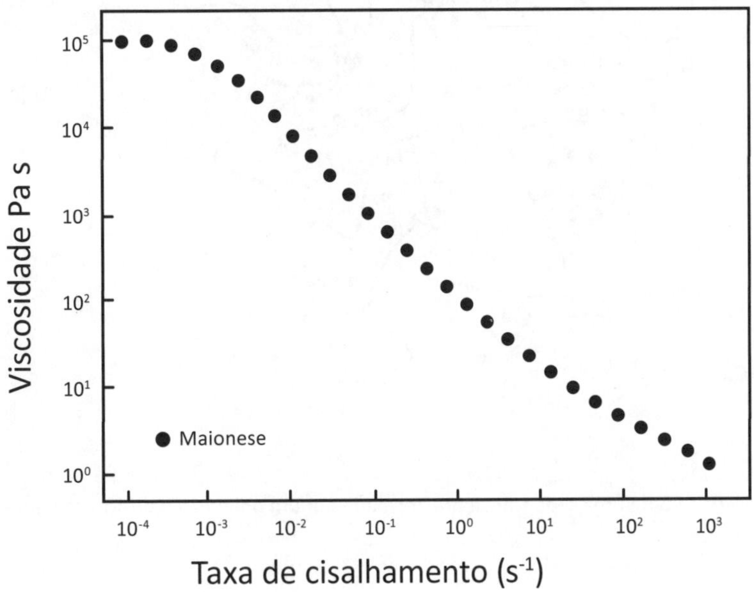

Figura 16.14. – Curva de fluxo da maionese. O experimento foi realizado na temperatura de 20 °C.

16.3 TINTAS MOBILIÁRIAS

Um dos exemplos reológicos mais interessantes está relacionado com as tintas mobiliárias. É bastante desejável que a tinta seja facilmente aplicada durante a pintura de uma parede. Para isso, a viscosidade da tinta deve ser bem baixa, o que, de fato, ocorre em taxas de cisalhamento típicas (da ordem de 1000 s^{-1}). No entanto, é igualmente desejável que a tinta não escorra após a sua aplicação. Assim, ela deve recuperar sua estrutura (quando em repouso), em tempo tal que a força gravitacional, que está atuando no filme, não seja capaz de promover fluxo na tinta recém-aplicada. Isso é desejável para que a tinta não escorra pela parede. Como já foi apresentado anteriormente (veja Capítulo 1), esse comportamento pode ser obtido usando-se polímeros dispersos na tinta; mas, nesse caso, a tinta será viscosa desde sua formulação. Uma ótima alternativa envolve o uso de polímeros associativos. Tais polímeros apresentam cadeias alifáticas (com 16 – 18 átomos de carbono) enxertadas na longa cadeia de um polímero hidrofílico (como a hidroxietilcelulose). Na presença de surfactantes, forma-se uma estrutura (espécie de rede) que é transiente (veja Figura 16.15)e vai conferir à tinta as propriedades reológicas desejadas.

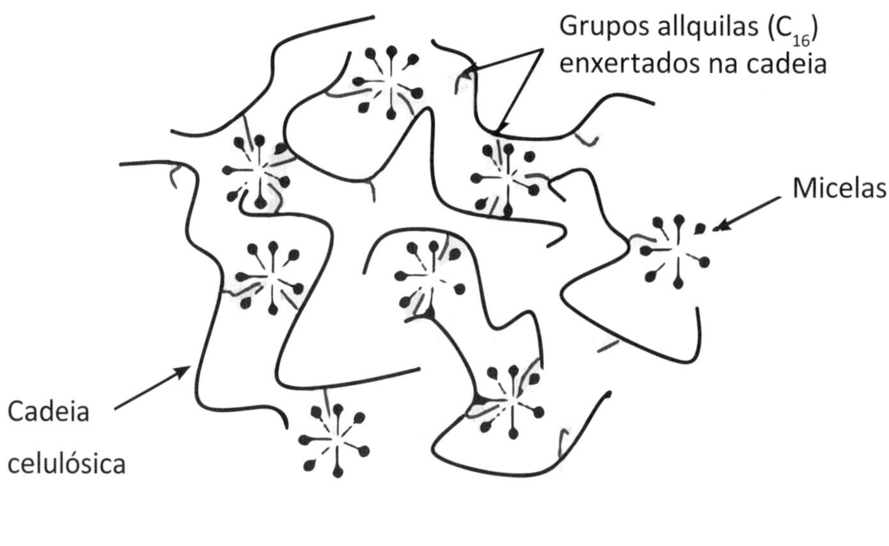

Figura 16.15 – Estrutura de uma rede transiente, formada por um polímero hidrofobicamente modificado e surfactante.

Com o cisalhamento, as junções formadas pelas interações não covalentes sofrem rompimento, e a viscosidade aparente diminui. Tão logo o cisalhamento é cessado (logo após a aplicação), as estruturas supramoleculares se reformam, e a viscosidade aumenta novamente, evitando o escorrimento.

As faixas de taxa de cisalhamento características em um processo de pintura estão apresentadas nas Figuras de 16.16 a 16.20.

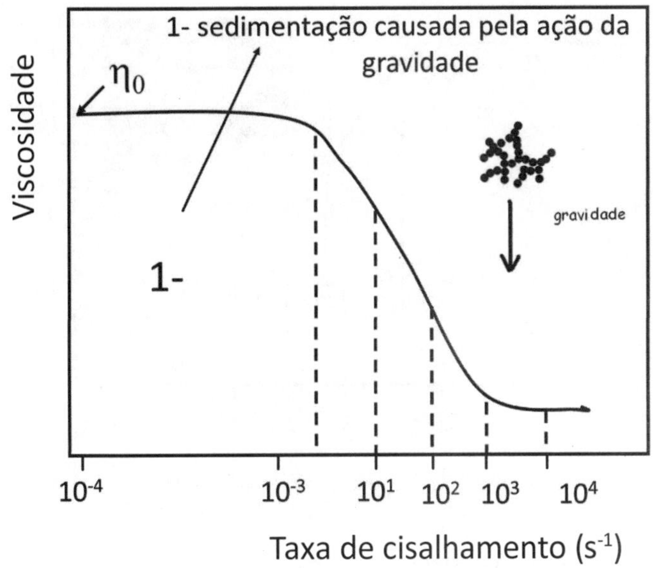

Figura 16.16 – Taxa de cisalhamento característica em que ocorre sedimentação dos componentes da tinta.

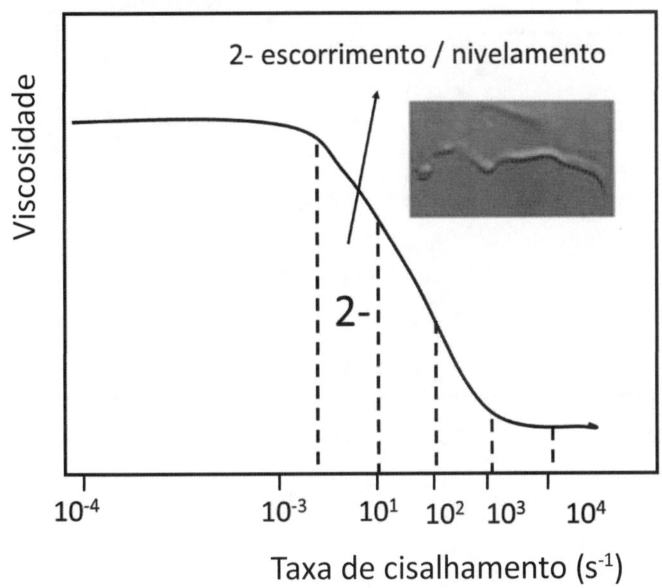

Figura 16.17 – Taxa de cisalhamento característica em que ocorre escorrimento.

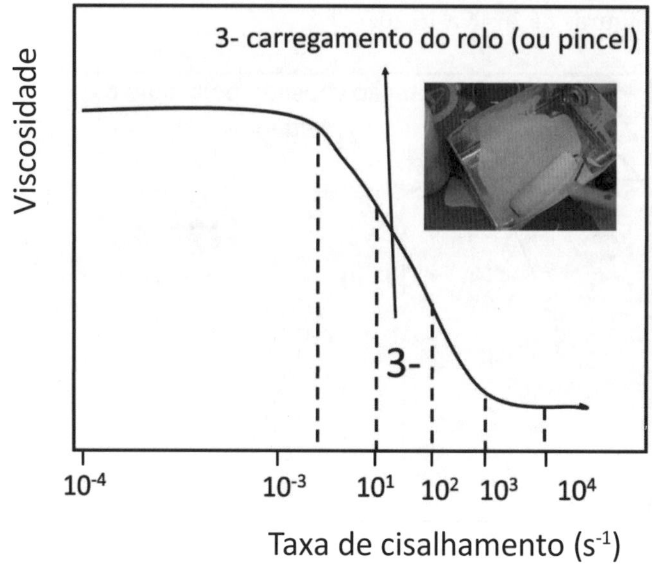

Figura 16.18 – Taxa de cisalhamento característica para o carregamento da tinta no rolo.

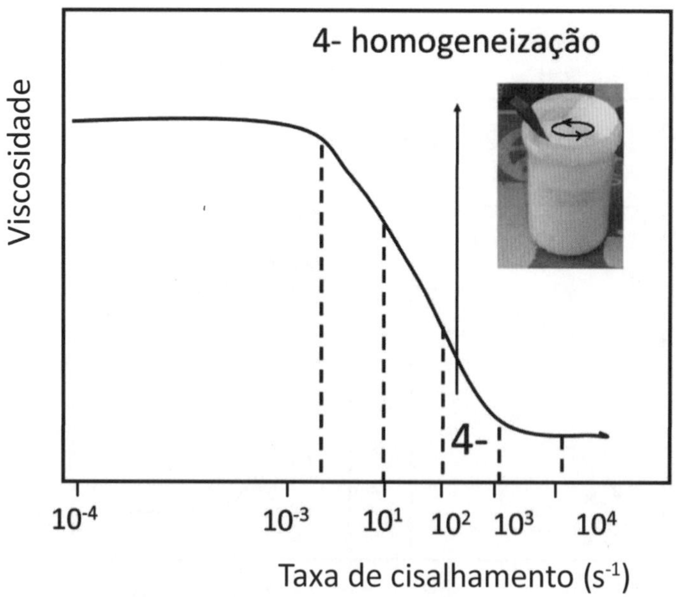

Figura 16.19 – Taxa de cisalhamento característica para a homogeneização da tinta.

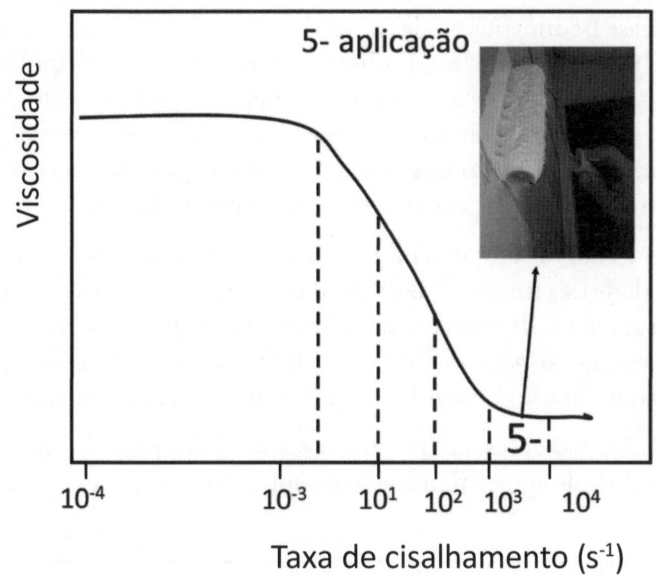

Figura 16.20 – Taxa de cisalhamento característica para a aplicação da tinta usando-se o rolo.

Na Figura 16.21 estão apresentadas curvas de fluxo para três tintas comerciais estudadas sem que sofressem nenhuma diluição. Observa-se claramente o comportamento pseudoplástico para as três tintas. Em baixas taxas de cisalhamento, a viscosidade é elevada, e, como esperado, ocorre rápido "afinamento" à medida que a taxa de cisalhamento é aumentada. A tinta C sofre um afinamento mais intenso que as outras duas tintas.

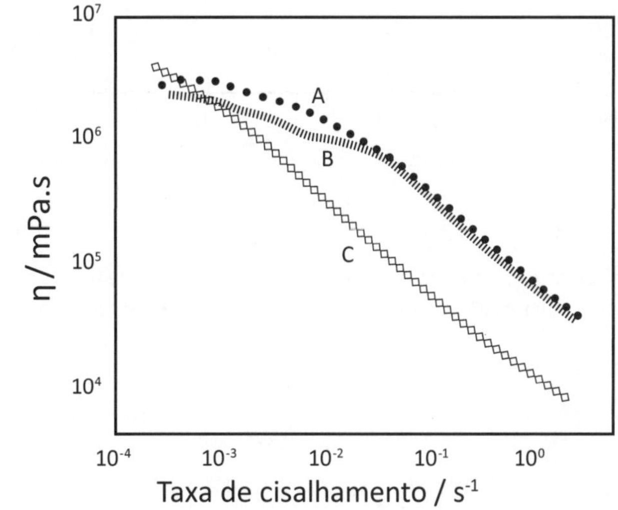

Figura 16.21 – Viscosidade para as três tintas comerciais em função da taxa de cisalhamento. O experimento foi realizado na temperatura de 25 °C.

É possível obter o valor da viscosidade na taxa de cisalhamento relevante para cada processo de interesse (sedimentação dentro da lata, homogeneização, carregamento e aplicação). Com base na Figura 16.21, observa-se que o platô newtoniano é muito maior para as tintas A e B em relação à tinta C. Taxas de cisalhamento da ordem de 1.000 a 10.000 s^{-1} são aplicadas nos experimentos com o extensor (rolo). De acordo com o comportamento reológico das tintas, observa-se que, para taxas de cisalhamento dessa ordem, as tintas oferecem baixa resistência ao fluxo.

Analisando-se as curvas de fluxo da Figura 16.21, pode-se observar que os perfis de pseudoplasticidade das tintas A e B diferem do da tinta C. No caso da tinta C, nota-se que a viscosidade cai de forma drástica, com um pequeno aumento do cisalhamento aplicado, enquanto para as tintas A e B faz-se necessário um "trabalho de cisalhamento" maior para se conseguir a mesma redução na viscosidade.

Na Figura 16.22 estão apresentadas as curvas de fluxo para as tintas estudadas, mas diluídas com 30% de água em massa (concentração típica usada para pinturas).

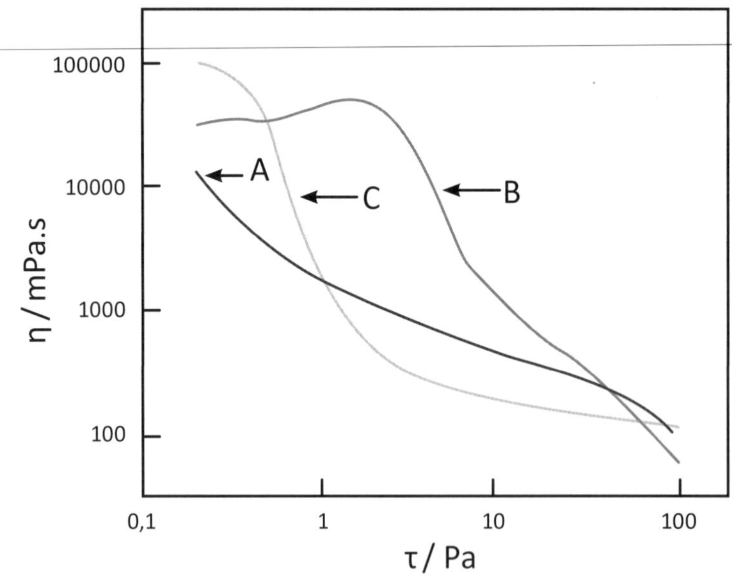

Figura 16.22 – Curvas de fluxo em função da tensão de cisalhamento, para as três tintas estudadas diluídas com 30% de água em massa. O experimento foi realizado na temperatura de 25 °C.

Observa-se que, na região de médio cisalhamento, o perfil reológico da tinta A se aproxima da tinta C, com uma perda de viscosidade na região de baixo cisalhamento. Essa redução de viscosidade nessa região poderia tornar a tinta mais suscetível à sedimentação da fase dispersa. No entanto, se a diluição for feita imediatamente antes da aplicação, isso não será um grande problema. Mesmo com a diluição, a tinta B ainda apresenta uma alta viscosidade a médio cisalhamento, alcançando valores próximos aos das outras tintas estudadas apenas na região de alto cisalhamento.

Outro fator importante estudado é a dependência temporal do perfil reológico da tinta. Para sistemas complexos, a viscosidade é dependente tanto da tensão de cisalhamento aplicada quanto da sua duração. No caso específico de tintas, o efeito temporal mais importante é a tixotropia, a qual se refere a uma dependência temporal reversível em que a viscosidade diminui com o tempo de aplicação do cisalhamento. Em geral, a tixotropia é o reflexo da destruição de uma estrutura ordenada, cujo tempo para o processo de estruturação-reestruturação é longo quando comparado ao tempo do experimento. Como a intensidade da tixotropia depende da relação entre o tempo característico da dinâmica estrutural do modificador reológico, com o tempo do experimento, ela também depende fortemente das características experimentais. A forma usual de se medir a tixotropia de um sistema é por meio de uma curva de histerese. Experimentos de histerese são compostos de duas curvas de fluxo, uma crescente e outra decrescente, iniciadas imediatamente ao término da primeira, cobrindo a mesma faixa de taxa de cisalhamento. Para materiais sem "memória mecânica", sem efeitos temporais, as duas curvas serão superpostas. Para materiais tixotrópicos, a segunda curva terá uma intensidade menor, isto é, a viscosidade na volta é menor do que na ida. O perfil oposto é o dilatante, no qual a viscosidade aumenta com o tempo. Quanto maior for a diferença entre as curvas, maior o efeito tixotrópico. Uma forma usual de se quantificar a tixotropia é medindo a área entre as duas curvas (a de ida e a de volta). Para tintas, a tixotropia é importante no que se refere ao indesejável escorrimento do filme, que pode ocorrer caso a tinta não restitua a viscosidade apropriada rapidamente.

Das tintas estudadas, apenas a tinta A sem diluição apresentou tixotropia mensurável nas condições experimentais ensaiadas (Figura 16.23), mas quando diluída a 30%, o efeito tixotrópico da tinta A praticamente desaparece.

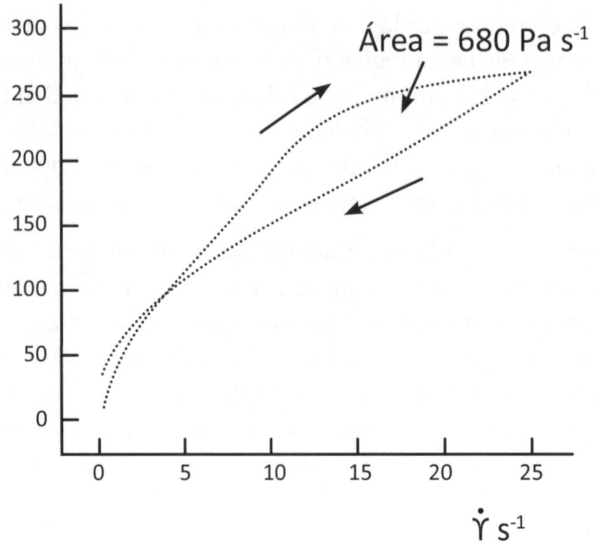

Figura 16.23 – Curva de histerese para a tinta A. O valor da área entre as curvas de fluxo (680 Pa/s) é indicado no gráfico.

Até esse ponto, foram observados apenas parâmetros reológicos relacionados com as características de fluxo da tinta, obtidos por meio de ensaios rotacionais. Testes oscilatórios, ou dinâmicos, fornecem informações referentes ao perfil de deformação da tinta e trazem informações a respeito da sua deformação elástica (caráter elástico) e inelástica (caráter viscoso). O balanço elástico/viscoso da tinta látex é geralmente utilizado para considerações sobre a qualidade do filme formado. Em uma tinta que apresente uma elevada elasticidade, as tensões sofridas durante a sua aplicação podem não se dissipar adequadamente (por processos viscosos), podendo resultar no aparecimento de estrias durante a aplicação e uma piora do autonivelamento da tinta em superfícies horizontais.

Os valores dos módulos (relacionados por $tg\delta$, tangente de δ) obtidos nos ensaios oscilatórios para as três tintas estão apresentados na Tabela 16.1. A $tg(\delta)$ é definida como a razão do módulo de perda (G") pelo módulo de armazenagem (G'). Logo, ela fornece informações sobre o balanço dissipativo/elástico do material estudado. Observa-se que nos sistemas sem diluição, todas as tintas apresentam baixos valores de $tg\delta$, indicando forte caráter elástico, sendo que a tinta C apresenta elasticidade levemente superior. Com a diluição, os valores aumentam, indicando significativa perda de elasticidade.

Tabela 16.1 – valores da tangente do ângulo de perda (tg δ) para os sistemas estudados

Tinta	*tg(δ) sem diluição*	*tg(δ)* **diluída 30 %**
A	0,6	2,7
B	0,6	1,6
C	0,5	0,8

16.4 MATERIAIS ASFÁLTICOS

O asfalto é também conhecido como betume. Trata-se de fração semissólida do petróleo, que, em combinação com partículas sólidas, é usada para cobertura de rodovias e estradas. O entendimento da reologia do asfalto é central para se obter bom rendimento da superfície pavimentada. Naturalmente, o asfalto em uma rodovia pode sofrer grandes variações térmicas, e estão permanentemente recebendo estímulos mecânicos das rodas dos automóveis e caminhões. Como mostrado na Figura 16.24, a falha na resposta mecânica do asfalto causada pelo cisalhamento dos pneus resultou na deformação irreversível da capa asfáltica (escoamento).

Figura 16.24 – Deformação irreversível da capa asfáltica da estrada.

Em 1993, foi publicado nos Estados Unidos o primeiro roteiro para estabelecimento de um padrão sobre a reologia de betume (*US Strategic Highway Research Program*, SHRP). Sobre o processamento e o bombeamento do betume, ficou estabelecido que o teste padrão deveria ser relacionado com a curva de fluxo obtida na temperatura de 135 °C. A viscosidade da amostra deveria ser inferior a 3000 mPa s. Para investigar a fadiga do asfalto, é estabelecida a realização de experimentos de cisalhamento dinâmico nas temperaturas de 4 a 40 °C.

A caracterização reológica completa do betume envolve ensaios de *creeping* e recuperação e experimentos oscilatórios. Em relação à questão das variações de temperatura, quando o betume sofre resfriamento, ele pode encolher significativamente. O encolhimento pode afetar a qualidade do asfalto. Nesse caso, é interessante medir a magnitude de forças normal (definida no Capítulo 8), a qual pode ser relacionada com o encolhimento da amostra.

REFERÊNCIAS

AGRAWAL, N. R.; YUE, X.; FENG. Y.; RAGHAVAN, S. R. Wormlike Micelles of a Cationic Surfactant in Polar Organic Solvents: Extending Surfactant Self-Assembly to New Systems and Subzero Temperatures. **Langmuir**, 35, p. 12782-12791, 2019.

ALVARENGA, B. G.; RAYNAL, M.; BOUTEILLER, L.; SABADINI, E. Unexpected Solvent Influence on the Rheology of Supramolecular Polymers. **Macromolecules**, 50, p. 6631-6636, 2017.

BELLOT, M.; BOUTEILLER, L. Thermodynamic Description of Bis-urea Self-Assembly: Competition between Two Supramolecular Polymers. **Langmuir**, 24, p. 14176-14182, 2008.

BERRET, J-F.; APELL, J.; PORTE, G. Linear Rheology of Entangled Wormlike Micelles. **Langmuir**, 9, p. 2851-2854, 1993.

BRANDUP, J.; IMMERGUT, E. H.; GRULKE, E. A. **Polymer Handbook**. John Wiley and Sons, New York, 1999.

CATES, M. E. Reptation of Living Polymers: Dynamics of Entangled Polymers in the Presence of Reversible Chain-scission Reactions. **Macromolecules**, 20, p. 2289-2296, 1987.

CROCE, V.; COSGROVE, T.; DREISS, C. A.; KING, S.; MAITLAND, G.; HUGHES, T. Giant Micellar Worms under Shear: A Rheological Study Using SANS. **Langmuir**, 21, p. 6762-6768, 2005.

DAS, R. K.; KANDANELLI, R.; LINNANTO, J.; BOSE, K.; MAITRA, U. Supramolecular Chirality in Organogels: A Detailed Spectroscopic, Morphological, and Rheological Investigation of Gels (and Xerogels) Derived from Alkyl Pyrenyl Urethanes. **Langmuir**, 26, p. 16141-16149, 2010.

GANAPATHY, R.; SOOD, A. K. Tuning Rheochaos by Temperature in Wormlike Micelles. **Langmuir**, 22, p. 11016-11021, 2006.

GONÇALVES, R.; LAM, Y-M.; LINDMAN, B. Double-Chain Cationic Surfactants: Swelling, Structure, Phase Transitions and Additive Effects, **Molecules**, 26, p. 3946, 2021.

GOODWIN, J. W.; HUGHES, R. W. **Rheology for Chemists** – an Introduction, Cambridge, Royal Society of Chemistry, 2000.

HARRISON, G.; LAMB, J.; MATHESON, A. J. The Viscoelastic Properties of Dilute Solutions of Polystyrene in Toluene. **J. Phys. Chem**., 68, p. 1072-1078, 1964.

ITO, T. H.; MIRANDA, P. C. M. L.; MORGON, N. H.; HEERDT, G.; DREISS, C. A.; SABADINI, E. Molecular Variations in Aromatic Cosolutes: Critical Role in the Rheology of Cationic Wormlike Micelles. **Langmuir**, 30, p. 11535-11542, 2014.

KETNER, A. M.; KUMAR, R.; DAVIES, T. S.; ELDER, P. W.; RAGHAVAN, S. R. A Simple Class of Photorheological Fluids: Surfactant Solutions with Viscosity Tunable by Light. **J. Am. Chem. Soc**., 129, 6, p. 1553-1559, 2007.

LARSON, R. G. **The structure and Rheology of Complex Fluid,** New York, Oxford University Press, 1999.

MACOSKO, C. W. **Rheology** : **Principles, Measurements and Applications**. 1st edition New York, Wiley-VCH, 1994.

PICULELL, P.; EGERMAYER, M.; SJÖSTRÖM, J. Rheology of Mixed Solutions of an Associating Polymer with a Surfactant. Why Are Different Surfactants Different? **Langmuir**, 19, p. 3643-3649, 2003.

RADIMAN, S.; TOPRAKCIOGLU, C. Rheological Study of Ternary Cubic Phases. **Langmuir**,10, p. 61-67, 1994.

SCHUBERT, B. A; KALER, E. W.; WAGNER, N. J. The Microstructure and Rheology of Mixed Cationic/Anionic Wormlike Micelles. **Langmuir**, 19, p. 4079-4089, 2003.

SHULTZ, A. R.; FLORY, P. J. Phase Equilibria in Polymer-Solvent Systems. **J. Am. Chem. Soc**., 74, p. 4760-4767, 1952.

SCHURTENBERGER, P.; SCARTAZZINI, R.; MAGID, L. J.; LESER, M. E.; LUISI, P. L. Structural and dynamic properties of polymer-like reverse micelles. **J. Phys. Chem**., 94, 9, p. 3695-3701, 1990.

TOMIOKA, K.; SUMIYOSHI, T.; NARUI, S.; NAGAOKA, Y.; IIDA, A.; MIWA, Y.; TAGA, T.; NAKANO, M.; HANDA, T. Molecular Assembly and Gelating Behavior of Didodecanoylamides of r,ω-Alkylidenediamines. **J. Am. Chem. Soc**., 123, p. 11817-11818, 2001.

TUNG, S-H.; HUANG, Y-E.; RAGHAVAN, S. R. A New Reverse Wormlike Micellar System: Mixtures of Bile Salt and Lecithin in Organic Liquids. **J. Am. Chem. Soc**., 128, 17, p. 5751-5756, 2006.

WANG, R.; LIU, X-Y; XIONG, J.; LI, J. Real-Time Observation of Fiber Network Formation in Molecular Organogel: Supersaturation-Dependent Microstructure and Its Related Rheological Property. J; **Phys. Chem**. *B*, 110, p. 7275-7280, 2006.

WÖLL, D.; BRAEKEN, E.; DERES, A.; DE SCHRYVER, F. C.; UJI, H.; HOFKENS, J. Polymers and single molecule fluorescence spectroscopy, what can we learn? **Chem. Soc. Rev**., 38, 313-328, 2009.

GRÁFICA PAYM
Tel. [11] 4392-3344
paym@graficapaym.com.br